中等职业学校“十二五”计算机规划教材

Flash CS4 动画制作应用教程

刘小豫　编

西北工業大學出版社

【内容简介】本书为中等职业学校"十二五"计算机规划教材。全书共分 12 章，主要内容包括 Flash CS4 应用基础、绘制图形、编辑图形、应用图层与帧、应用元件与实例、动画制作、应用声音与视频、应用 ActionScript 语言、应用组件、发布影片、综合应用实例以及上机实训。各章后附有本章小结及操作练习，使读者在学习时更加得心应手，做到学以致用。

本书可作为中等职业学校 Flash 课程的教材，也可作为培训班教材及 Flash 爱好者的自学参考书。

图书在版编目（CIP）数据

Flash CS4 动画制作应用教程/刘小豫编．—西安：西北工业大学出版社，2011.12
中等职业学校"十二五"计算机规划教材
ISBN 978-7-5612-3264-4

Ⅰ．①F… Ⅱ．①刘… Ⅲ．①动画制作软件，Flash CS4—中等专业学校—教材 Ⅳ．①TP391.41

中国版本图书馆 CIP 数据核字（2011）第 274199 号

出版发行：西北工业大学出版社
通信地址：西安市友谊西路 127 号　　邮编：710072
电　　话：（029）88493844　88491757
网　　址：www.nwpup.com
电子邮箱：computer@nwpup.com
印 刷 者：陕西宝石兰印务有限责任公司
开　　本：787 mm×1 092 mm　1/16
印　　张：15
字　　数：396 千字
版　　次：2011 年 12 月第 1 版　2011 年 12 月第 1 次印刷
定　　价：30.00 元

序　言

中等职业教育是我国职业教育的重要组成部分。大力发展中等职业教育是加快普及高中阶段教育，提高全民族文化知识、实践技能和创新能力等综合素养，输送国家产业建设大军新生力量的基础工程；是促进就业、改善民生、解决“三农”问题的重要途径；是缓解劳动力结构矛盾的关键环节。

在我国的国民经济和社会发展的第十二个五年规划纲要中，提出教育改革的指导方针是：按照优先发展、育人为本、改革创新、促进公平、提高质量的要求，深化教育教学改革，推动教育事业科学发展，大力发展职业教育。

目前，我国的职业教育正处于由规模扩张向全面提高质量的转折期，为了贯彻落实《中共中央关于制定国民经济和社会发展第十二个五年规划的建议》精神，配合当前中职教育的现状，切合国民经济发展的要求，在通过调研，了解和掌握众多中等职业学校计算机及相关专业的教学计划、课程设置和教学实际需求的基础上，根据中等职业学校学生的学习能力和就业需求，我们组织出版了“中等职业学校‘十二五’计算机规划教材”系列丛书。

主要特色

中文版本、易教易学

本系列教材选取在工作中最普遍、最易掌握的中文版本的应用软件，突出“易教学、易操作”的特点，与用人单位的需求紧密结合，在编写体例上注重理论知识与上机实训相结合。

任务驱动、案例教学

本系列教材列举了大量的实例，以提高学生的学习兴趣，培养学生自主学习的能力，在掌握理论的基础上更多地动手进行实际操作。

内容全面、图文并茂

本系列教材合理安排基础知识和实践知识的比例，基础知识以“必需、够用”为度，实践知识以“全面、实用”为准，系统完整，图文并茂。

体现教与学的互动性

本系列教材从“教”与“学”的角度出发，重点体现教师和学生的互动交流。将精练的理论和实用的范例相结合，使学生在课堂上就能掌握行业技术应用，做到理论和实践并重。

★ 突出职业应用，快速培养人才

本系列教材以培养计算机技能型人才为出发点，采用“基础知识+上机实战+综合应用实例+上机实训”的编写模式，内容生动，由浅入深，将知识点与实例紧密结合，便于读者学习掌握。

读者对象

本系列教材的读者对象为中等职业学校师生和需要进行计算机相关知识培训的专业人士，同时也可供从事其他行业的计算机爱好者自学参考。

结束语

希望广大师生在使用教材的过程中提出宝贵意见，以便我们在今后的工作中不断改进和完善，使本系列教材成为中等职业学校教育的精品教材。

西北工业大学出版社

2011 年 11 月

前　言

Flash CS4 是 Adobe 公司推出的一款全新的矢量动画制作和多媒体设计软件。该软件以简单易学、功能强大、适应范围广泛等特点，逐步奠定了其在多媒体互动软件中的霸主地位，是目前使用最为广泛的动画制作软件之一。

本书以“基础知识+上机实战+综合实例+上机实训”为主线，以 Flash CS4 作为操作平台，对 Flash CS4 软件进行循序渐进的讲解，使读者能快速直观地了解和掌握 Flash CS4 的基本使用方法、操作技巧和行业实际应用，为步入职业生涯打下良好的基础。

本书内容

全书共分 12 章。其中，第 1 章主要介绍 Flash CS4 的应用基础知识，第 2、3 章主要介绍图形的绘制与编辑技巧，第 4 章主要介绍图层与帧的基本操作与应用技巧，第 5 章主要介绍元件、实例与库的操作方法与应用技巧，第 6 章主要介绍 Flash 动画的制作方法与技巧，第 7 章主要介绍 Flash 动画中声音与视频的应用技巧，第 8 章主要介绍 ActionScript 语言的语法规则与应用技巧，第 9 章主要介绍 Flash 中组件的创建与应用技巧，第 10 章主要介绍 Flash 影片的测试、优化、输出与发布方法，第 11 章列举了几个有代表性的综合实例，第 12 章是上机实训。通过理论联系实际，帮助读者举一反三、学以致用，进一步巩固所学的知识。

读者定位

本书结构合理，内容系统全面，讲解由浅入深，实例丰富实用，可作为中等职业学校 Flash 课程的教材，同时也可作为培训班教材及 Flash 爱好者的自学参考书。

本书力求严谨细致，但由于水平有限，书中难免出现疏漏与不妥之处，敬请广大读者批评指正。

编　者

目录

第 1 章　Flash CS4 应用基础

Flash CS4 是 Adobe 公司推出的一款动画制作软件。它采用了流技术和矢量技术制作动画，因此，所生成的动画文件具有体积小、便于传输和下载、支持交互等特点，是目前应用最广泛的动画制作软件之一。

知识要点

- 初识 Flash CS4
- Flash CS4 工作界面
- Flash CS4 基本操作

1.1　初识 Flash CS4

Flash 包含两种含义，一种是指目前流行于网络上的 Flash 动画，另一种是指制作 Flash 动画的软件。在学习使用 Flash CS4 制作 Flash 动画之前，首先需要了解 Flash 的发展、特点、应用范围以及 Flash CS4 的新增功能。

1.1.1　Flash 动画的发展

Flash 最早期的版本称为 Future Splash Animator，当时 Future Splash Animator 最大的两个用户分别是微软（Microsoft）和迪斯尼（Disney）。1996 年 11 月，Future Splash Animator 卖给了 MM（Macromedia），同时改名为 Flash 1.0。这里不得不提到的一个人物——乔纳森 •盖伊（Jonathan Gay），他和他的六人小组首先创造了 Future Splash Animator，也就是现在 Flash 的真正前身。

Macromedia 公司在 1997 年 6 月推出了 Flash 2.0，1998 年 5 月推出了 Flash 3.0。但是这些早期版本的 Flash 所使用的都是 Shockwave 播放器。自 Flash 进入 4.0 版以后，原来所使用的 Shockwave 播放器便仅供 Director 使用。Flash 4.0 开始有了自己专用的播放器，称为“Flash Player”，但是为了保持向下相容性，Flash 仍然沿用了原有的扩展名：.SWF（Shockwave Flash）。

2000 年 8 月 Macromedia 推出了 Flash 5.0，它所支持的播放器为 Flash Player5。Flash 5.0 中的 ActionScript 已有了长足的进步，并且开始了对 XML 和 Smart Clip（智能影片剪辑）的支持。ActionScript 的语法已经开始定位为发展成为一种完整的面向对象的语言，并且遵循 ECMAScript 的标准，就像 JavaScript 那样。

2002 年 3 月 Macromedia 推出了 Flash MX（Macromedia Experience），其支持的播放器为 Flash Player 6。Flash Player 6 开始了对外部图像和音频调入的支持，同时也增加了更多的内建对象，提供了对 HTML 文本更精确的控制，并引入 SetInterval 超频帧的概念，同时也改进了 SWF 文件的压缩技术。

2003 年 8 月 Macromedia 推出了 Flash MX 2004，其播放器的版本被命名为 Flash Player 7。Flash MX 2004 增加了许多新的功能，如对移动设备和手机与 Pocket PC 的支持（以及像素字体的清晰显示）、提高了 Flash Player 运行时的性能、对 HTML 文本中内嵌图像和 SWF（SWF 中的独立 SWF）的支持、FLV 外部视频的支持（与 QuickTime 的集成）、对 Adobe PDF 及其他文档的支持、基于屏幕的可视开发环境、可视编程环境、高级可控制外观组件支持、数据绑定、Web 服务和 XML 的预建数据连接器、项目管理功能、源代码控制系统等，同时开始了对 Flash 本身制作软件的控制和插件开放 JSFL（Macromedia Flash javascript API）。Macromedia 无疑在开始调动互联网上 Flash 工作者们的巨大力量和集体智慧。

2005 年 10 月 Macromedia 推出了 Flash 8.0，增强了对视频支持。可以打包成 Flash 视频（即*.flv 文件），改进了动作脚本面板。

2006 年 Adobe 耗资 34 亿美元并购 Macromedia 公司，从此 Flash 便冠上了 Adobe 的名头。2008 年 Adobe 推出了以 Adobe 命名的 Flash 产品，名为 Adobe Flash CS3（同时也发布了多款捆绑套装）。

2009 年推出的 Adobe Creative Suite 4 Master Collection 套装（简称 Adobe CS4）中含有 Flash CS4 版本，它采用全新的 Creative Suite 界面，这相对于 Macromedia 界面来说，绝对是一个很大的提高。2010 年又推出了最新版本 Flash CS5。本书主要以 Adobe Flash CS4 为蓝本进行讲解。

1.1.2 Flash 技术与特点

Flash CS4 之所以能成为最受欢迎的网络多媒体动画制作软件，与其鲜明的特点是密不可分的。它具有以下几个方面的特点。

（1）所占的存储容量小，可以放在网上供人们欣赏和下载。由于它采用的是矢量图形，具有文件小、传输速度快的特点，并且任意缩放不影响其质量，有利于在网络上进行传播。

（2）制作比较简单，用户只要掌握一定的软件知识，就可以制作出很好的动画效果。

（3）通过脚本可以使动画具有交互性，它可以让观众成为动画的一部分，通过单击、选择等动作决定动画的运行过程和结果，从而弥补了使用传统动画软件制作出的动画只能按顺序播放而不能实现交互的缺点。

（4）使用流式播放技术。流式播放技术使得动画可以边下载边播放，从而减少网页浏览者的等待时间。

（5）大幅度降低了制作成本，减少人力、物力资源的消耗，同时还会节约动画制作的时间。

（6）恰当地使用遮罩，可以创建独特的动画透视效果，并且可以导入多种格式的声音和视频，从而使动画作品更加生动形象、丰富多彩。

1.1.3 Flash 的应用范围

随着电脑网络技术的发展和提高，Flash 不仅可以用于制作动画，还可以根据用户的实际需要在不同的领域中发挥作用。目前，Flash 主要应用于以下几个方面。

（1）网络广告。网络的一些特性决定了网络广告必须具有短小、表达能力强等特点，Flash 可以充分满足这些要求，同时其出众的特性也得到了广大用户的认同。因此，Flash 已成为网站广告动画的主要形式，如新浪、搜狐等大型门户网站都很大程度地使用了 Flash 动画。

（2）网络动画。Flash 具有强大的矢量绘图功能，可对视频、声音提供良好的支持，同时利用 Flash 制作的动画能以较小的容量在网络上进行发布，加上以流媒体形式进行播放，使 Flash 制作的网络动画更深受闪客的喜爱。使用 Flash 制作的网络动画中，最具有代表性的作品主要有搞笑短片、

MTV和贺卡等。

（3）网站片头。为了使浏览者对自己的网站过目不忘，现在几乎所有的个人网站或设计类网站都有网站片头动画。

（4）网站导航。由于 Flash 能够响应鼠标单击、双击等事件，因此被用于制作具有独特风格的网站导航条。

（5）多媒体教学课件。Flash 除了在网络商业应用中被广泛采用，在教学领域也发挥着重要的作用，利用 Flash 还可以制作多媒体教学课件。

（6）在线游戏。利用 Flash 中的 ActionScript 编程，可以制作出小而有趣的游戏，配合 Flash 强大的交互功能，可以制作出丰富多彩的在线游戏。

1.1.4 Flash CS4 新增功能

Flash CS4 与以前的版本相比，新增了许多实用性的功能，有着更为人性化的设计和更突出的特性。其主要包括以下几点。

1. 动画编辑器面板

在 Flash CS4 中新增加了一个动画编辑器面板，通过此面板可以实现对每个关键帧参数进行完全单独控制，这些参数包括旋转、大小、缩放、位置和滤镜等，还可以使用关键帧编辑器借助曲线以图形化方式控制缓动。

2. 全新 Adobe Creative Suite®界面

借助直观的面板停靠和弹出式行为提高工作效率，它们简化了用户在所有 Adobe Creative Suite 版本中与工具的交互。

3. 全新的动画理念

在以前的版本中，要实现动画一定要有两个以上关键帧，在关键帧中对象或对象的属性发生变化就形成了动画效果。在 Flash CS4 中创建的动画补间将直接应用于对象而不是关键帧，使用控制点可轻松变更移动路径，从而精确控制每个单独的动画属性。

4. 3D 平移和 3D 旋转工具

在以往的版本中，舞台的坐标体系是平面上的，它只有二维的坐标轴即水平方向（X）和垂直方向（Y），我们只需确定 X，Y 的坐标即可确定对象在舞台上的位置。Flash CS4 引入了三维定位系统，增加一个坐标轴 Z，通过使用 3D 平移和 3D 旋转工具沿着影片剪辑实例的 Z 轴移动和旋转影片剪辑实例，可以向影片剪辑实例中添加 3D 透视效果。

5. Deco 和喷涂刷工具

通过将任何元件转变为即时设计工具，来以各种方式应用元件，使用 Deco 工具可以快速创建类似于万花筒的效果并应用于填充，使用喷涂刷工具可以在任意定义区域内随机喷洒元件。默认情况下，喷涂刷喷洒粒子点，用户也可以自定义喷涂元件库中的元件。

6. 反向运动与骨骼工具

反向运动（IK）是一种对彼此相关的一组对象进行动画处理的方法。简单地说，就是将一组动画元素以父子关系连接起来，在移动父物体时子物体会跟随移动，在移动子物体时也一会在一定程度上影响父物体。在 Flash CS4 中通过使用新增的骨骼工具可以轻松地建立方向运动，使用它可以建立类似锁链物件的效果，或将单一形状快速扭曲变形。

7．补间动画预设

借助可用于任何对象的预建动画启动项目，从大量预设中进行选择式创建并保存自己的动画，从而与他人共享预设以节省动画创作时间。

8．针对 Adobe AIR® 进行创作

借助发布到 Adobe AIR 运行时的全新集成功能，实现交互式界面体验，面向更多的用户。

9．元数据（XMP）支持

使用全新的 XMP 面板，用户可以方便而快速地对其 SWF 内容分配元数据标签。Flash CS4 支持将元数据添加到 Adobe® Bridge 识别的 SWF 文件中和其他可识别 XMP 元数据的 Creative Suite®应用程序中，改善了组织方式并支持 SWF 文件进行快速查找和检索，增强协同作业并提供更好的行动使用体验。

10．支持 H.264 的 Adobe Media Encoder

Flash CS3 支持视频的回放，但是没有视频编码功能，而 Flash CS4 不仅可以观看最高品质的视频，而且提供了比以前更多的控制。使用其他 Adobe 视频产品（如 Adobe® Premier®Pro 和 After Effects®）中提供的相同工具编码为 Adobe Flash Player 可识别的任何格式，还包括 MP4 格式的视频文件。

1.2 Flash CS4 工作界面

Flash CS4 的工作界面与 Adobe 软件的工作界面趋于一致，它是由标题栏、菜单栏、工具箱、面板等几部分组成。启动 Adobe Flash CS4 应用程序后，在开始页的“新建”区域中单击某一选项，如单击 Flash 文件(ActionScript 3.0) 选项，可打开 Flash CS4 的工作界面，如图 1.2.1 所示。

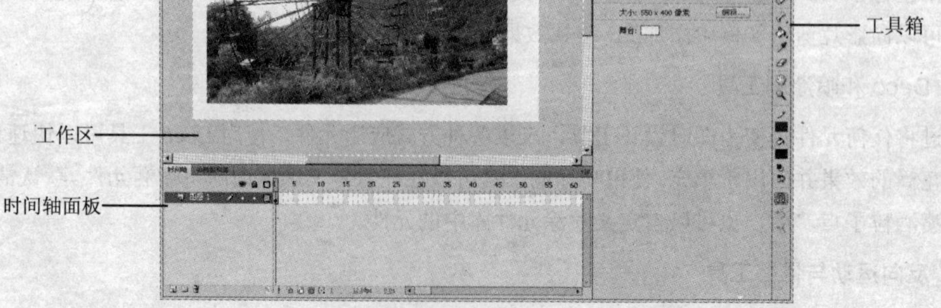

图 1.2.1 Flash CS4 的工作界面

1.2.1　菜单栏

菜单栏位于标题栏的下方，几乎集中了 Flash CS4 所有的命令和功能，用户可以选择其中的命令完成 Flash CS4 的所有常规操作。如图 1.2.2 所示为打开的修改(M)菜单，在该菜单中包含了与修改相关的命令，单击某个命令即可执行相应操作。

如果某些命令呈暗灰色，说明该命令在当前编辑状态下不可用，需满足一定条件后才能使用。另外，用户在操作过程中可以发现，在菜单命令的后面会带有黑色三角符号、3 个小黑点以及快捷键等不同标志，它们具有不同的操作含义。

（1）菜单命令后面带有黑色三角符号，表示该命令下还有下级子菜单。

（2）菜单命令的后面带有 3 个小黑点，表示选择该命令将弹出一个对话框。

（3）菜单命令的后面带有快捷键，表示直接在键盘上按该快捷键即可执行相关操作。

若要切换菜单，只要在各菜单项上移动鼠标并打开即可；也可按“↑”或“↓”方向键来选择各菜单项，再按“Enter”键执行该命令即可。

若要关闭所有已打开的菜单，可单击已打开的菜单名称，按“Alt”或“F10”键，或在菜单命令列表以外的其他位置单击；若要逐级向上关闭菜单，则按“Esc”键。

另外，在每个菜单后面都有一个大写的英文字母，表示同时按“Alt”键和菜单后的英文字母可快速打开相应的下拉菜单。

1.2.2　标题栏

标题栏位于工作界面的最上方，用于显示 Flash CS4 的程序图标、基本功能按钮、“最小化”按钮、“最大化”按钮（或“还原”按钮）和“关闭”按钮。

（1）程序图标。单击该图标，将弹出一个下拉菜单，用户可以选择对 Flash 程序窗口进行还原、最大化、最小化或移动等操作。

（2）基本功能按钮。单击此按钮可打开其下拉菜单，根据动画制作的需要可以从中选择多个布局，如图 1.2.3 所示。

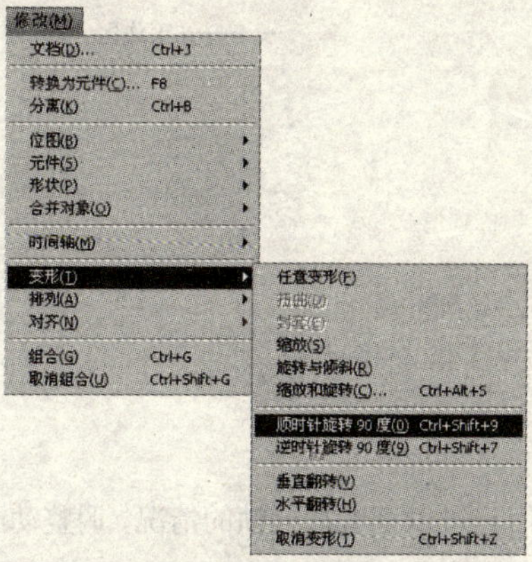

图 1.2.2　菜单栏

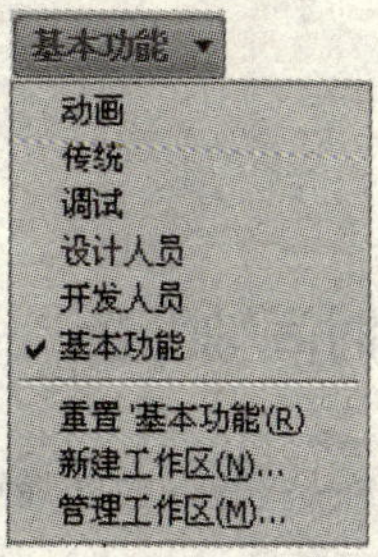

图 1.2.3　“基本功能”下拉菜单

（3）“最小化”按钮。单击该按钮，将 Flash CS4 窗口以图标的形式显示在 Windows 的任务栏中。

（4）“最大化”按钮（或“还原”按钮）。这是一对开关按钮。单击“最大化”按钮可将 Flash CS4 窗口最大化显示，此时“最大化”按钮将变为“还原”按钮；若单击“还原”按钮则可将 Flash CS4 窗口恢复为原始尺寸。

（5）“关闭”按钮。单击该按钮，将关闭所有文件并退出 Flash CS4。

1.2.3 编辑栏

编辑栏位于编辑区的上方，如果打开多个 Flash 文档，在编辑栏中将以选项卡的形式显示文档名称，如图 1.2.4 所示。文档名称右侧为“关闭”按钮，单击该按钮即可关闭当前动画文档。

图 1.2.4 编辑栏中的文档名称

文档名称下方是状态栏，在状态栏最左端显示当前动画的编辑状态，处于元件编辑状态时，最左侧显示“返回”按钮，单击此按钮可以返回动画的场景编辑状态。最右侧为“编辑场景”按钮、“编辑元件”按钮以及“舞台显示比例”下拉列表框。在制作动画过程中，用户可以快速对场景、元件以及舞台的显示比例进行编辑修改。

1.2.4 工作区和舞台

根据工作的情况和状态，Flash CS4 提供了工作区和舞台来制作动画的内容，如图 1.2.5 所示。其中，工作区是舞台周围的灰色区域，用于存放在创作时需要，但不希望出现在最终作品中的内容。在使用 Flash Player 播放时，工作区中的内容将不予显示；而舞台是绘制和编辑图形的矩形区域，在这里可以直接绘图，或者导入外部图形文件。在使用 Flash Player（Flash 动画的播放器）播放时，舞台中的内容将予以显示。

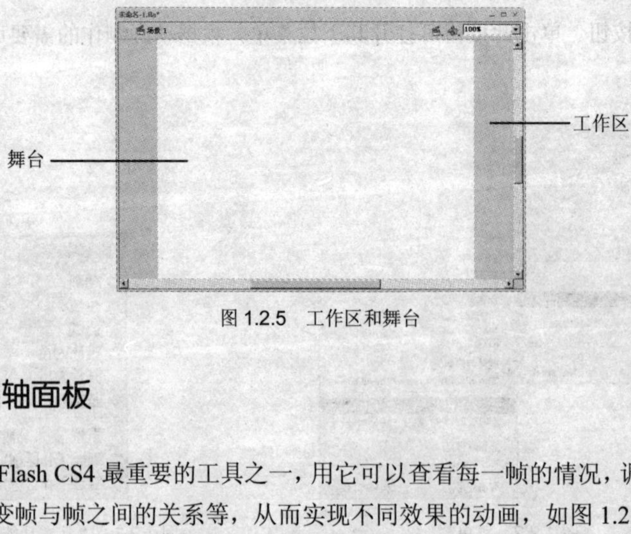

图 1.2.5 工作区和舞台

1.2.5 时间轴面板

时间轴面板是 Flash CS4 最重要的工具之一，用它可以查看每一帧的情况，调整动画播放的速度，安排帧的内容及改变帧与帧之间的关系等，从而实现不同效果的动画，如图 1.2.6 所示。

（1）层操作区。层操作区由层示意列和层控制按钮组成，用户可以在该区域中对图层进行显示/隐藏、锁定/解锁、插入和删除等操作。

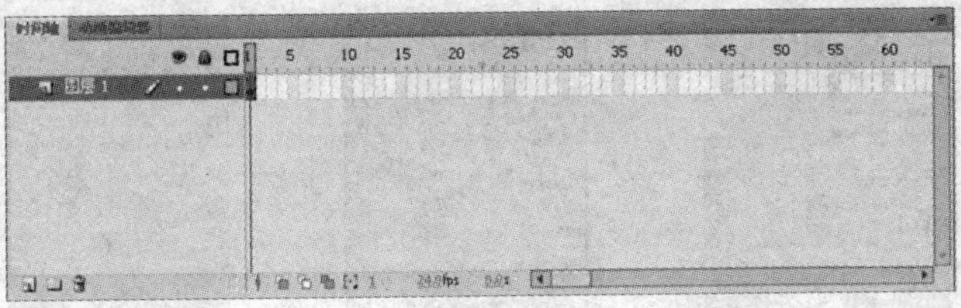

图 1.2.6　时间轴面板

（2）时间线操作区。时间线操作区由时间线标尺、动画轨道、帧序列、信息提示栏和动画控制按钮组成。在时间线操作区中，用户可拖动时间线标尺中的播放指针查看动画的效果，也可进行插入帧、复制帧和删除帧等操作。

（3）状态栏。状态栏中包括 3 个区域，分别为当前帧、帧频和运行时间。

1）当前帧。该区域显示了当前正在操作的帧的序号。

2）帧频。该区域显示了当前动画设置的播放频率。

3）运行时间。该区域显示了动画到当前帧的位置时已播放了多长时间，该时间是将已播放帧数除以帧速率得到的，并不是实际的播放时间。

（4）更改帧的显示方式。在时间轴面板中，用户可更改帧的显示方式，以适合创作需要。单击时间轴标尺右侧的“选项”按钮，即可从弹出的菜单中选择合适的选项更改帧的显示方式。如果用户选择“很小”选项，时间轴中的帧将以很窄的单元格显示，在此模式下可显示较多的帧；如果用户想实时查看帧，可以选择“关联预览”选项，此时，动画中帧的位置及内容信息便显示在时间轴中。

1.2.6　工具箱

Flash CS4 的工具箱中包含了绘制、编辑图形的所有工具，在默认情况下工具箱位于窗口的右侧，并以长单条状态显示，如图 1.2.7 所示。

如果不习惯工具箱的默认显示形式，可以工具使用习惯将其转换为短双条形式。将鼠标放在工具箱的边界线上，当鼠标变为↔形状时，拖曳工具箱的边界线即可将其转换为短双条形式，如图 1.2.8 所示。同样，利用鼠标拖曳边界线也可以返回长单条显示形式。

图 1.2.7　长单条显示形式

图 1.2.8　短双条显示形式

也可以拖曳工具箱上方的浅灰色区域到任意位置，当出现一条蓝色的线条时释放鼠标，可将工具箱组合到浮动面板中，如图 1.2.9 所示。

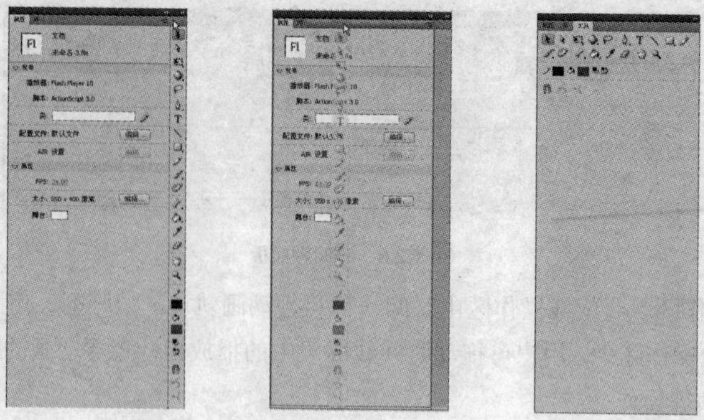

图 1.2.9 将工具箱组合在浮动面板中

1.2.7 属性面板

默认情况下，属性面板和库面板嵌入在工作窗口的右侧，如图 1.2.10 所示。属性面板主要用于设置工具或动画元素的属性参数，选取的对象不同，其中的参数也将不同。例如，选择工具箱中的 Deco 工具时，属性面板如图 1.2.11 所示，显示了图案的绘制方式、分支角度、帧步骤等属性；选择一幅位图时，其属性面板如图 1.2.12 所示，显示了位图的大小、名称等属性。

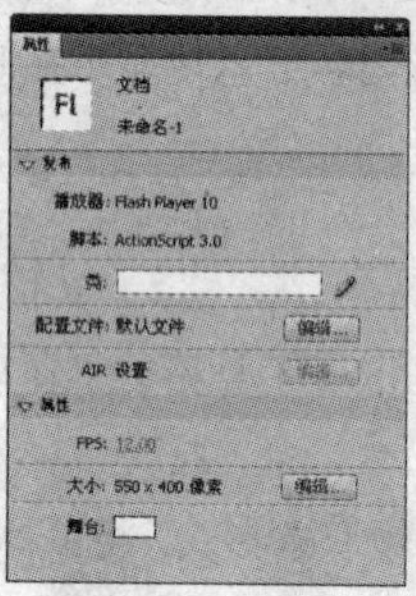

图 1.2.10 默认属性面板

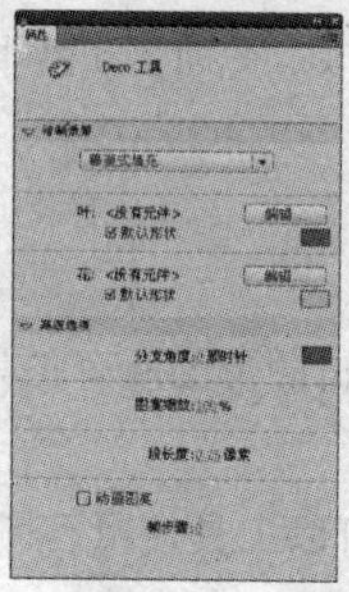

图 1.2.11 “Deco 工具”属性面板

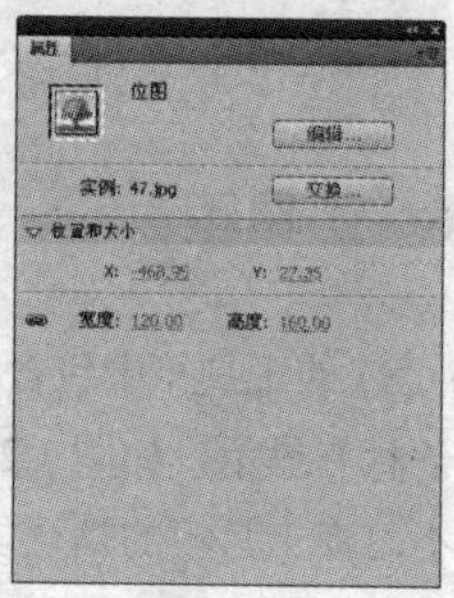

图 1.2.12 “位图”属性面板

1.2.8 其他面板

Flash CS4 还提供了其他一些面板，如对齐面板、变形面板、信息面板、颜色面板、库面板以及动作面板等，用户可以根据需要对面板布局进行重新组合，以适应不同工作的需要。

（1）对齐面板。该面板用于调整所选对象之间的相对位置或相对于舞台的位置，如图 1.2.13 所示。

（2）变形面板。该面板用于变形对象，包括缩放、旋转、倾斜等，如图 1.2.14 所示。

（3）信息面板。该面板用于显示所选对象的大小、位置和颜色等，如图 1.2.15 所示。

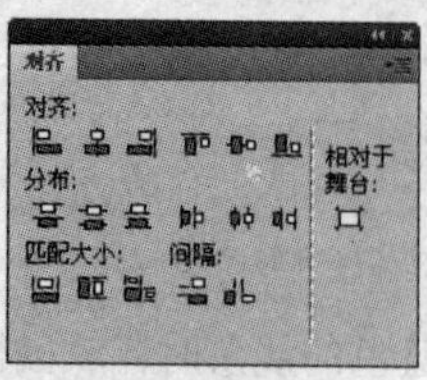

图 1.2.13 对齐面板

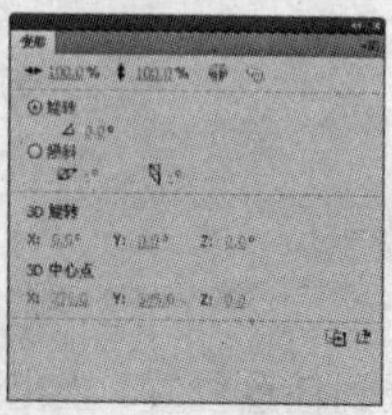

图 1.2.14 变形面板

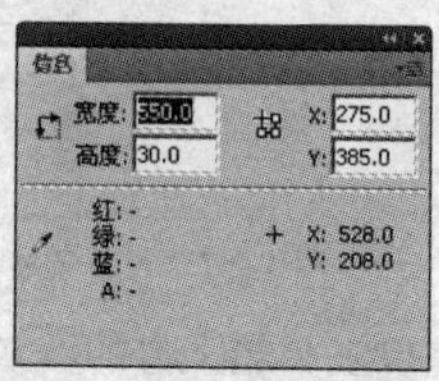

图 1.2.15 信息面板

（4）颜色面板。该面板用于设置颜色，当在 类型: 下拉列表中选择不同选项（纯色、线性、放射状和位图），其外观也将不同，如图 1.2.16 所示。

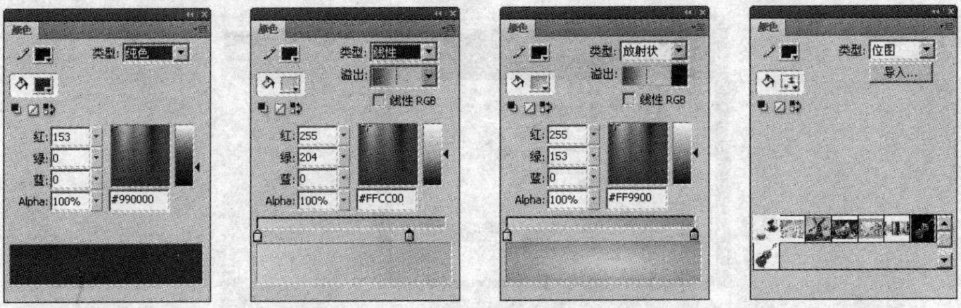

选择“纯色”　　选择“线性”　　选择“放射状”　　选择“位图”

图 1.2.16　颜色面板

（5）库面板。用于存放和组织可重复使用的 Flash CS4 对象，包括绘制的图形、创建的元件、导入的位图和声音等，如图 1.2.17 所示。

（6）动作面板。用于 ActionScript 脚本代码的添加，使动画具有交互性，如图 1.2.18 所示。

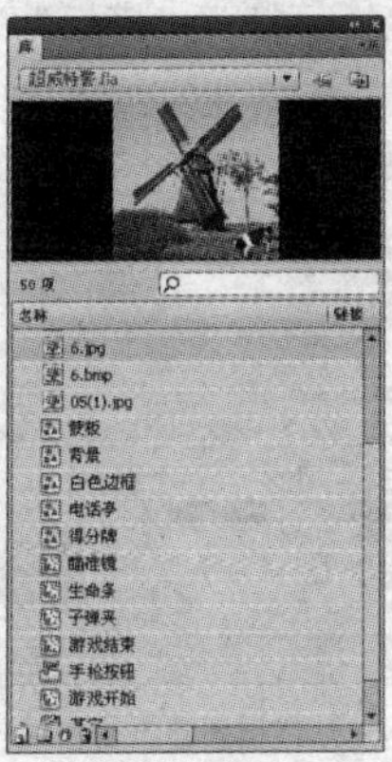

图 1.2.17　库面板

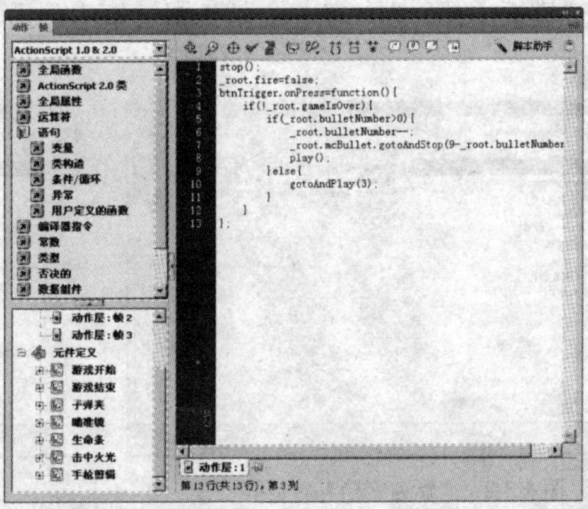

图 1.2.18　动作面板

1.3　Flash CS4 基本操作

Flash 的主要功能就是制作动画，因此熟练掌握 Flash CS4 的基本操作是非常重要的。下面主要介绍 Flash CS4 文件的管理、Flash 面板的操作、设置影片属性以及辅助工具的使用等。

1.3.1　Flash CS4 文件管理

Flash CS4 文件的基本操作包括新建文件、打开文件、保存文件、播放文件、切换文件以及关闭文件等操作。

1．新建文件

在 Flash CS4 中有两种文件：一种是以.swf 为后缀名的动画文件，另一种是以.fla 为后缀名的源文件。所谓新建文件，是创建以.fla 为后缀名的、可直接打开编辑的源文件，一般有两种创建方法。

（1）创建常规文件。启动 Flash CS4 后，首先打开其开始页面，如图 1.3.1 所示。在该页面中的“新建”区域单击某个选项即可新建 Flash CS4 文档。

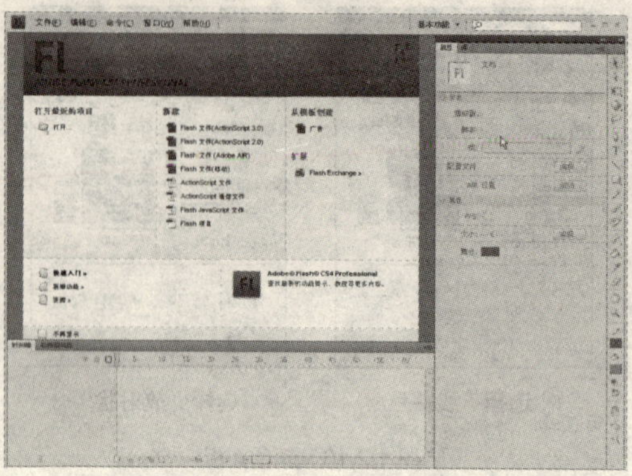

图 1.3.1　Flash CS4 开始页面

如果需要重新创建一个文件，可以选择菜单栏中的 文件(F) → 新建(N)... 命令，在弹出的“新建文档”对话框中选择合适的类型，如图 1.3.2 所示。

（2）创建模板文件。在“新建文档”对话框中单击 模板 标签，可打开“模板”选项卡，如图 1.3.3 所示。

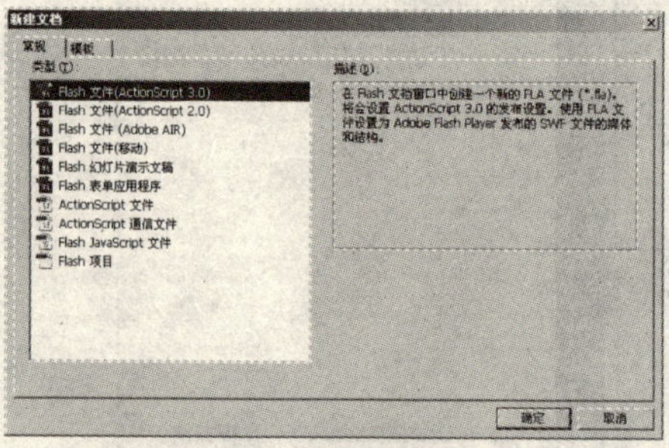

图 1.3.2　“新建文档”对话框

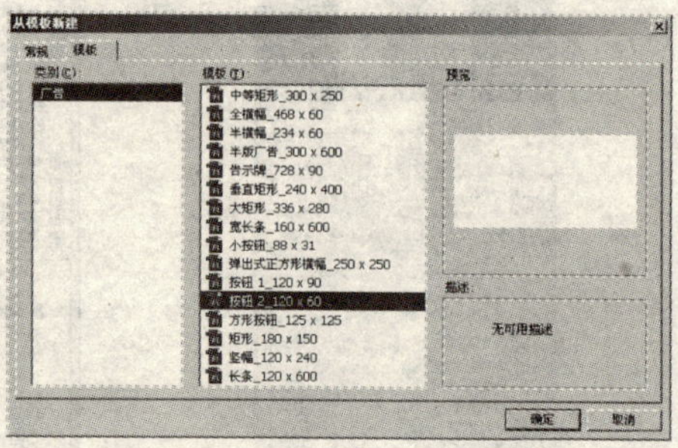

图 1.3.3　“从模板新建”对话框

在此对话框中的 模板(T): 列表框中可以选择一种模板，单击 确定 按钮即可新建一个基于模板的 Flash CS4 文档。

技巧：用户可以通过单击工具栏中的“新建”按钮，创建新文件。

2. 打开文件

要编辑 Flash CS4 的动画文件，必须先打开该文件。这里所说的文件是指 Flash 源文件，是可编辑的*.fla 文件，而不是*.swf 文件，打开文件的方法主要有以下 3 种。

（1）通过开始页。在 Flash CS4 中，最近编辑过的文件会显示在开始页的 **打开最近的项目** 选项区中（见图 1.3.4），用鼠标单击相应的文件名称即可将其打开。如果开始页中没有要打开的文件，可以单击其下方的 打开... 选项，在弹出的“打开”对话框中选择需要的文件（见图 1.3.5），然后单击 打开(O) 按钮将其打开。

技巧：在“打开”对话框中按住“Ctrl”键，可以选择多个 Flash 文档。同时，还可以通过单击编辑栏中的按钮，从打开的下拉列表中选择需要编辑修改的 Flash 文档。

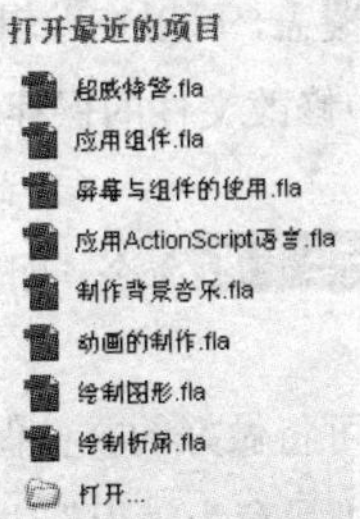

图 1.3.4　“打开最近的项目”选项区

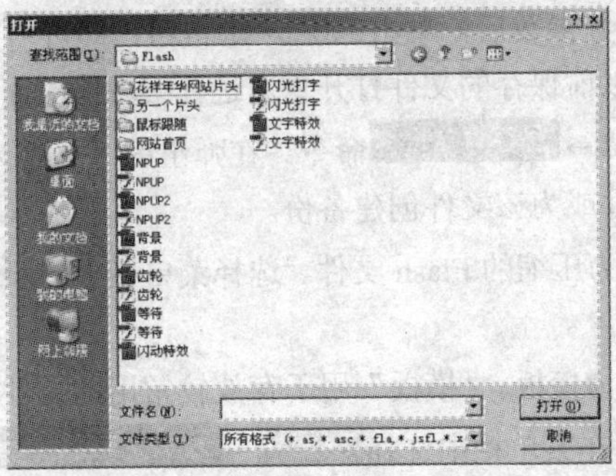

图 1.3.5　“打开”对话框

（2）通过菜单栏。若要打开最近编辑过的文件，还可以在文件(F)菜单的打开最近的文件(F)子菜单中进行选择（见图 1.3.6），然后单击鼠标左键将其打开。

如果要打开其他文件，可以选择菜单栏中的文件(F)→打开(O)...命令，在弹出的“打开”对话框中选择需要的文件，然后单击打开(O)按钮将其打开。

（3）通过复制窗口。如果用户想使用某个 Flash 文档而不想在原文档上进行修改时，可以复制此窗口，然后在打开的新的文档中进行编辑。选择菜单栏中的窗口(W)→直接复制窗口(F)命令，即可在新的窗口打开要使用的文档。

3．保存文件

用户制作好动画文件后，必须将文件保存起来，以备再次调入使用。在 Flash 中，用户不仅可以将文件保存为一般的 Flash 文件，而且可以将其保存为压缩的 Flash 文件和模板。

（1）保存为一般的 Flash 文件。选择菜单栏中的文件(F)→保存(S)命令，弹出“另存为”对话框，如图 1.3.7 所示。

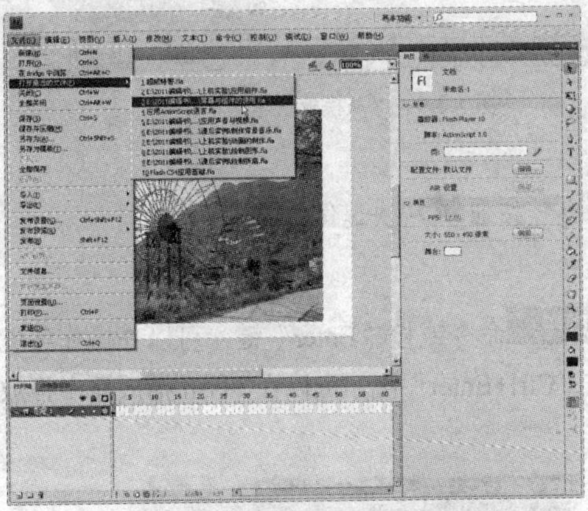

图 1.3.6　“打开最近的文件”子菜单

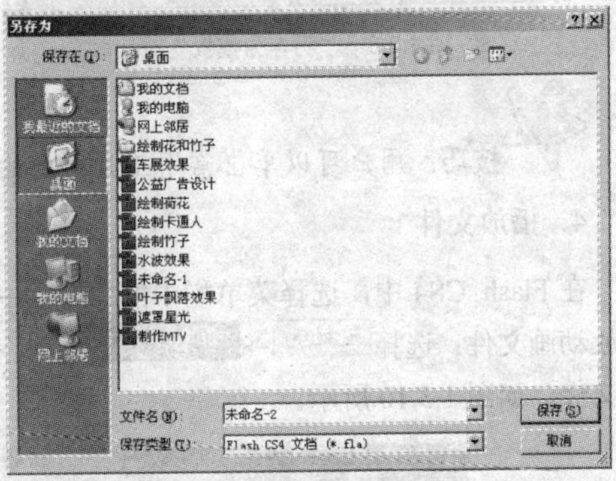

图 1.3.7　“另存为”对话框

保存文件的具体操作步骤如下。

1）在文件名(N):文本框中输入将要保存文件的名称。

2）单击保存类型(T):右侧的下拉按钮▼，弹出其下拉列表，其中包含两个选项：Flash CS3 文档和 Flash CS4 文档，用户可在该列表中选择文件的保存类型，默认选项为 Flash CS4 文档。

3）单击保存在(I):右侧的下拉按钮▼，弹出其下拉列表，用户可在该列表中选择合适的文件夹以保存该文件。

4）设置好参数后，单击 保存(S) 按钮，即可将该文件保存在相应的文件夹中。

如果要将以前保存的文件打开重新进行编辑修改而不将原文件覆盖，可以在编辑完成后，在菜单栏中选择 文件(F) → 另存为(A)... 命令。在弹出的“另存为”对话框中修改文件的保存路径或文件名，重新保存该文件或为该文件创建备份。

（2）保存为压缩的 Flash 文件。选择菜单栏中的 文件(F) → 保存并压缩(M) 命令，即可将文件压缩后再保存。

（3）保存为模板。“模板”用于存放较常用的文件模型，用户可将做好的文件保存为“模板”，方便以后使用。在菜单栏中选择 文件(F) → 另存为模板(T)... 命令，弹出“另存为模板”对话框，如图 1.3.8 所示。保存为模板的具体操作步骤如下。

1）在 名称(N): 文本框中输入模板的名称。

2）单击 类别(C): 右侧的下拉按钮，弹出“类别”下拉列表，用户可在其中选择模板的类别。

3）在 描述(D): 文本框中输入文字，简短描述该模板的作用。

4）设置好各项参数后，单击 保存(S) 按钮，即可将该文件保存为模板。

创建好模板后，如果用户想调用该模板，选择菜单栏中的 文件(F) → 新建(N)... 命令，在弹出的“从模板新建”对话框中单击 模板 标签，打开“模板”选项卡，即可在其中选择已保存的模板，如图 1.3.9 所示。

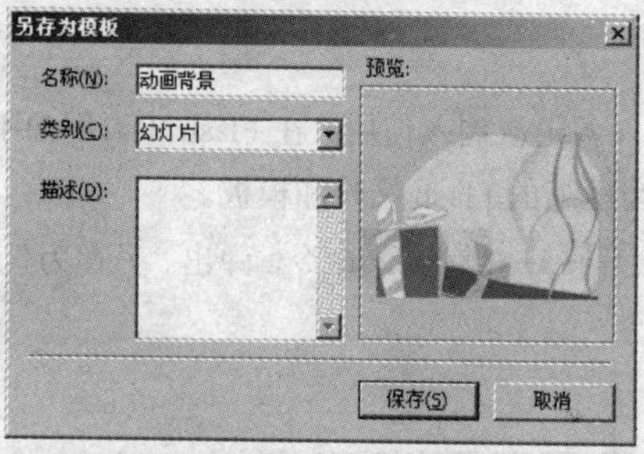

图 1.3.8 “另存为模板”对话框

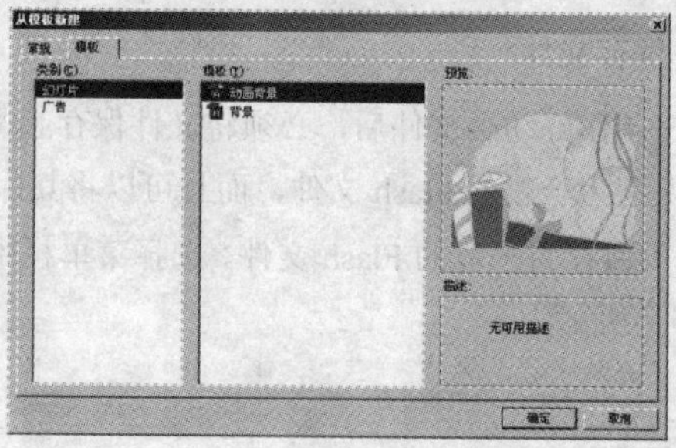

图 1.3.9 “从模板新建”对话框

技巧： 用户可以单击常用工具栏中的“保存”按钮，快速保存文件。

4．播放文件

在 Flash CS4 中，选择菜单栏中的 控制(O) → 播放(P) 命令或按“Enter”键，可以在操作环境中播放动画文件；选择 控制(O) → 测试影片(M) 命令或按“Ctrl+Enter”键，可以在 Flash 播放器中播放动画文件，如图 1.3.10 所示。

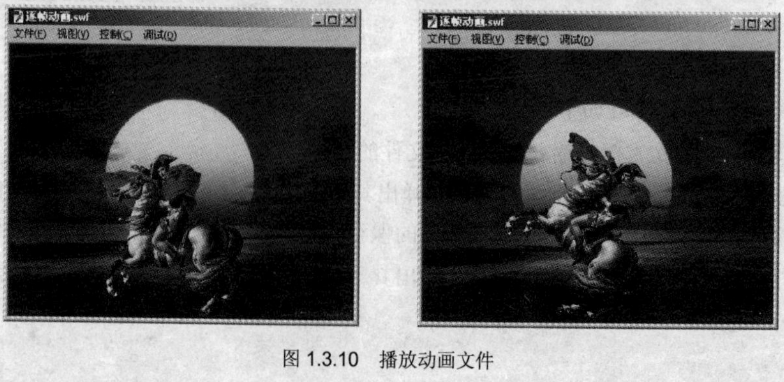

图 1.3.10 播放动画文件

5．切换文件

Flash CS4 允许在一个窗口中打开多个文件，这些文件的文件名将显示在窗口(W)菜单的底部，如果需要从一个文件切换到另一个文件，从中选择所需切换的文件即可，如图 1.3.11 所示。

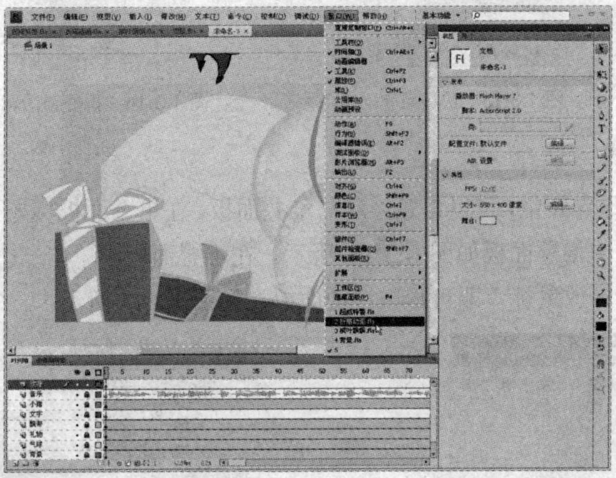

图 1.3.11　切换文件

6．关闭文件

在关闭文件之前需要对所编辑的文件进行保存。若要关闭多个文件中的一个，首先要切换为当前文件，然后选择菜单栏中的文件(F)→关闭(C)命令或单击工作区右上角的“关闭”按钮✕；若要同时关闭多个文件，可以选择菜单栏中的文件(F)→全部关闭命令；若要关闭文件并退出 Flash CS4 程序，可以选择文件(F)→退出(X)命令。

如果没有保存就进行关闭操作，系统会弹出“Adobe Flash CS4”提示框，询问用户是否对文件的修改进行保存。单击是(Y)按钮可以保存对文件的修改，单击否(N)按钮将放弃保存对文件的修改，单击取消按钮则取消关闭操作。

1.3.2　Flash 面板操作

为了让 Flash CS4 的默认工作界面更加符合个人的工作习惯，用户可以对其进行自定义。Flash CS4 提供了强大的自定义功能，能最大满足用户的自定义需求。

1．最小化与最大化面板

在 Flash CS4 的工作界面中，将鼠标移至面板标题上单击或在面板标题空白处单击，可最小化面板，再次单击面板标题或在面板标题空白处单击可最大化面板。最小化变形面板如图 1.3.12 所示。

图 1.3.12　最小化变形面板

2．展开与折叠面板

在 Flash CS4 的工作界面中，可以任意展开与折叠面板。单击面板顶端的◀◀按钮，可折叠面板为图标，再次单击即可展开面板。还可在面板标题上单击鼠标右键，弹出快捷菜单如图 1.3.13 所示，在该快捷菜单中选择折叠为图标命令，即可折叠面板，如图 1.3.14 所示。

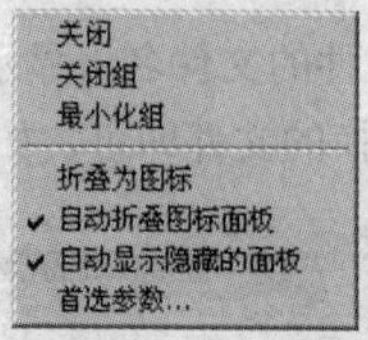

图 1.3.13　快捷菜单

图 1.3.14　折叠为图标效果

3．堆叠与浮动面板

在 Flash CS4 的工作界面中，可以任意浮动与堆叠面板。在单个面板标题上单击并按住鼠标左键，拖动单个面板到面板组中堆叠面板如图 1.3.15 所示。在堆叠面板中单击一个面板标题并按住鼠标左键，拖动到任意位置后释放鼠标，即可形成浮动面板，如图 1.3.16 所示。

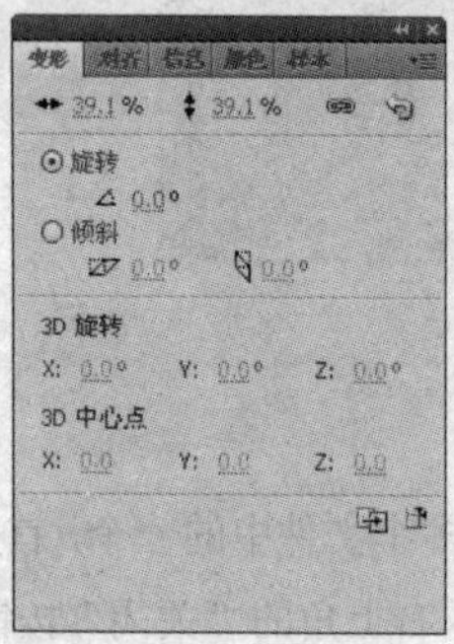

图 1.3.15　堆叠面板

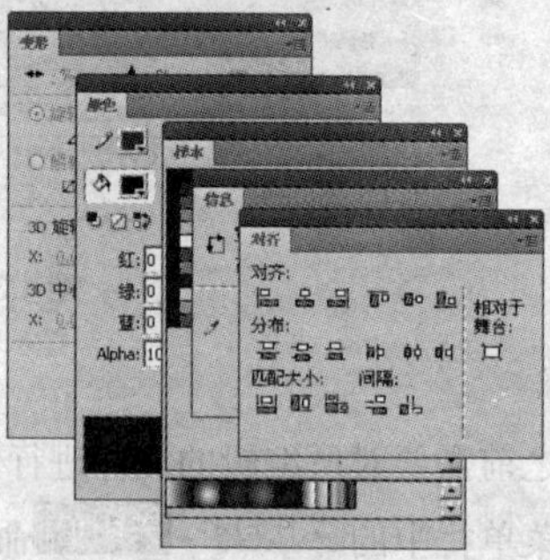

图 1.3.16　浮动面板

4．调整面板的大小

在 Flash CS4 的工作界面中，将鼠标移动到面板组的边缘处，当鼠标变为↔状态时，单击并拖动鼠标可任意调整面板的大小。调整大小后的属性面板如图 1.3.17 所示。

图 1.3.17　调整大小后的属性面板

5．调整面板的位置

在 Flash CS4 的工作界面中，可以任意调整面板的位置。在面板标题上单击并按住鼠标左键进行拖动，拖动到合适的位置后释放鼠标即可。例如，将属性面板从 Flash CS4 工作界面的右侧调整到左侧，先将鼠标移动到属性面板的标题上，单击并按住鼠标左键进行拖动，拖动至左侧合适位置后释放鼠标，即可将属性面板调整到Flash CS4工作界面的左侧，如图1.3.18所示。

图1.3.18 将属性面板调整到Flash CS4工作界面的左侧

6．打开/关闭、隐藏/显示面板

在Flash CS4的工作界面中，通过窗口(W)菜单选择相应的面板命令，即可打开相应面板窗口。单击面板标题上的按钮可关闭面板窗口；按“F4”键可隐藏所有面板，再次按“F4”键即可显示所有面板。隐藏所有面板后的Flash CS4工作界面如图1.3.19所示。

图1.3.19 隐藏所有面板后的Flash CS4工作界面

1.3.3 设置影片属性

用户创建好Flash影片后，经常会根据创作要求改变影片的大小、背景颜色、帧频等参数。以下将分别介绍设置这些参数的方法。

1．设置影片大小

Flash CS4中默认的影片大小为“550×400”像素，如果要调整影片的大小，可通过以下两种方法进行调整。

（1）选择菜单栏中的修改(M)→文档(D)...命令，弹出“文档属性”对话框，如图1.3.20所示。

用户可以在尺寸(I):文本框中输入数值，设置影片的大小。

另外，在“文档属性”对话框中如果要将舞台大小设置为最大可用打印区域，可选中匹配(A):右侧的⊙打印机(P)单选按钮；如果要恢复至其默认的文档大小，可选中匹配(A):右侧的⊙默认(E)单选按钮。

（2）按“Ctrl+F3”键，可打开如图 1.3.21 所示的属性面板，用户可在该面板的▽属性区域单击编辑...按钮，在弹出的“文档属性”对话框中设置影片的大小，并且文档的最小尺寸可设置为“18×18 像素”，最大尺寸可设置为“2 800×2 800 像素”。

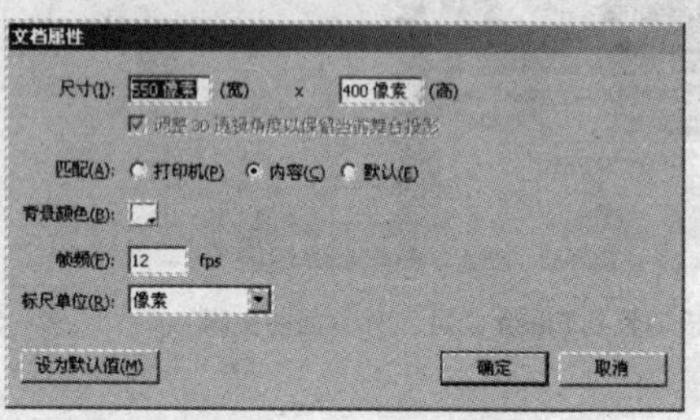

图 1.3.20 “文档属性”对话框

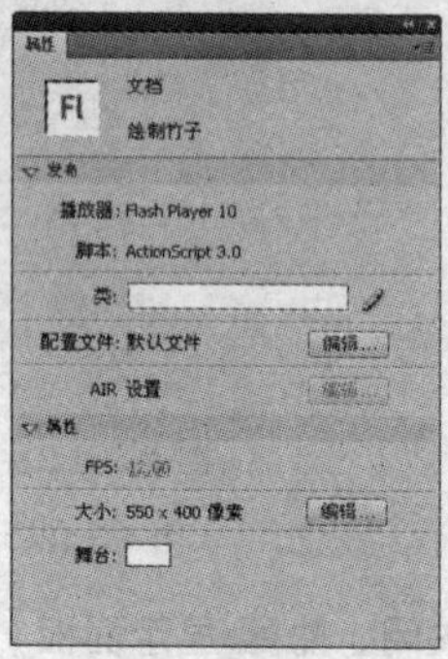

图 1.3.21 属性面板

2. 设置影片背景颜色

Flash CS4 中默认的文档背景颜色为“白色”。如果要调整文档的背景颜色，可通过以下两种方法进行设置。

（1）选择菜单栏中的修改(M)→文档(D)...命令，弹出“文档属性”对话框，单击背景颜色(B):右侧的色块，打开颜色调板，用户可使用鼠标单击色块，选中相应的颜色作为影片的背景颜色。

（2）单击属性面板中舞台:右侧的色块，在打开的颜色面板中选择合适的背景颜色。

3. 设置动画播放频率

在 Flash CS4 中，默认的帧频为 12，若要调整影片的帧频，可通过以下两种方法进行设置。

（1）选择菜单栏中的修改(M)→文档(D)...命令，弹出“文档属性”对话框，用户可在帧频(F):文本框中输入数值设置帧频。帧频应根据动画的应用场合进行设置，如果仅用于网页，使用默认值即可。

注意：帧频如果设置得过小，则帧序列之间的停顿就会太大，最终的动画效果会出现一走一停的情况；帧频如果设置得过大，则帧序列之间的停顿就会太小，最终的动画效果会因为太快而变得模糊不清，所以在设置帧频时，应根据其应用场合而定。

（2）在属性面板中的帧频(F):文本框中输入数值即可设置帧频。

1.3.4 辅助工具的使用

在进行 Flash 多媒体动画的创作时，辅助工具能够帮助用户更加方便、精细地绘制动画。Flash CS4 的辅助工具包括缩放工具、手形工具、标尺、网格和辅助线等。

1. 缩放工具

要缩放舞台首先单击工具箱中的“缩放工具”按钮，此时在工具箱中会出现一个“放大”按钮和一个“缩小”按钮。选中“放大”按钮后将鼠标移动到舞台中，光标将变为形状，此时在舞台上单击可放大舞台；选中“缩小”按钮后将鼠标移动到舞台中，光标将变为形状，此时在舞台上单击可缩小舞台，如图 1.3.22 所示。

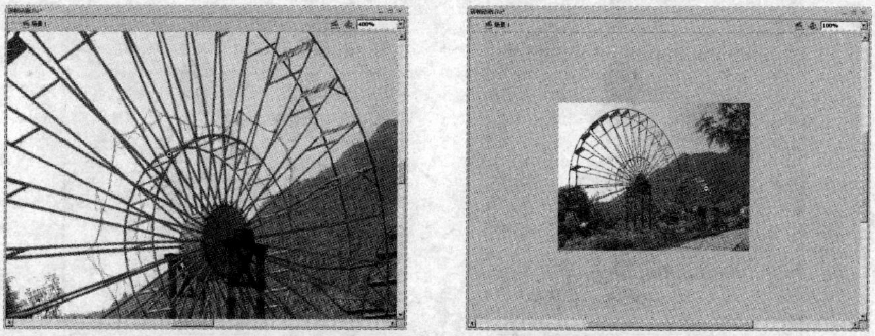

图 1.3.22 使用缩放工具效果

技巧：在使用缩放工具放大舞台后，若想缩小舞台，可按住“Alt”键，在鼠标变成后单击舞台即可。

2．手形工具

舞台被放大后，将无法看到整个舞台，要在不缩小图像分辨率的情况下更改视图位置，方法是单击工具箱中的“手形工具”按钮，在舞台中单击并拖动鼠标可平移舞台，如图 1.3.23 所示。此外拖动舞台下方和右方的滚动条也可以移动舞台位置。

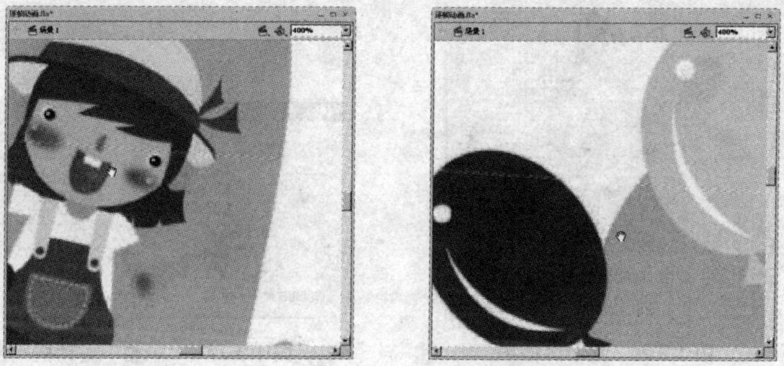

图 1.3.23 移动舞台

技巧：在使用其他工具绘图时，可按“空格”键快速切换到手形工具移动舞台，释放“空格”键后会切换到以前使用的工具，利用此方法可加快绘图的速度。

3．标尺

标尺能帮助用户大致计算出对象的大小，还能精确地了解对象的位置，从而有利于整个动画的统筹规划。选择菜单栏中的 视图(V) → 标尺(R) 命令，或者在舞台空白处单击鼠标右键，在弹出的快捷菜单中选择 标尺(R) 命令，可以显示标尺（见图 1.3.24），再次选择即可将其隐藏。

标尺以舞台的左上角为坐标原点，有水平和垂直两个方向上的标尺。其中，水平标尺以 X 轴向右方向坐标为正，垂直标尺以 Y 轴向下方向坐标为正。在默认情况下，标尺使用的单位是像素，如果要修改单位，可以执行以下操作。

（1）选择菜单栏中的 修改(M) → 文档(D)... 命令，弹出“文档属性”对话框。

（2）在 标尺单位(R): 下拉列表中选择其他单位，在此选择“厘米”选项。

（3）单击 确定 按钮应用设置，如图 1.3.25 所示。

图 1.3.24 显示标尺

图 1.3.25 标尺单位为厘米时的效果

4．网格

Flash 中的网格不是图像，只是辅助绘图的工具，由一组水平线和垂直线组成，在动画输出时将不予显示，选择菜单栏中的 视图(V) → 网格(D) → 显示网格(D) 命令，可以显示网格（见图 1.3.26），再次选择则将其隐藏。

用户还可以选择菜单栏中的 视图(V) → 网格(D) → 编辑网格(E)... 命令，在弹出的“网格”对话框中自定义网格的属性，如图 1.3.27 所示。

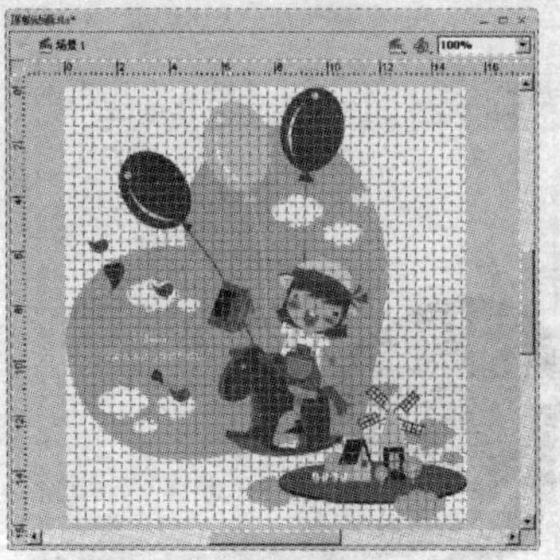

图 1.3.26 显示网格

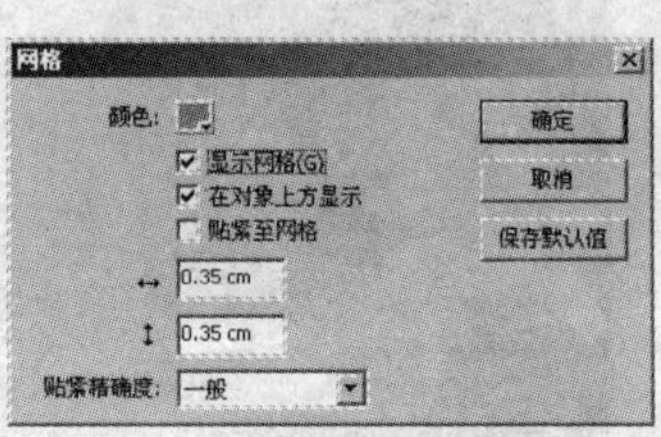

图 1.3.27 “网格”对话框

对对话框中的各项说明如下。

（1）颜色: ：用于设置网格线的颜色。

（2）☑ 显示网格(G)：用于设置是否显示网格。

（3）☑ 在对象上方显示：用于设置是否在对象上方显示网格。

（4）☑ 贴紧至网格：用于设置是否使对象对齐网格线。

（5）↔ 0.35 cm 和 ↕ 0.35 cm ：用于设置网格在水平方向和垂直方向上的间隔。

（6）贴紧精确度:：用于设置对象对齐网格的方式。

（7）确定 ：应用所设置的网格属性，并关闭“网格”对话框。

（8）取消 ：取消对网格属性的设置，并关闭“网格”对话框。

（9）保存默认值 ：将设置保存为默认值。

5．辅助线

打开标尺后，在标尺上按住鼠标左键，鼠标指针将呈现 ↖ 或 ↖ 形状，然后按住并拖动鼠标到舞台中，可以添加横向或纵向的辅助线，如图 1.3.28 所示。

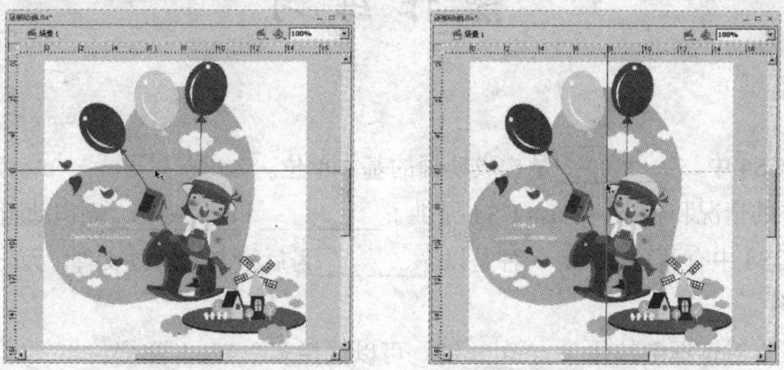

添加横向的辅助线　　　　添加纵向的辅助线

图 1.3.28　添加辅助线

为了防止在操作过程中不小心移动了辅助线，可以将辅助线锁定在某个位置上，选择菜单栏中的 视图(V) → 辅助线(E) → 锁定辅助线(K) 命令即可。如果要删除辅助线，最简单的方法就是使用选择工具将辅助线直接拖至水平或垂直标尺上。

另外，用户还可以选择菜单栏中的 视图(V) → 辅助线(E) → 编辑辅助线... 命令，在弹出的“辅助线”对话框中自定义辅助线的属性，如图 1.3.29 所示。

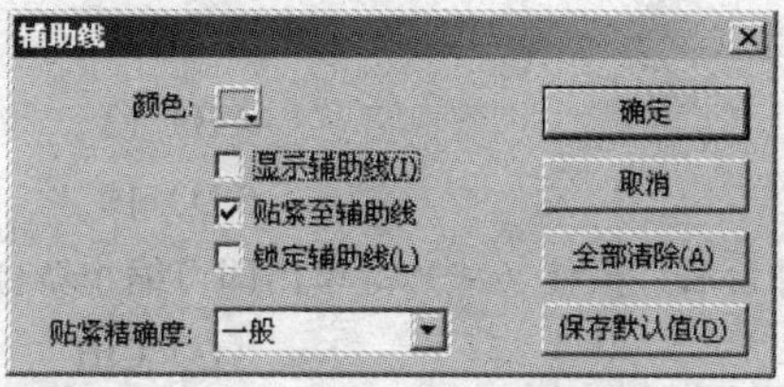

图 1.3.29　“辅助线”对话框

对其中各项说明如下。

（1）颜色:：用于设置辅助线的颜色。

（2）显示辅助线(I)：用于设置是否显示辅助线。

（3）贴紧至辅助线：用于设置是否使对象对齐辅助线。

（4）锁定辅助线(L)：用于设置是否固定辅助线。

（5）贴紧精确度:：用于设置对象对齐辅助线的方式。

（6）确定：应用所设置的辅助线属性，并关闭“辅助线”对话框。

（7）取消：取消对辅助线属性的设置，并关闭“辅助线”对话框。

（8）全部清除(A)：清除创建的所有辅助线。

（9）保存默认值(D)：将设置保存为默认值。

本 章 小 结

本章主要介绍了 Flash CS4 应用基础，主要包括 Flash CS4 的基本概念、工作界面以及基本操作方法。通过本章的学习，读者应对 Flash CS4 有一个基本的了解，为以后更深入地学习该软件打下坚实的基础。

操 作 练 习

一、填空题

1．在 Flash CS4 中，________是构成动画的基本单位。

2．根据工作的情况和状态，Flash CS4 提供了________和________制作动画的内容。

3．在 Flash CS4 中有两种文件：一种是以________为后缀名的动画文件，另一种是以________为后缀名的源文件。

4．在“打开”对话框中按住________键，可以选择多个 Flash 文档。

5．在 Flash CS4 中，用户不仅可以将文件保存为一般的 Flash 文件，而且可以将其保存为______和______。

6．使用________可精确确定对象在舞台上的位置，从而更快地创建大小和位置都很规范的对象。

二、选择题

1．在 Flash CS4 的菜单中，如果菜单命令后带有一个▸标记，表示（ ）。

（A）该命令在当前状态下不可用　　（B）该命令具有快捷键

（C）单击该命令可弹出一个对话框　　（D）该命令下还有子命令

2．Flash CS4 默认的帧频为（ ）。

（A）14　　（B）12

（C）16　　（D）10

3．在使用缩放工具放大舞台后，按住（ ）键单击即可缩小舞台。

（A）Alt　　（B）Ctrl

（C）Shift　　（D）Shift+ Alt

4．在 Flash CS4 中，用户可以通过（ ）种方法新建文件。

（A）1　　（B）2

（C）3　　（D）4

三、简答题

1．简述 Flash 的特点与应用范围。

2．简述 Flash CS4 的新增功能。

四、上机操作题

熟悉 Flash CS4 的工作界面，并创建一个 Flash 文档，然后设置文档的属性参数。

第 2 章 绘 制 图 形

要制作一个多媒体动画，掌握绘图工具的功能是必须的。Flash CS4 提供了多种绘制图形的工具，例如直线工具、铅笔工具、钢笔工具、椭圆工具、矩形工具以及多角星形工具等，只要掌握了这些工具的使用方法，就可以制作出精美的造型。

知识要点

- Flash 图形基础知识
- 基本绘图工具
- 颜料桶工具
- 墨水瓶工具
- 填充色和渐变变形工具
- 滴管工具
- 橡皮擦工具

2.1 Flash 图形基础知识

要掌握与使用一个 Flash 动画制作软件，不仅要掌握软件的操作，还要掌握图形方面的基础知识，只有掌握这些知识，才能更好地创作出高品质、高水平的作品。

2.1.1 矢量图与位图

计算机所处理的图像从其描述原理上可以分为矢量图与位图两类。由于描述原理的不同，对这两种图像的处理方式也有所不同。

矢量图是使用直线和曲线来描述的图像，这些图像的元素是一些点、线、矩形、多边形、圆和弧线等，它们都是通过数学公式计算获得的。例如一幅画的矢量图实际上是由线段形成外框轮廓，由外框的颜色以及外框所封闭的填充色显示出来的颜色。由于矢量图可通过公式计算获得，所以矢量图文件体积一般较小。矢量图的优点是无论放大、缩小或旋转都不会失真，缺点是难以表现色彩层次的逼真图像效果，如图 2.1.1 所示。

图 2.1.1 矢量图放大前后效果对比

位图也称为点阵图像，它使用无数的彩色网格拼成一幅图像，每个网格称为一个像素，每个像素都具有特定的位置和颜色值。由于一般位图的像素非常多而且小，因此色彩和色调变化非常丰富，看起来是细腻的图像。但如果将位图放大到一定的比例，无论图像的具体内容是什么，所看到的将会像马赛克一样，如图 2.1.2 所示。位图的缺点在于放大显示时图像比较粗糙，并且图像文件比较大，它的优点在于可以表现颜色的细微层次。

图 2.1.2 位图放大前后效果对比

2.1.2 导入外部图像

在 Flash CS4 中制作动画时，既可以使用工具箱中的各种绘图工具绘制图形，还可以使用 Flash 提供的导入功能将外部的图像导入到 Flash 中。在导入图像的过程中，用户可以采用导入到舞台、导入到库和从外部库中导入 3 种方法导入图像。Flash CS4 允许导入的位图与矢量图如表 2.1 所示。

表 2.1 导入外部图像的格式

文件格式	素材类型	导入后的状态
emf	增强图元文件	在当前帧中插入一个独立的编辑对象，同时在当前库中创建一个同名的位图素材
bmp，dib	位图文件	
jpg	JPEG 图像文件	
wmf	Windows 图元文件	
dxf	AutoCAD DXF 文件	
eps，ai	Adobe Illustrator 矢量文件	在当前层的下面插入若干个层，并且每一层中都包含一些矢量图形组
png	Fireworks 图形文件	在当前层中插入一个关键帧或帧序列，并添加至当前库中
gif	GIF 图像文件	

1. 导入位图

选择菜单栏中的 文件(E) → 导入(I) → 导入到舞台(I)... 命令，或按“Ctrl+R”键，在弹出的“导入”对话框中选择要导入的对象，然后单击 打开(O) 按钮即可导入位图，如图 2.1.3 所示。

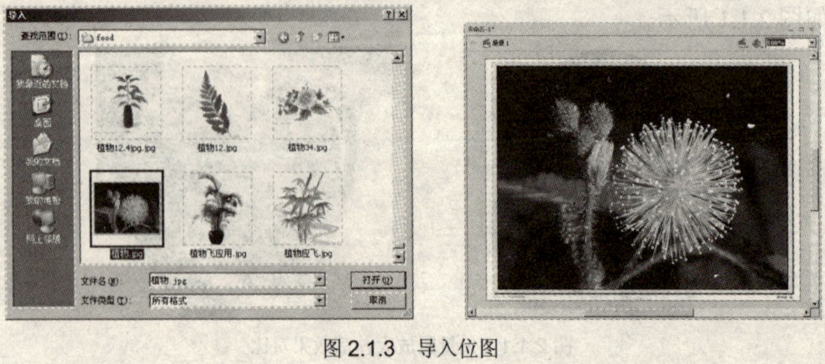

图 2.1.3 导入位图

在导入位图时，如果该位图是图像序列的组成部分（即文件名以数字结尾，并且该序列中的其他文件都位于相同的文件夹中），系统将弹出如图 2.1.4 所示的提示框，供用户选择执行何种操作。若要导入图像序列中的所有图像，单击 是(Y) 按钮；若仅仅导入选中的图像，单击 否(N) 按钮；若要取消导入操作，单击 取消 按钮。

将位图直接导入到舞台之后，在 Flash 文件的库面板中将自动生成相应的位图对象，以供在其他场景或元件中使用，如图 2.1.5 所示。

图 2.1.4 提示框

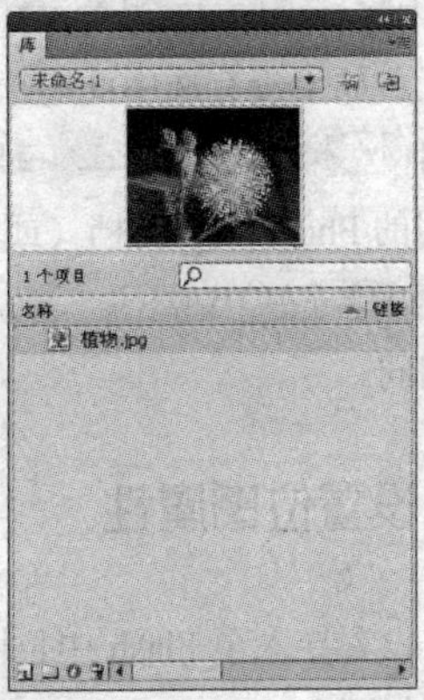

图 2.1.5 导入位图前后的库面板

如果选择菜单栏中的 文件(F) → 导入(I) → 导入到库(L)... 命令，此时导入的对象不会出现在舞台上，只会保存在库面板中，要使用时只需将其拖入舞台即可。

2．导入 PSD 文件

PSD 格式是默认的 Photoshop 文件格式。在 Flash CS4 中可以直接导入 PSD 文件，并可在 Flash 中保持 PSD 文件的图像质量和可编辑性，这在制作比较精美的造型和背景时非常有用。选择菜单栏中的 文件(F) → 导入(I) → 导入到舞台(I)... 命令，在弹出的“导入”对话框中选择一幅 PSD 格式的位图，然后单击 打开(O) 按钮，会弹出“PSD 导入”对话框，在对话框中可选择需要导入的图层，组合各个对象，然后选择如何导入每个项目，如图 2.1.6 所示。

该对话框中各选项的含义如下。

（1）在 将图层转换为(O): 下拉列表中，提供了“Flash 图层”和“关键帧”两种选项，如图 2.1.7 所示。

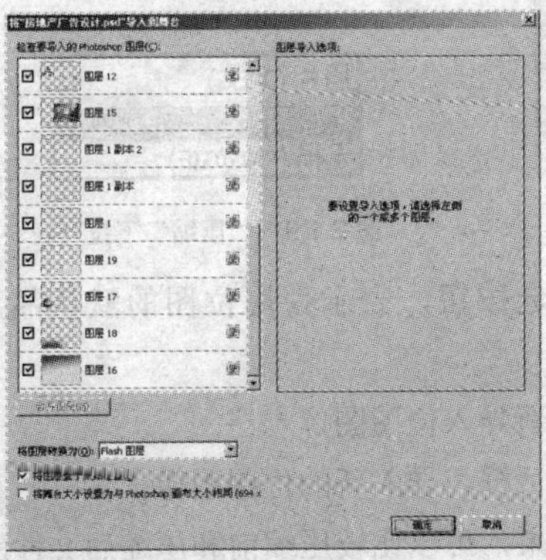

图 2.1.6 “PSD 导入”对话框

图 2.1.7 “将图层转换为”选项

1）如果选中Flash 图层选项，Flash 将会按照 PSD 图像原有的图层样式，在 Flash 文档中创建与 PSD 文件中图层同名的图层。图层中的内容也是一样的。同时在库面板中创建一个与 PSD 文件同名的文件夹，在文件夹中包含各层中的位图对象。

2）如果选中关键帧选项，Flash 将在当前图层上新建一个与 PSD 文件同名的图层，并根据 PSD 图像原有的图层顺序，在这个图层上插入关键帧，每一个关键帧上的内容就是原 PSD 文件图层上的内容。同时会在库面板中创建一个与 PSD 文件同名的文件夹，在文件夹中包含有各层中的位图对象。

（2）选中☑ 将图层置于原始位置(L)复选框，此时导入的 PSD 文件的内容将保持它们在 Photoshop 中的准确位置。如果没有选中此选项，那么导入的 PSD 文件的内容会位于舞台中间的位置。

（3）选中☑ 将舞台大小设置为与 Photoshop 画布大小相同 (694 × 复选框，Flash 的舞台大小会调整为与 PSD 文件所用的 Photoshop 文档（或活动裁剪区域）相同的大小。

（4）在检查要导入的 Photoshop 图层(C):列表框中，可以修改图层的首选参数。不同类型的图层，首选参数也各不相同。

2.1.3 设置位图属性

用户可以设置导入至 Flash 中位图的压缩、消除锯齿等属性，使其符合用户的需要。设置位图属性的具体操作如下。

（1）选择菜单栏中的窗口(W)→库(L)命令，打开库面板。

（2）在库中选择一幅位图图像，单击库面板下方的“属性”按钮，弹出“位图属性”对话框，如图 2.1.8 所示。

该对话框中各选项的含义如下。

1）选中☑ 允许平滑(S)复选框，可以消除位图图像中的锯齿。

2）单击压缩(C):右侧的下拉按钮，弹出如图 2.1.9 所示的下拉列表，选择照片 (JPEG)选项表示用 JPEG 格式输出图像；选择无损 (PNG/GIF)选项表示以压缩的格式输出图像，但不损失任何图像的数据。

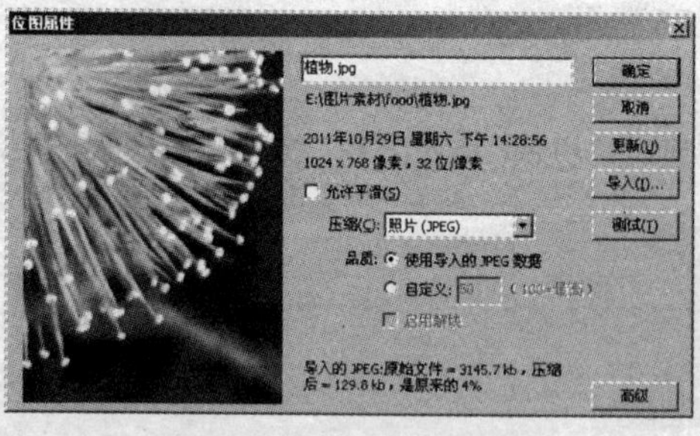

图 2.1.8 “位图属性”对话框

图 2.1.9 “压缩”下拉列表

3）在品质:选项区中选中⊙ 使用发布设置: 80单选按钮，表示使用位图的默认品质；选中⊙ 自定义:单选按钮可以自定义设置品质的数值。

4）单击更新(U)按钮，允许在发生突发事件时重新导入位图图像。

5）单击导入(I)...按钮，即可弹出“导入位图”对话框，导入新的位图图像。

6）单击测试(T)按钮，即可显示压缩文件后的效果，可以比较压缩前和压缩后文件的大小。

（3）设置好参数后，单击确定按钮即可。

2.1.4 将位图转换为矢量图

由于矢量图可以进行无极限的放大，并且缩放后的图像效果不受任何影响，因此在 Flash CS4 中制作动画时大量使用矢量图作为动画的素材。在 Flash CS4 中可以使用 转换位图为矢量图(B)... 命令将导入的各类位图对象转换为矢量图。操作步骤如下。

（1）使用选择工具选中要转换为矢量图的位图。

（2）选择菜单栏中的 修改(M) → 位图(B) → 转换位图为矢量图(B)... 命令，弹出“转换位图为矢量图”对话框，如图 2.1.10 所示。

其对话框中的各选项含义介绍如下。

1） 颜色阈值(T)：设置颜色的临界值，取值范围为 1～500 之间的整数。该值越小，转换速度越慢，转换后的颜色越多，与原图像的差别也就越小。

注意：如果颜色的差异小于临界值，则认为这两种颜色相同。

2） 最小区域(M)：设置最小区域内的像素数，取值范围为 1～1 000 之间的整数。该值越小，转换后的图像越精确，与原图像的差别也就越小。

3） 曲线拟合(C)：设置曲线的平滑程度，有像素、非常紧密、紧密、一般、平滑和非常平滑 6 个选项，如图 2.1.11 所示。在其下拉列表框中的 像素 选项表示最接近于原图，非常紧密 选项表示使图像不失真，紧密 选项表示使图像几乎不失真，一般 选项是推荐使用的选项，平滑 选项表示使图像相对失真，非常平滑 选项表示使图像严重失真。

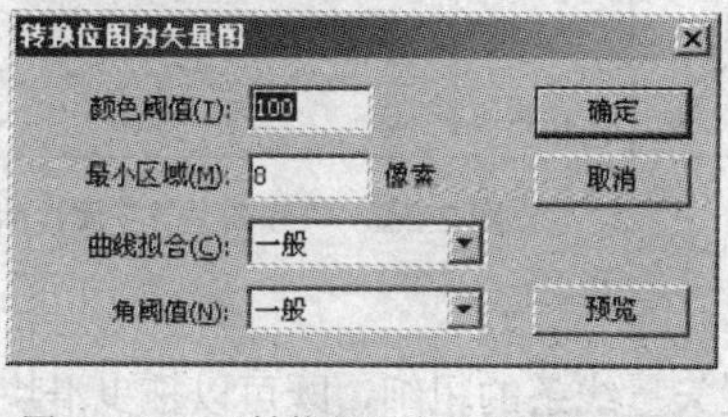

图 2.1.10 “转换位图为矢量图”对话框

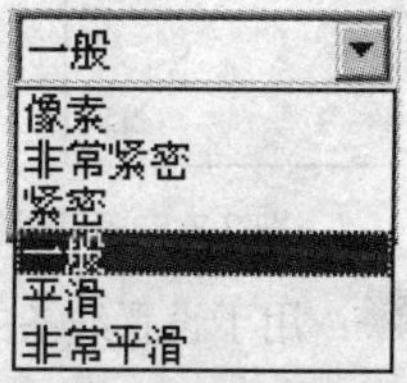

图 2.1.11 “曲线拟合”下拉列表

4） 角阈值(N)：设置在转换时，如何处理对比强烈的边界，有较多转角、一般和较少转角 3 个选项。其中 较多转角 选项表示转角很多，图像会失真；一般 选项是推荐使用的选项；较少转角 选项表示图像不会失真。

（3）设置完后单击 确定 按钮，弹出“正在转换位图为矢量图”对话框，稍等片刻即可将位图转换为矢量图，如图 2.1.12 所示。

图 2.1.12 将位图转换为矢量图

2.2 基本绘图工具

Flash CS4 提供了一些基本的图形绘制工具，例如线条工具、椭圆工具、矩形工具、多角星形工具、铅笔工具和钢笔工具等，使用这些工具可以绘制出各种图形。下面具体介绍这些工具的使用方法。

2.2.1 线条工具

线条工具主要用于绘制各种形状的线条，选择工具箱中的线条工具，将鼠标指针移动到舞台上，鼠标指针呈现＋形状，说明该工具已经被激活。这时，用户就可以按住鼠标左键作为线条的起点，然后拖动鼠标到另一点后释放鼠标，在两点之间绘制线条了，如图 2.2.1 所示。

选择线条工具后，线条工具的属性面板如图 2.2.2 所示，用户可以在其中设置线条的粗细、颜色、样式等参数。

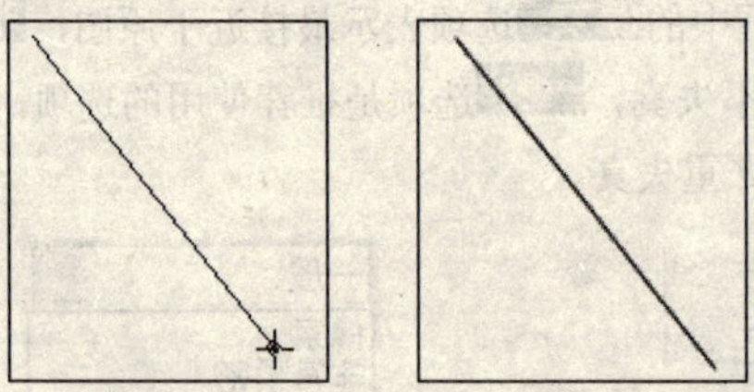

图 2.2.1 使用线条工具绘制线条

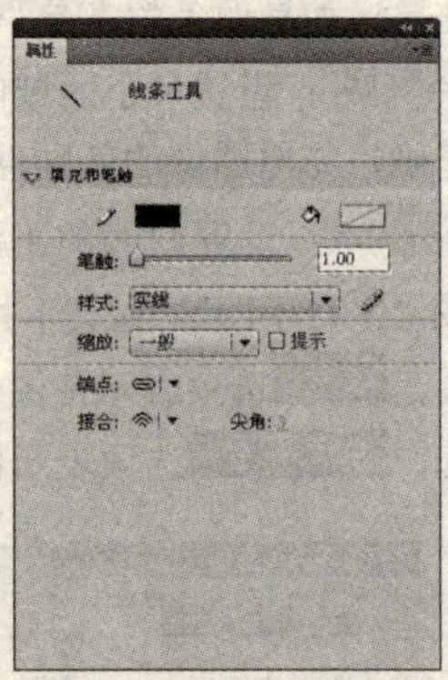

图 2.2.2 “线条工具”属性面板

（1）：用于设置线条的颜色。

（2）：用于设置矢量线条的粗细，既可以拖曳滑块进行设置，也可以直接在右侧的文本框中输入数值，取值范围为 0.1～200。

（3）：用于设置矢量线条的样式，单击右侧的下拉按钮，可以从弹出的下拉列表中选择一种样式。

（4）：单击此按钮，将弹出如图 2.2.3 所示的“笔触样式”对话框，用户可以在其中编辑线条的样式。方法为在类型(Y):下拉列表中选择一种样式（例如选择“斑马线”选项），然后对其参数进行设置，如图 2.2.4 所示。

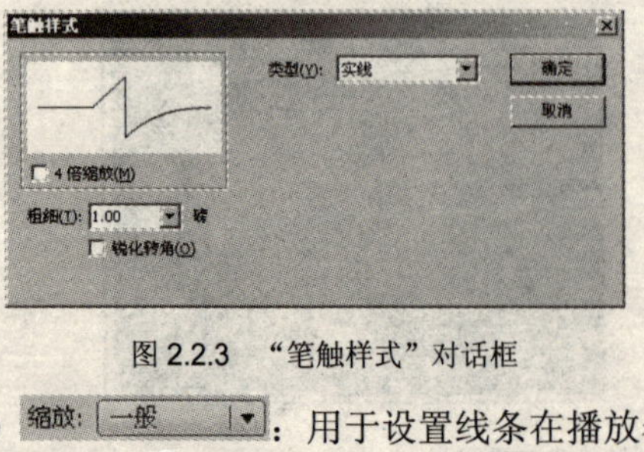

图 2.2.3 “笔触样式”对话框

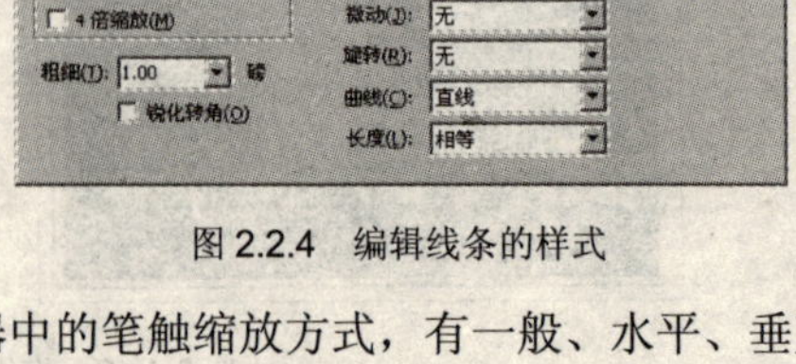

图 2.2.4 编辑线条的样式

（5）：用于设置线条在播放器中的笔触缩放方式，有一般、水平、垂直和无 4 个选项，如图 2.2.5 所示。

（6）☑提示：选中此复选框，可以启动笔触提示功能，避免出现线条显示模糊的现象。

（7）端点：：在此下拉列表中，可以设置线条端点的样式，如图 2.2.6 所示。

（8）接合：：在此下拉列表中，可以设置两条线段的相接方式，如图 2.2.7 所示。

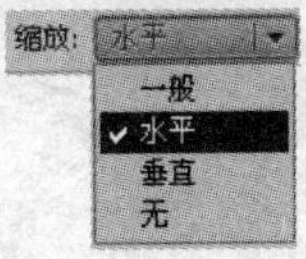

图 2.2.5　设置笔触缩放方式

图 2.2.6　设置线条端点的样式

图 2.2.7　设置两条线段的相接方式

2.2.2　铅笔工具

使用铅笔工具可以绘制任意形状的线条和图形。选择铅笔工具后将鼠标指针移动到舞台上，鼠标指针呈现形状，此时在舞台上单击并任意拖动便可绘制出图形，如图 2.2.8 所示。

选择铅笔工具后，在工具箱的选项栏中将出现“铅笔模式”按钮，单击该按钮，将弹出一个下拉菜单，在下拉菜单中有 3 个选项，伸直、平滑和墨水，如图 2.2.9 所示。

图 2.2.8　使用铅笔工具绘制图形

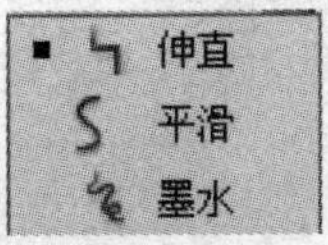

图 2.2.9　“铅笔模式”下拉菜单

（1）伸直模式：该模式为默认模式，在该模式下绘图，系统绘制线条更趋向于规则的曲线，并且会将近似于三角形、圆形和矩形的形状自动转换为这些常见的几何形状，效果如图 2.2.10 所示。

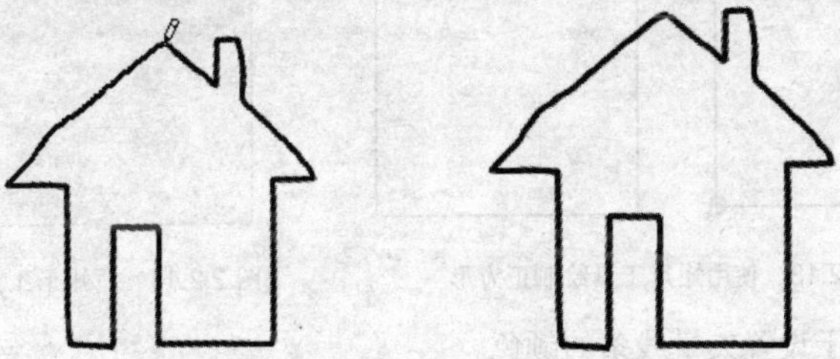
图 2.2.10　在“伸直”模式下绘制图形

（2）平滑模式：在该模式下绘图，系统会将绘制的曲线更趋向于平滑，效果如图 2.2.11 所示。

图 2.2.11　在“平滑”模式下绘制图形

（3）墨水模式：在该模式下绘图，是最接近用真实铅笔绘图的感觉，此模式一般用于绘制比较复杂的图形，效果如图 2.2.12 所示。

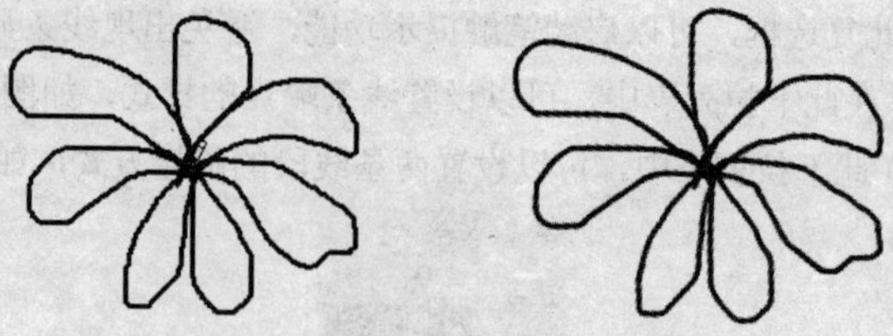

图 2.2.12　在“墨水”模式下绘制图形

2.2.3　矩形工具和基本矩形工具

矩形工具和基本矩形工具都是 Flash 绘图时的常用工具，并且在 Flash CS4 中还对这两个工具做了加强。下面将介绍一下它们的使用方法和技巧。

1. 矩形工具

矩形工具主要用于绘制各种矩形和正方形。选择工具箱中的矩形工具，将鼠标指针移动到舞台上，鼠标指针呈现＋形状，说明该工具已经被激活。这时，用户就可以按住鼠标左键不放并拖动绘制矩形了，如果要绘制正方形，只须在绘制的同时按住“Shift”键即可，如图 2.2.13 所示。

选择矩形工具后，矩形工具的属性面板如图 2.2.14 所示，其面板中的各选项含义介绍如下。

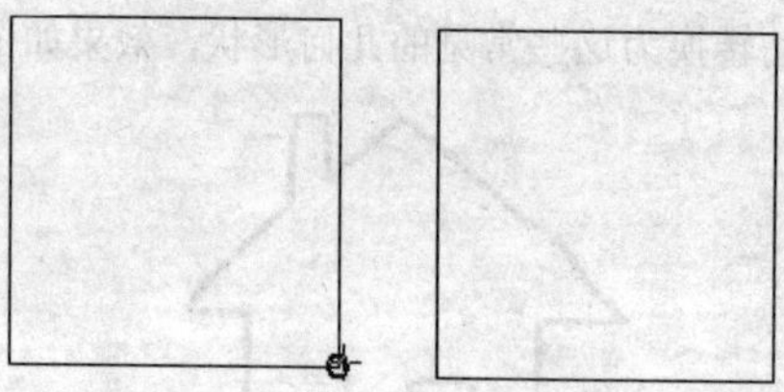

图 2.2.13　使用矩形工具绘制正方形

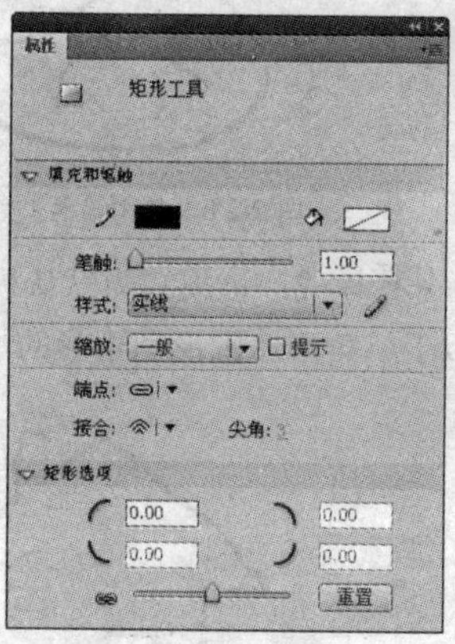

图 2.2.14　“矩形工具”属性面板

（1）：用于设置矢量线条的颜色。

（2）：用于设置矢量色块的颜色。

（3）笔触：用于设置矢量线条的粗细，既可以拖曳滑块进行设置，也可以直接在右侧的文本框中输入数值，数值越大，线条越粗。

（4）样式: 实线：用于设置矢量线条的样式，单击右侧的下拉按钮，可以从弹出的下拉列表中选择一种样式，如图 2.2.15 所示。

（5）：单击此按钮，即可弹出如图 2.2.16 所示的“笔触样式”对话框，用户可以对所选矢量线条的样式进行设置。

在属性面板中的 4 个“边角半径”文本框中输入数值，可以设置所绘矩形边角的弧度，输入的数值在－100～100 之间。也可以通过拖曳下方的滑块对边角半径进行设置，如图 2.2.17 所示。

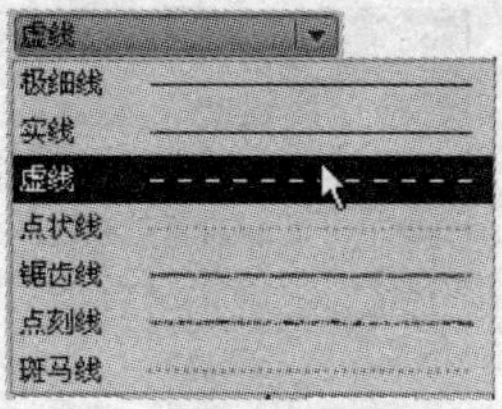

图 2.2.15　“笔触样式”下拉列表

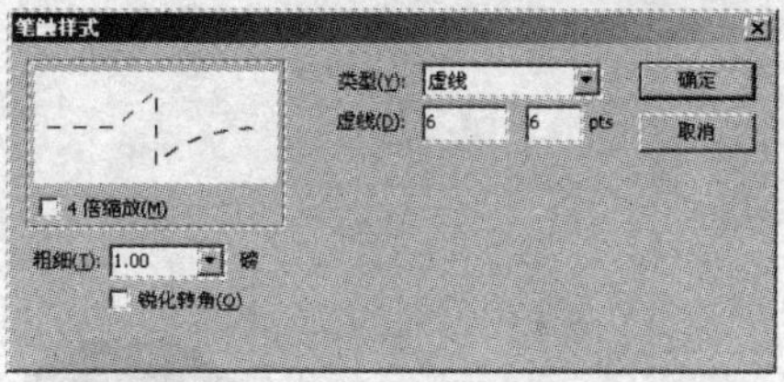

图 2.2.16　“笔触样式”对话框

如果单击按钮，将解除锁定状态，可分别对矩形的 4 个边角的弧度进行设置，如图 2.2.18 所示。此时的按钮变成形状，再次单击按钮，即可将边角半径按件锁定为一个控件，如果不满意可单击重置按钮，恢复原状。

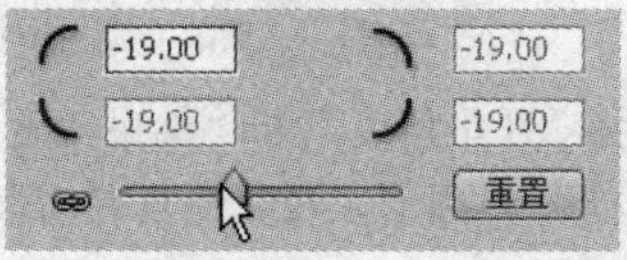

图 2.2.17　锁定状态下的设置

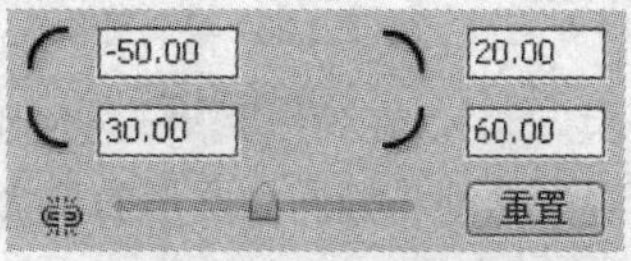

图 2.2.18　解除锁定状态下的设置

提示：当边角半径为 0 时，得到的是标准的矩形，随着值的增大，绘制出的矩形越接近于圆形。

2．基本矩形工具

基本矩形工具主要用于绘制圆角矩形，它的使用方法与矩形工具基本相同，但有以下两点不同。

（1）通过使用选择工具拖动边角上的节点，可以改变圆角矩形弧度，如图 2.2.19 所示。

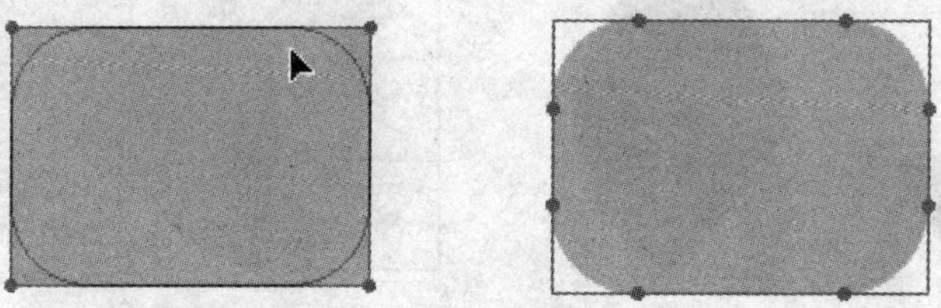

图 2.2.19　拖动节点改变圆角矩形弧度

（2）使用选择工具选中用基本矩形工具绘制的矩形后，可以通过在属性面板中更改参数来改变矩形的形状，而使用矩形工具绘制的矩形就不能做到这一点。

2.2.4　椭圆和基本椭圆工具

椭圆工具和基本椭圆工具也是 Flash 绘图时的常用工具，使用这两种工具可以轻松地绘制出椭圆形、圆形以及扇形等形状。

1．椭圆工具

选择工具箱中的椭圆工具，在舞台上单击鼠标并拖动，当椭圆的大小和形状满足需要时释放鼠标即可。如果在绘制的同时按住了“Shift”键，则可绘制出圆形，如图 2.2.20 所示。

在属性面板中可以设置椭圆轮廓的颜色、粗细，以及椭圆内部的填充颜色等属性，如图 2.2.21 所示。

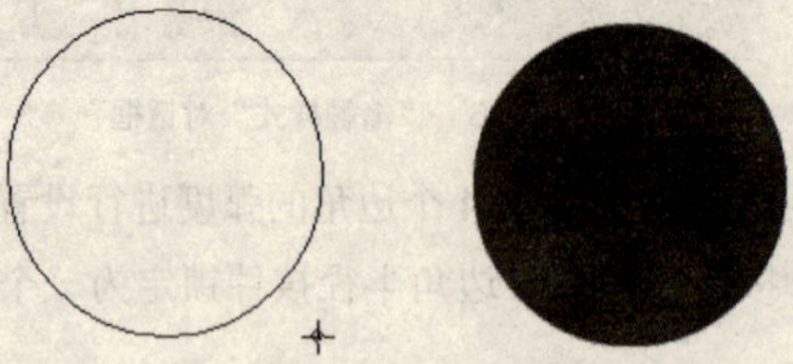

图 2.2.20　绘制圆形

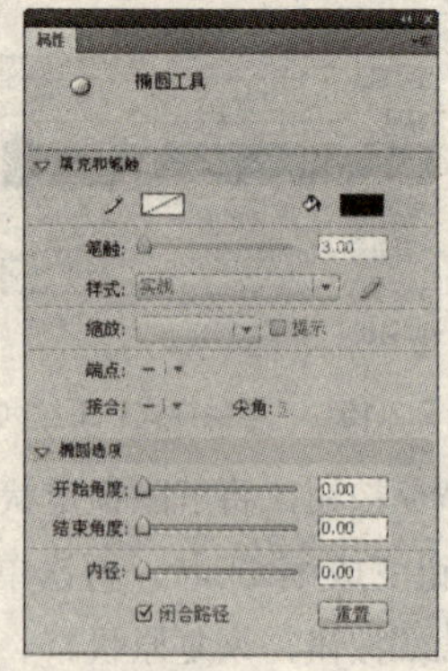

图 2.2.21　“椭圆工具”属性面板

选择椭圆工具后，在 ▽ 椭圆选项 选项栏中将出现“开始角度”和“结束角度”两个控件，使用这两个控件可以轻松地将椭圆和圆形的形状修改为扇形、半圆形以及其他具有创意的形状。既可以通过拖曳滑块进行设置，也可以直接在右侧的文本框中输入数值。如图 2.2.22 所示为不同起始角度和结束角度的效果。

2．基本椭圆工具

基本椭圆工具主要用于绘制各种圆缺和扇形，其使用方法与椭圆工具基本相似，但有以下两点不同。

（1）通过使用选择工具拖动椭圆外围的节点，可以改变起始角度和结束角度，效果如图 2.2.23 所示。

图 2.2.22　使用椭圆工具绘制圆缺和扇形

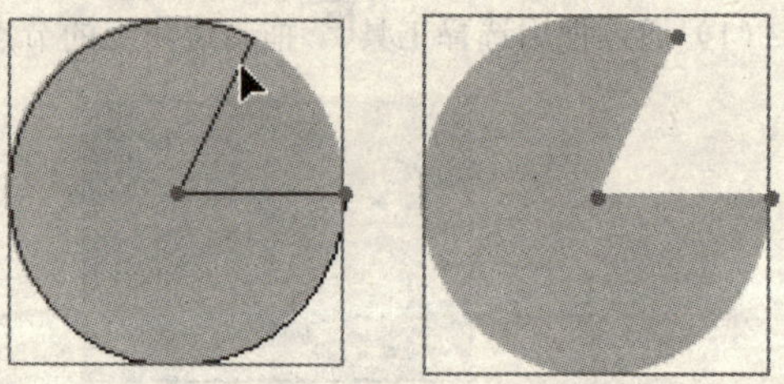

图 2.2.23　拖曳椭圆外围节点效果

（2）通过使用选择工具拖动椭圆内部的节点，可以改变内径的数值，效果如图 2.2.24 所示。

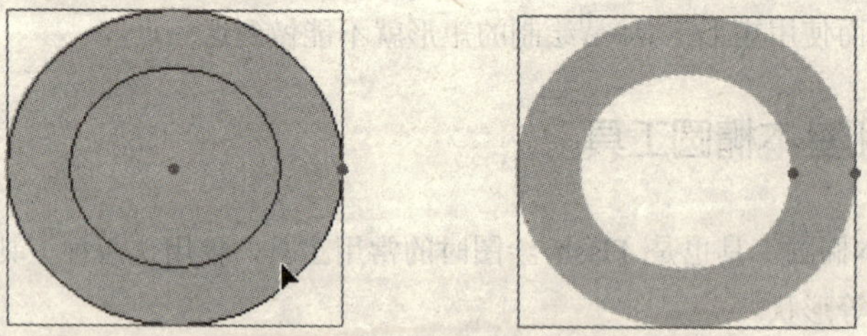

图 2.2.24　改变椭圆内径

2.2.5　多角星形工具

多角星形工具主要用于绘制各种多边形和星形。选择工具箱中的多角星形工具，将鼠标指针移动到舞台上，鼠标指针呈现＋形状，说明该工具已经被激活。这时，用户就可以按住鼠标左键不放并拖动绘制多边形和星形了，如图 2.2.25 所示。

提示：使用多角星形工具绘制图形时，可移动鼠标旋转图形。如按住“Shift”键，则以固定角度旋转图形。

选择多角星形工具后，其属性面板如图 2.2.26 所示，用户可以在其中设置多边形或星形线条的粗细、笔触颜色、填充颜色等参数。

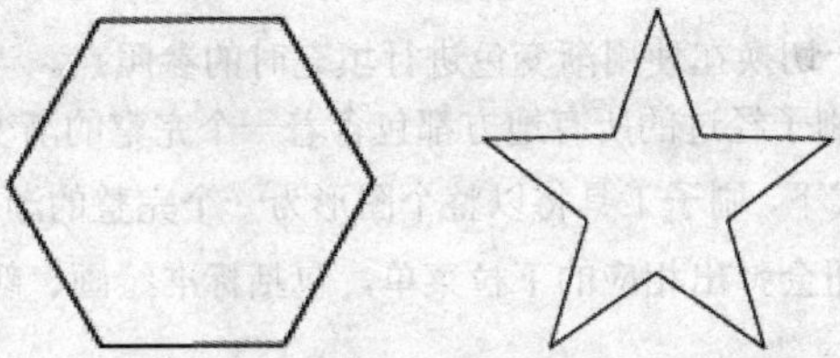

图 2.2.25　使用多角星形工具绘制图形

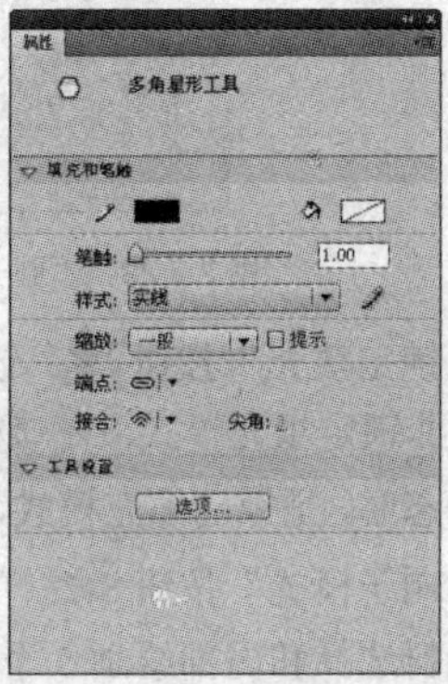

图 2.2.26　“多角星形工具”属性面板

多角星形工具的属性参数和矩形工具的参数基本相同，只是多了一个 选项... 按钮。单击该按钮，将弹出如图 2.2.27 所示的“工具设置”对话框，用户可以在其中设置图形的样式、边数和顶点的大小。

（1）样式:：用于设置图形的样式，有“多边形”和“星形”两个选项。

（2）边数:：用于设置多边形（或星形）的边数，取值范围为 3～32，如图 2.2.28 所示。

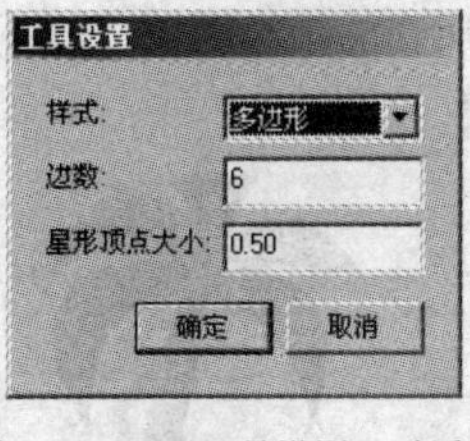

图 2.2.27　“工具设置”对话框

图 2.2.28　不同边数的多边形和星形

（3）星形顶点大小:：用于设置顶点的大小（只适用于星形），取值范围为 0～1 之间的小数。

2.2.6　刷子工具

使用刷子工具可以在已有图形或空白工作区中绘制一些特定形状、大小以及颜色的矢量色块。通过设置刷子的大小和形状，可以绘制各种样式的填充线条，还可以为任意区域和图形填充颜色。选择工具箱中的刷子工具后，其属性面板如图 2.2.29 所示，用户可以在其中设置刷子的颜色和笔触平滑程度。

选择刷子工具后，在工具箱的选项栏中将出现刷子工具的附加选项，包括“对象绘制”按钮、“锁定填充”按钮、“刷子模式”按钮、“刷子大小”按钮和“刷子形状”按钮，如图 2.2.30 所示。

（1）“对象绘制”按钮：单击该按钮，即可使用刷子直接绘制对象。

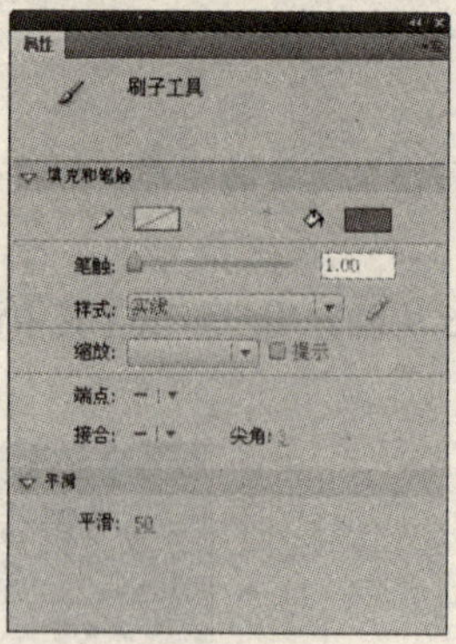

图 2.2.29 “刷子工具”属性面板

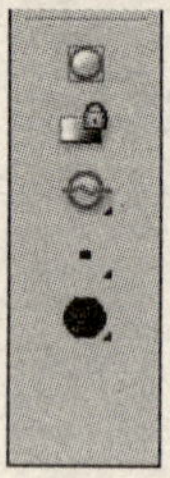

图 2.2.30 刷子工具的附加选项

（2）“锁定填充”按钮：该按钮用于切换在使用渐变色进行填充时的参照点。当其处于弹起状态时，是非锁定填充模式，在该模式下，刷子经过的所有地方都包含着一个完整的渐变过程；当其处于按下状态时，是锁定填充模式，在该模式下，刷子工具将以整个图形为一个完整的渐变过渡区域。

（3）“刷子模式”按钮：单击该按钮会弹出相应的下拉菜单，包括标准绘画、颜料填充、后面绘画、颜料选择和内部绘画 5 个选项。

1）标准绘画：在该模式下，新绘制的图形会覆盖同一层中的原有图形。

2）颜料填充：在该模式下，刷子只填充空白区域以及封闭区域，而对边框线没有影响。

3）后面绘画：在该模式下，刷子只填充图形对象以外的空白区域，而对图形的填充区域和边框线没有任何影响。

4）颜料选择：在该模式下，首先必须使用选择工具创建一个选择区域再绘图，且绘制的图形只覆盖选择区域中的填充区域，而不影响其他部分的图形。

5）内部绘画：在该模式下，绘制的图形只覆盖起始笔触所在的填充区域，但不影响其边线。

如图 2.2.31 所示为使用刷子工具在 5 种模式下的绘图效果。

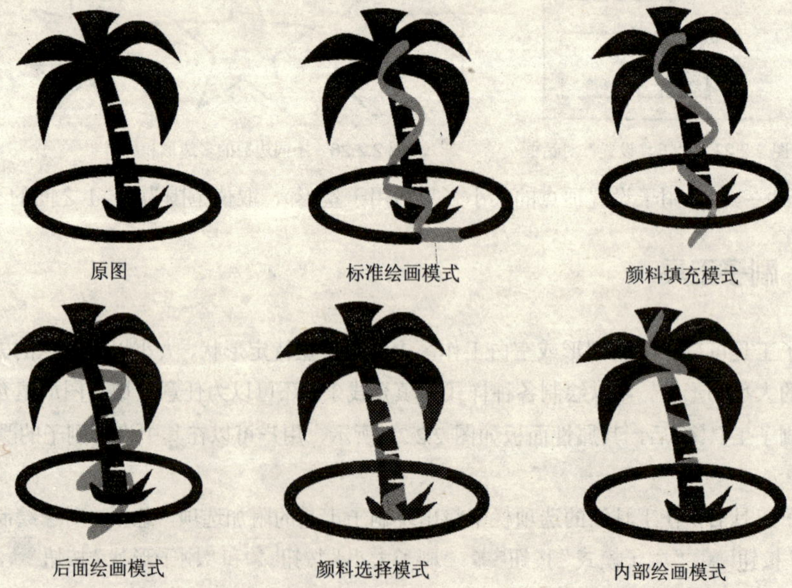

图 2.2.31 刷子工具在 5 种模式下的绘图效果

（4）“刷子大小”按钮：用于设置刷子的大小。

（5）“刷子形状”按钮：用于设置刷子的形状。

2.2.7 喷涂刷工具

喷涂刷工具是 Flash CS4 软件首次加入的装饰性工具。喷涂刷工具的作用类似于粒子喷射器，使用它可以一次将形状图案“刷”到舞台上。默认情况下，喷涂刷使用当前选定的填充颜色喷射粒子点。但是，可以使用喷涂刷工具将影片剪辑或图形元件作为图案应用。

选择工具箱中的喷涂刷工具后，属性面板如图 2.2.32 所示。其面板中的各选项参数介绍如下。

（1）编辑...：单击此按钮，即可弹出“交换元件”对话框，如图 2.2.33 所示。用户可以在其中选择影片剪辑或图形元件以用做喷涂刷粒子，此时，属性面板如图 2.2.34 所示。

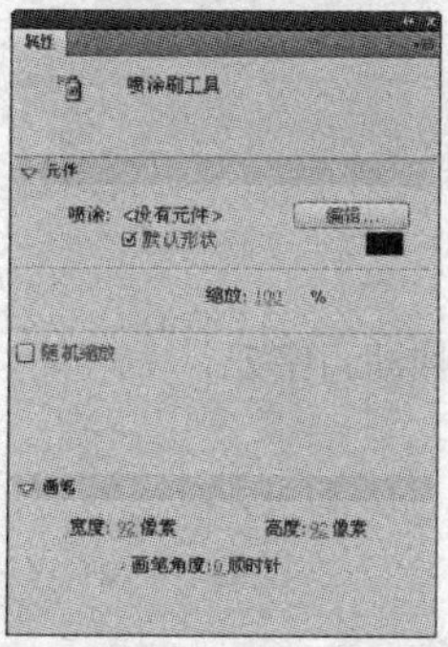

图 2.2.32 “喷涂刷工具”属性面板（一）

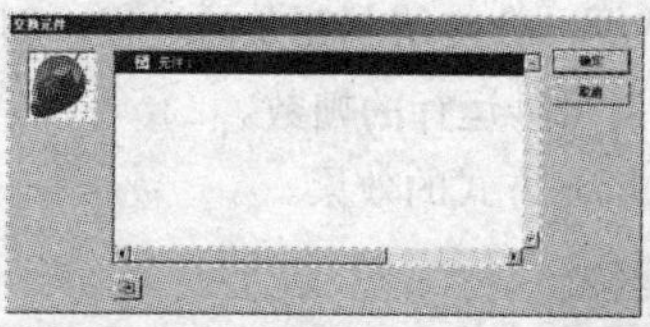

图 2.2.33 “交换元件”对话框

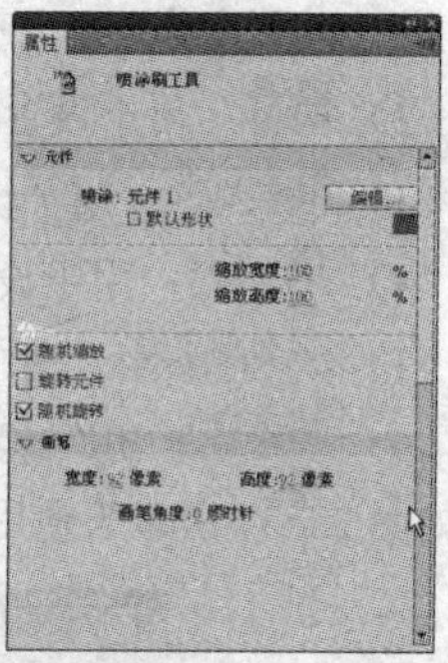

图 2.2.34 “喷涂刷工具”属性面板（二）

（2）缩放：此属性仅在元件用做粒子时出现。缩放用做喷涂粒子的元件的宽度。

（3）缩放宽度：此属性仅在将元件用做粒子时出现。缩放用做喷涂粒子的元件的宽度。

（4）缩放高度：此属性仅在将元件用做粒子时出现。缩放用做喷涂粒子的元件的高度。

（5）☑随机缩放：指定按随机比例将每个基于元件的喷涂粒子放置在舞台上，并改变每个粒子的大小。使用默认喷涂点时，会禁用此选项。

（6）☑旋转元件：此属性仅在将元件用做粒子时出现。围绕中心点旋转基于元件的喷涂粒子。

（7）☑随机旋转：此属性仅在将元件用做粒子时出现，指定按随机旋转角度将每个基于元件的喷涂粒子放置在舞台上。使用默认的喷涂点时，会禁用此选项。

（8）宽度：在不使用库中的元件时，喷涂粒子的宽度。

（9）高度：在不使用库中的元件时，喷涂粒子的高度。

（10）画笔角度：在不使用库中的元件时，应用到喷涂粒子的顺时针旋转量。

如图 2.2.35 所示为使用喷涂刷工具后的喷涂效果。

随机缩放　　旋转元件　　随机旋转

图 2.2.35 使用喷涂刷工具喷涂效果

2.2.8 Deco 工具

Deco 工具是一个图案装饰性的工具，在场景中第一次单击会开始填充，到达边界后或者在填充上再次单击会停止。单击工具箱中的“Deco 工具”按钮，此时的属性面板如图 2.2.36 所示。其中有 3 种填充方式，分别为藤蔓式填充、对称刷子和网格填充。

1．藤蔓式填充

藤蔓式填充可以填充舞台、元件或封闭区域。除了使用默认花朵和叶子形状的填充颜色外，还可以从库中选择元件，替换默认的叶子和花朵。

其属性面板中的各选项含义介绍如下。

（1）分支角度:：用于设置图案第一个分支的角度，0 度为水平向右。

（2）■：用于设置藤蔓的颜色。

（3）图案缩放:：用于设置花、叶、蔓的大小。

（4）段长度:：用于设置叶子节点和花朵节点之间的段的长度。

（5）☑动画图案：选中此复选框，会将绘制花朵的过程，创建成逐帧动画序列。

（6）帧步骤:：用于设置绘制时每秒运行的帧数。

如图 2.2.37 所示为使用藤蔓式填充方式的效果。

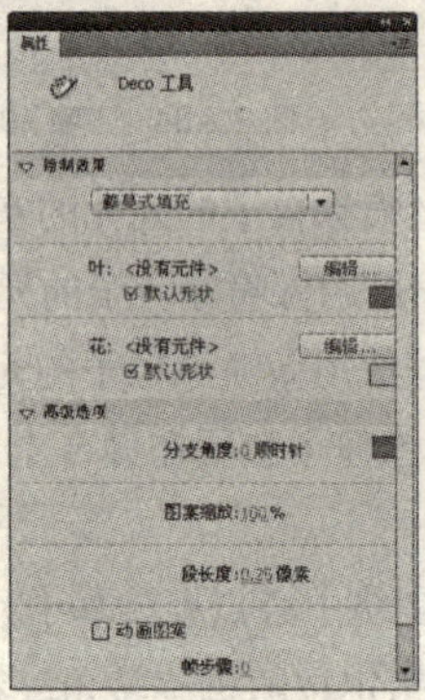

图 2.2.36 “Deco 工具”属性面板

图 2.2.37 应用藤蔓式填充效果

2．对称刷子

对称刷子用来画一组对称的图形，有跨线反射，跨点反射，绕点旋转和网格平移 4 个高级选项。

（1）跨线反射：选中此选项时，在场景正中会出现淡绿色对称轴，在线的一侧点击，即可得到一对对称的点或者元件。对称轴上方带双向箭头的点可以调整对称轴的角度方向，下方的点可以调整对称轴的位置。对称轴的改变会带动所有绘制的点位置变化。

（2）跨点反射：选中此选项时，在场景正中会出现淡绿色中心对称点，在场景中点击，即可得到一对以此点为中心对称的点或者元件。可以通过移动中心点的方式移动所绘制的元件。

（3）绕点旋转：选中此选项时，场景中会出现两条淡绿色线组成的角，点击会得到围绕着角的一组中心对称点。拖动带 X 标记的线调整夹角的大小，可以改变点数的多少；调整带双向箭头的点可以改变方向；拖动中心点可以调整整组元件的位置。

（4）网格平移：选中此选项时，场景中会出现纵横两条坐标轴，单击会得到 8 行 8 列的点阵图形。通过改变纵横轴单位的距离，可以改变两个点之间的距离；改变两个轴的夹角，可以改变点阵图的形状；在两个轴的端点拖动，可以改变点阵图的行列数。

如图 2.2.38 所示为使用对称刷子填充方式的效果。

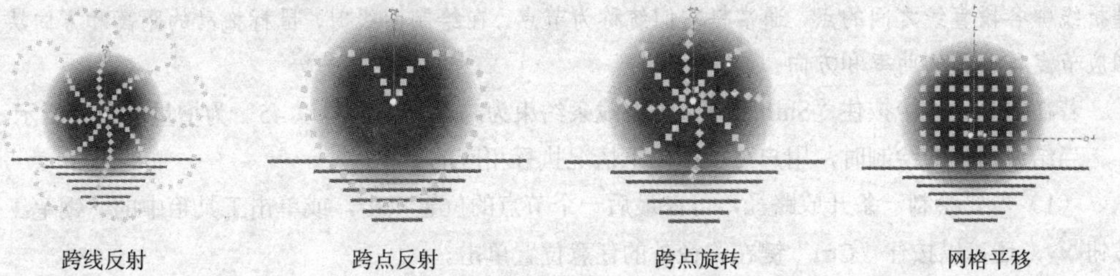

图 2.2.38 应用对称刷子效果

3. **网格填充**

网格填充可以用默认的方块或者库中的元件填充舞台、元件或封闭区域。

其属性面板中的各选项含义介绍如下。

（1）水平间距:：用于设置网格填充中所用形状之间的水平距离。

（2）垂直间距:：用于设置网格填充中所有形状之间的垂直距离。

（3）图案缩放:：用于设置填充形状的缩放比例。

如图 2.2.39 所示为使用网格填充方式的效果。

图 2.2.39 应用网格填充效果

2.2.9 钢笔工具

钢笔工具不但具有铅笔工具的特点，可以绘制折线和曲线路径，而且可以对曲线的曲率进行调整。

如果用户需要绘制折线，选择工具箱中的钢笔工具，在舞台上移动鼠标并连续单击即可，如图 2.2.40 所示；如果用户需要绘制曲线，则在舞台上单击鼠标确定第一个点后，在其他位置按住并拖动鼠标，然后单击确定第 2 个点，如此重复操作将绘制出一条曲线，如图 2.2.41 所示。

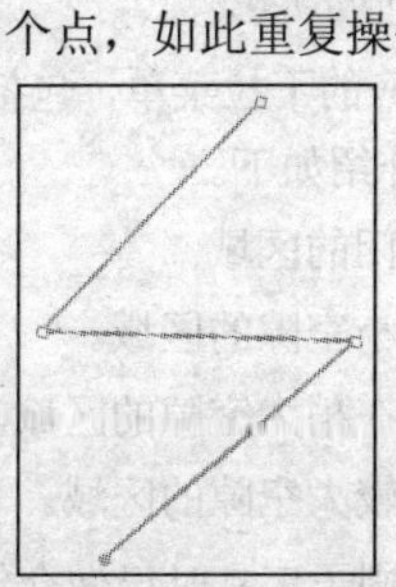

图 2.2.40 绘制折线

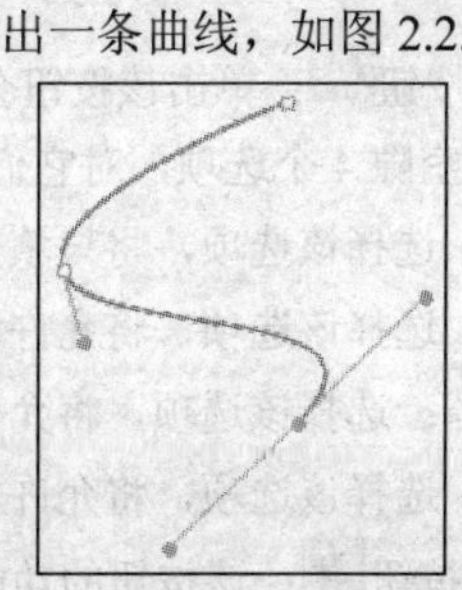

图 2.2.41 绘制曲线

提示：使用钢笔工具可以绘制两种类型的点：一种叫锚点，是曲线之间的点；一种叫拐点，是折线中各段直线之间的点，通常将它们统称为节点。在绘制曲线时，鼠标拖动的距离和方向决定了相应节点处曲线的曲率和方向。

若在绘制过程中按住“Shift”键，可将线条约束为与水平方向呈以45°为增量的角度所示。

当结束路径的绘制时，用户可根据以下情况执行相应的操作。

（1）若要绘制一条开放路径，可在最后一个节点的位置双击，或单击工具箱中的“钢笔工具”按钮，还可以按住“Ctrl”键在路径外的任意位置单击。

（2）若要绘制一条闭合路径，可将钢笔工具指针放置到第一个节点上，当靠近钢笔尖的位置出现一个小圆圈时，单击或拖动鼠标即可闭合路径，如图 2.2.42 所示。

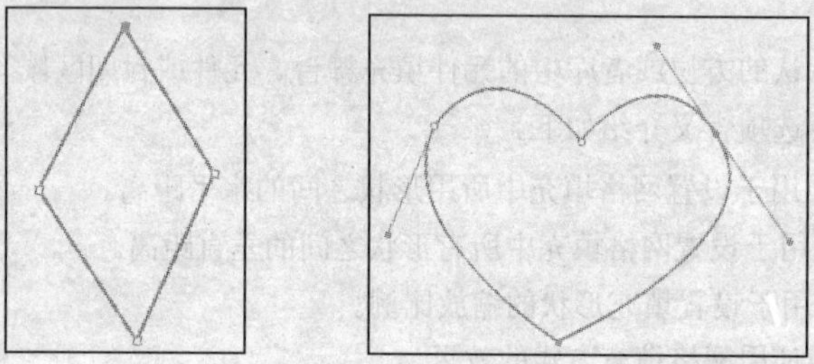

图 2.2.42　绘制闭合路径

（3）而如果要按当前的形状完成对象的绘制，可选择菜单栏中的 编辑(E) → 取消全选(V) 命令，或在工具箱中选择其他工具。

2.3　颜料桶工具

颜料桶工具主要用于填充对象，选择工具箱中的颜料桶工具，将鼠标指针移动到舞台上，鼠标指针呈现形状，说明该工具已经被激活。这时，用户就可以使用该工具进行填充操作了。

选择颜料桶工具后，在工具箱的选项栏中将出现颜料桶工具的附加选项，包括“空隙大小”按钮和“锁定填充”按钮，如图 2.3.1 所示。

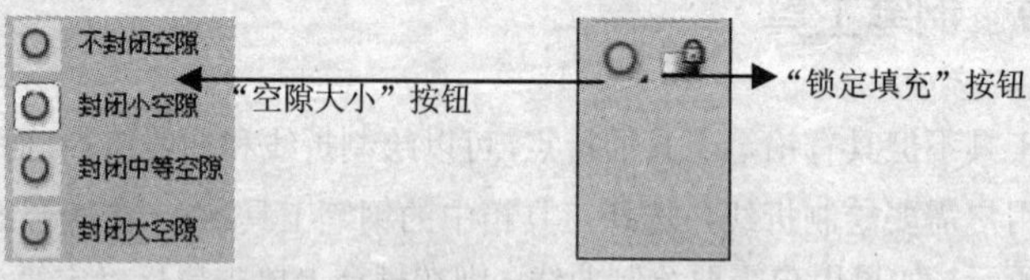

图 2.3.1　颜料桶工具的附加选项

（1）“空隙大小”按钮：单击该按钮会弹出相应的下拉菜单，包括不封闭空隙、封闭小空隙、封闭中等空隙和封闭大空隙 4 个选项，对它们的功能介绍如下。

1）不封闭空隙：选择该选项，将只填充完全封闭的区域。

2）封闭小空隙：选择该选项，将允许填充存在小空隙的区域。

3）封闭中等空隙：选择该选项，将允许填充存在稍大空隙的区域。

4）封闭大空隙：选择该选项，将允许填充存在较大空隙的区域。

（2）“锁定填充”按钮：该按钮的功能在学习刷子工具时已做介绍，这里就不再赘述。

2.4　墨水瓶工具

墨水瓶工具主要用于更改轮廓线的粗细、颜色和样式。选择工具箱中的墨水瓶工具，将鼠标指针移动到舞台上，鼠标指针呈现形状，说明该工具已经被激活。这时，用户就可以单击某轮廓线更改其属性，如图 2.4.1 所示。

注意： 在使用墨水瓶工具改变线条属性时，该线条不能处于选中状态，否则，墨水瓶工具将不能对其进行操作。

选择墨水瓶工具后，墨水瓶工具的属性面板如图 2.4.2 所示，用户可以在其中设置轮廓线的粗细、颜色和样式等参数。由于墨水瓶工具的参数和直线工具的参数基本相同，这里就不再赘述。

图 2.4.1　使用墨水瓶工具更改轮廓线的属性

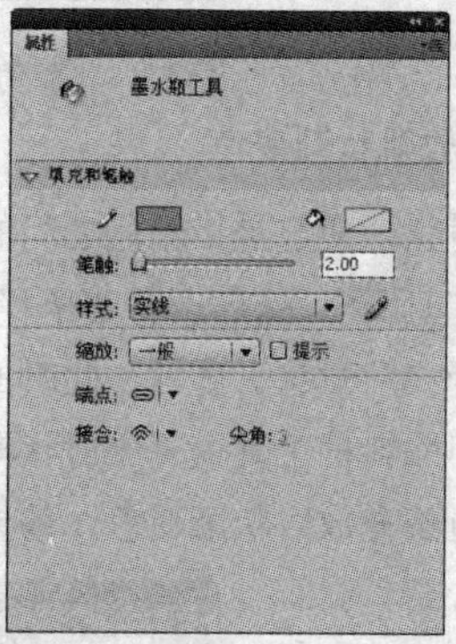

图 2.4.2　“墨水瓶工具”属性面板

提示： 在颜色面板中，还可以为“笔触颜色”设置渐变色和位图，这样就可以使用墨水瓶工具填充渐变色或位图。

2.5　填充色与渐变变形工具

在颜色面板的类型:下拉列表中提供了无、纯色、线性、放射状和位图 5 种填充方式，通过它们可以实现各种各样的色彩变换效果。其中，Flash CS4 预制了多种纯色，用户可以通过颜色列表直接使用，本节将具体介绍其他几种填充色的设置方法，以及渐变变形工具的使用技巧。

2.5.1　应用线性和放射状渐变

在 Flash CS4 中，使用线性渐变和放射状渐变的方法具体介绍如下。

1．线性渐变色

线性渐变是指颜色之间的过渡是以“线”为基准过度。选择工具箱中的颜料桶工具，然后选择菜单栏中的窗口(W)→颜色(C)命令，在打开的颜色面板中的类型:下拉列表中选择“线性”选项，此时的颜色面板如图 2.5.1 所示。

选中“线性”选项后在颜色面板中会出现渐变条，双击渐变条左侧的色标，会弹出色板，在色板中选择需要的颜色，然后双击第 2 个色标，从弹出的色板中选择另一种颜色，在需要填充的对象上拖曳鼠标，Flash 会按照鼠标的拖动来确定渐变的起点、终点和方向，如图 2.5.2 所示。

图 2.5.1　选择“线性”选项

图 2.5.2　填充线性渐变色效果

2．放射状渐变色

放射状渐变色是指颜色之间的过渡是以一种颜色为中心，呈放射状向周围过渡。选择工具箱中的颜料桶工具，然后选择菜单栏中的 窗口(W) → 颜色(C) 命令，在打开的颜色面板中的 类型: 下拉列表中选择“放射状”选项，此时的颜色面板如图 2.5.3 所示。

使用颜料桶工具填充放射状渐变色的方法与填充线性渐变的方法相似，设置好颜色后，在图像上单击即可填充放射状渐变色，效果如图 2.5.4 所示。

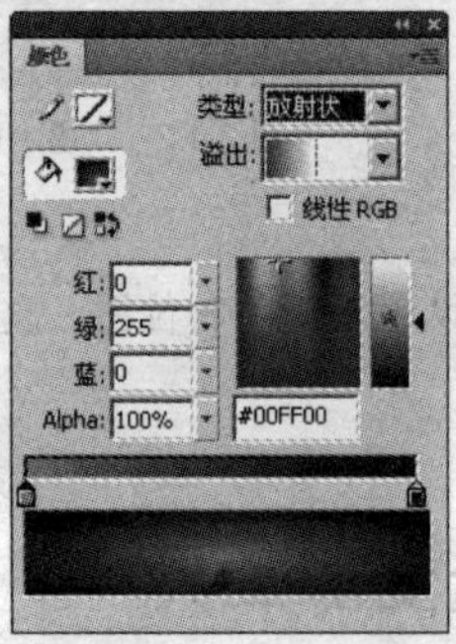

图 2.5.3　选择“放射状”选项

图 2.5.4　填充放射状渐变色效果

注意：在使用颜料桶工具填充线性渐变或放射状渐变时，要确认“锁定填充”按钮未处于选中状态，否则将会相对于舞台来填充。

2.5.2　应用位图填充

选择菜单栏中的 窗口(W) → 颜色(C) 命令，在打开的颜色面板中的 类型: 下拉列表中选择“位图”选项，此时的颜色面板如图 2.5.5 所示。

注意：在使用颜料桶工具填充位图图形时，在颜色面板中必须有导入的位图，并且已经将其分离。

如果当前文档中没有位图，将弹出如图 2.5.6 所示的“导入到库”对话框。在该对话框中选中需要的位图，按住“Shift”键可以选中连续的多个对象，按住“Ctrl”键可以选中不连续的多个对象，然后单击 打开(O) 按钮，即可将选中的位图导入到颜色面板下方的列表框中。

选择工具箱中的颜料桶工具，在颜色面板中选中要填充的位图，然后在需要填充的图形上单击鼠标即可填充位图，效果如图 2.5.7 所示。

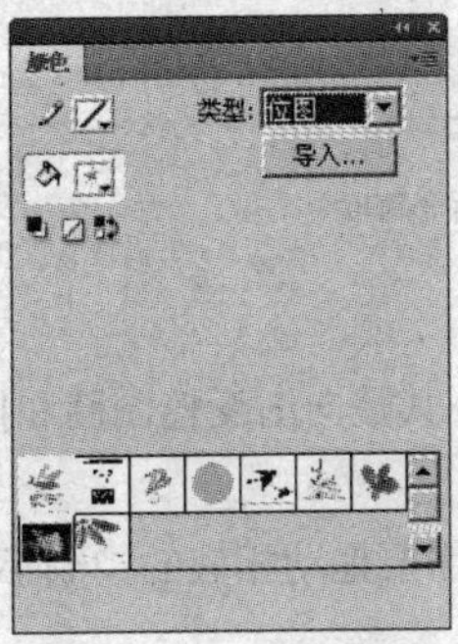

图 2.5.5　选择“位图”选项

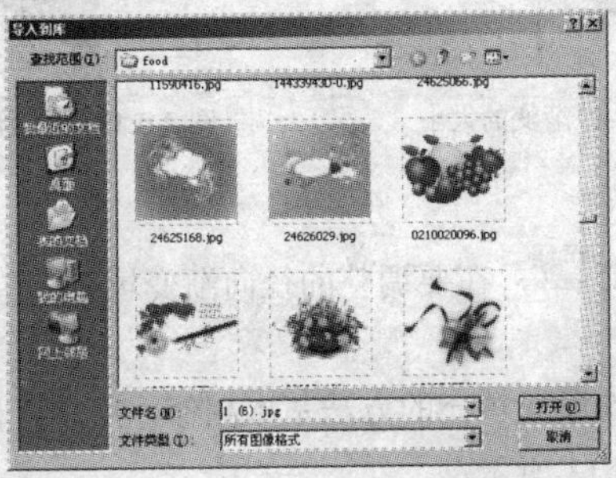

图 2.5.6　“导入到库”对话框

图 2.5.7　填充位图效果

提示：如果先在颜色面板中选取位图，再在舞台中绘制图形，那么填充的位图会以原大小显示。

2.5.3　渐变流设置

在 Flash CS4 中可以使用渐变变形工具调整渐变色或填充位图的尺寸、角度及中心点。使用渐变变形工具时，被调整对象的周围会出现一些控制手柄，根据填充内容的不同，显示的手柄也将不同，下面对其进行具体介绍。

1．线性渐变设置

选择工具箱中的渐变变形工具，在要调整的线性渐变填充上单击，其线性渐变控制线和控制手柄如图 2.5.8 所示。

（1）如果要重新指定线性渐变的中心点位置，可将鼠标指针移至中心点，当指针变为 ○ 形状时，按下鼠标左键进行拖动，然后将中心点移至一个新位置再释放鼠标即可，如图 2.5.9 所示。

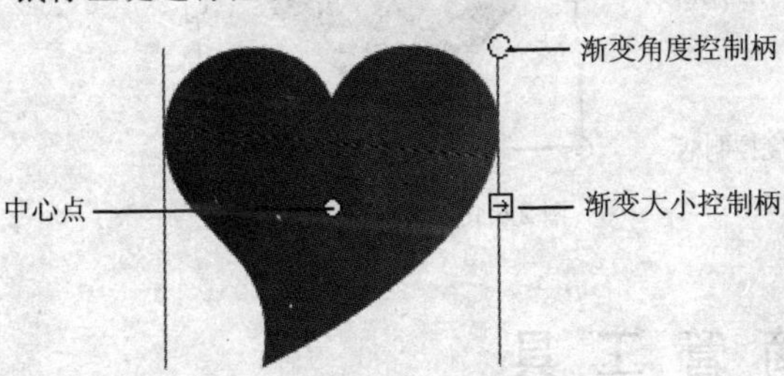

图 2.5.8　显示线性渐变控制线与控制手柄

图 2.5.9　移动中心点位置

（2）如果要更改渐变的宽度，可拖动渐变大小控制柄，如图 2.5.10 所示；如果要调整线性渐变的渐变角度，可拖动渐变角度控制柄，如图 2.5.11 所示。

（3）调整完对象的线性渐变填充色后，在对象外任意一处单击鼠标即可。

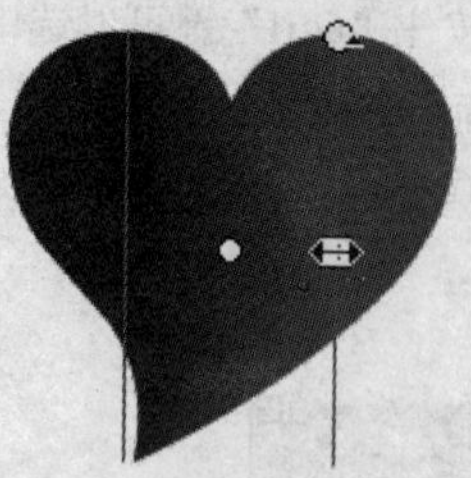

图 2.5.10　更改线性渐变的大小

图 2.5.11　更改线性渐变角度

2．径向渐变设置

选择工具箱中的渐变变形工具，在要调整的径向渐变填充上单击，其径向渐变控制圈和控制手柄如图 2.5.12 所示。

调整径向渐变填充与调整线性渐变填充的方法基本相似，用户可根据需要拖动相应的控制手柄，以使径向渐变填充变形，如图 2.5.13 所示。

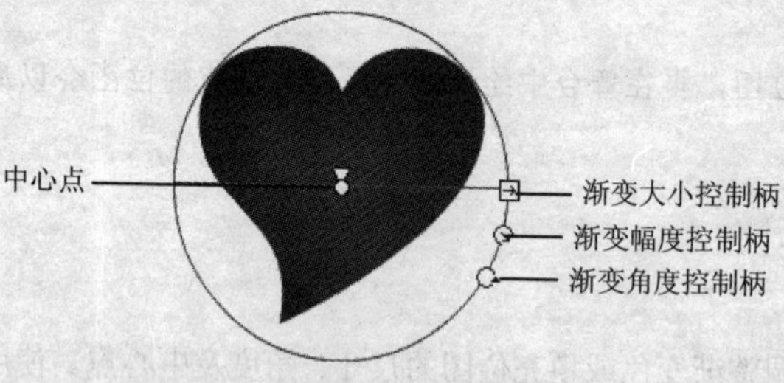

图 2.5.12　显示径向渐变控制线与控制手柄

图 2.5.13　径向渐变填充变形效果

3．位图填充设置

选择工具箱中的渐变变形工具，在要调整的位图填充上单击，其位图控制圈和控制手柄如图 2.5.14 所示。用户可在舞台中拖动相应的控制手柄，使位图填充变形，其效果如图 2.5.15 所示。

图 2.5.14　显示位图控制线与控制手柄

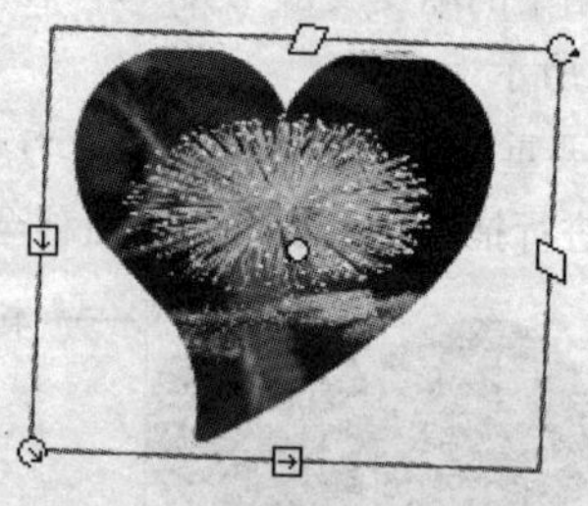

图 2.5.15　变形位图填充效果

2.6　滴 管 工 具

滴管工具主要用于获取已存在线条、文本、矢量图或位图的属性，并将该属性应用于其他对象。

2.6.1　滴管工具与线条

单击工具箱中的“滴管工具”按钮，将鼠标指针移动到舞台上，当经过线条时，鼠标指针呈现形状，这时，单击鼠标左键即可获取该线条的属性，并且滴管工具将自动转换为墨水瓶工具，填充的效果如图 2.6.1 所示。

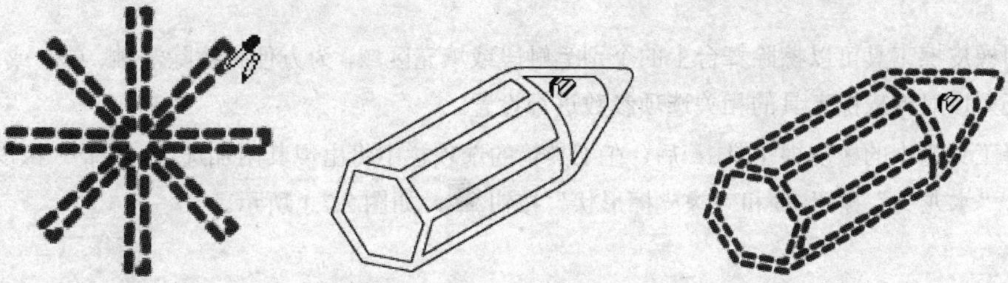

图 2.6.1　更改线条属性效果

2.6.2　滴管工具与位图

在采样位图之前，首先需要按住“Ctrl+B”键，将位图打散，然后单击工具箱中的“滴管工具”按钮。当经过位图，鼠标指针呈现形状时，不能对对象进行填充，只能单击工具箱中的“锁定填充”按钮，使其处于未选中状态可解除锁定。然后当经过位图时，鼠标指针将呈现形状，单击鼠标左键即可获取它们的属性，并且滴管工具将自动转换为颜料桶工具，效果如图 2.6.2 所示。

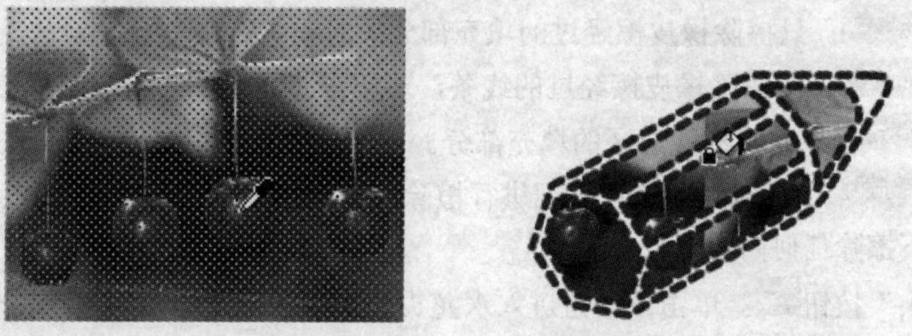

图 2.6.2　打散位图后填充

2.6.3　滴管工具与文本

对于拥有不同文本属性的文本来说，想让它们拥有相同的属性，如果一个个去更改太麻烦，此时使用滴管工具就方便多了。

首先使用选择工具选中要更改属性的文本，然后单击工具箱中的“滴管工具”按钮，将光标移动到要取样的文本上，此时鼠标指针呈现形状，单击鼠标左键即可获取该文本的属性，并且滴管工具将自动转换为文本工具，效果如图 2.6.3 所示。

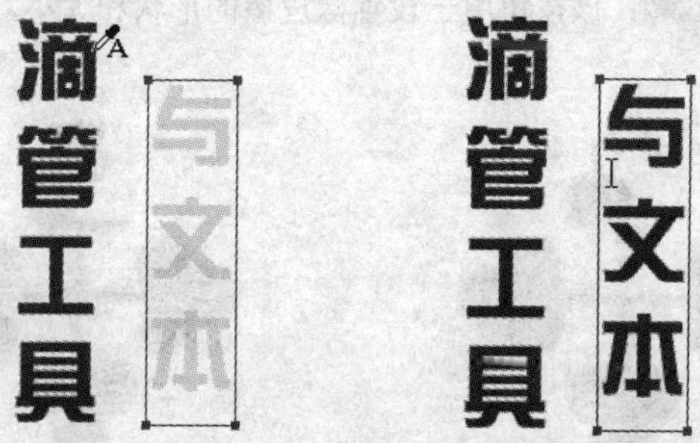

图 2.6.3　更改文本颜色效果

2.7 橡皮擦工具

使用橡皮擦工具可以擦除舞台上的个别笔触段或填充区域，为方便只擦除笔触、单个或多个填充区域，还可以对橡皮擦工具的相关选项参数进行设置。

选择工具箱中的橡皮擦工具后，在工具箱的选项栏中将出现其附加选项，包括“橡皮擦模式”按钮、“水龙头”按钮和“橡皮擦形状”按钮，如图 2.7.1 所示。

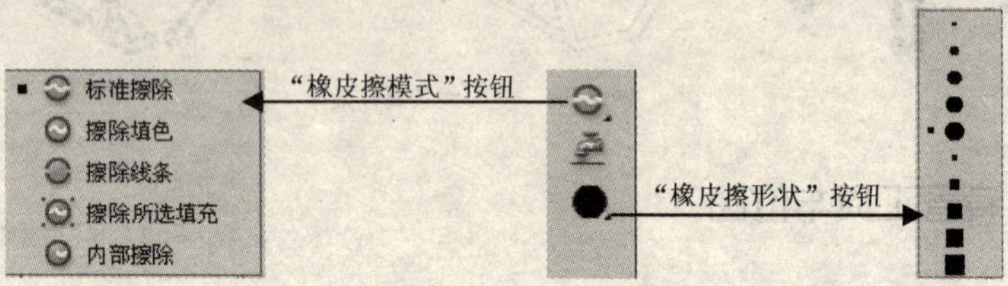

图 2.7.1　橡皮擦工具的附加选项

（1）“橡皮擦模式”按钮：单击该按钮将弹出一个下拉菜单，包括标准擦除、擦除填色、擦除线条、擦除所选填充和内部擦除 5 个选项。对它们的功能介绍如下。

1）标准擦除：擦除橡皮擦经过的所有线条和填充。

2）擦除填色：只擦除橡皮擦经过的填充部分，对线条没有影响。

3）擦除线条：只擦除橡皮擦经过的线条，对填充部分没有影响。

4）擦除所选填充：只擦除选区的填充部分。

5）内部擦除：只对封闭图形内部进行擦除，在该模式下，橡皮擦的起点必须在封闭图形的内部，否则将不擦除任何内容。

（2）“水龙头”按钮：单击该按钮进入水龙头模式，鼠标指针会呈现形状，此时可以单击鼠标一次性擦除封闭区域内的填充色，如图 2.7.2 所示。

图 2.7.2　在水龙头模式下擦除图形

（3）“橡皮擦形状”按钮：该按钮用于设置橡皮擦的形状和大小，以便于更准确地擦除图形，如图 2.7.3 所示。

图 2.7.3　用不同形状的橡皮擦擦除图形

2.8　上机实战——绘制向日葵

本节主要利用所学的知识绘制向日葵，最终效果如图 2.8.1 所示。

图 2.8.1　最终效果图

操作步骤

（1）新建一个文档，按“Ctrl+J”键，弹出“文档属性”对话框，设置其对话框参数如图 2.8.2 所示。设置好参数后，单击 确定 按钮。

（2）单击工具箱中的“椭圆工具”按钮，选择菜单栏中的 窗口(W) → 颜色(C) 命令，设置其面板参数如图 2.8.3 所示。

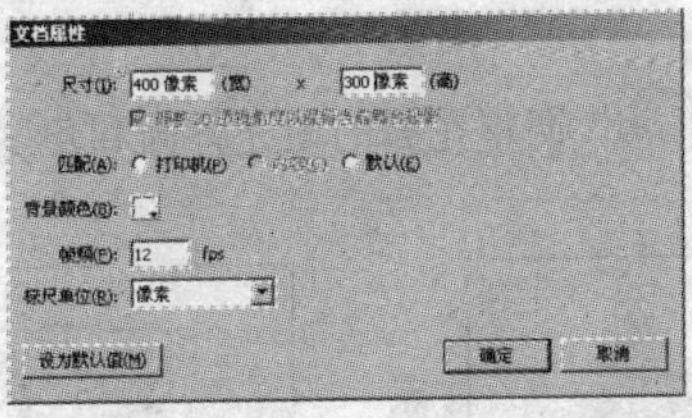

图 2.8.2　“文档属性”对话框

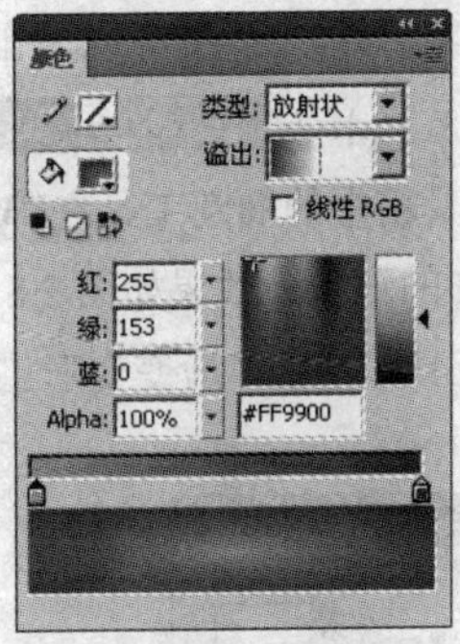

图 2.8.3　颜色面板

（3）设置好参数后，在舞台中绘制一个如图 2.8.4 所示的椭圆，并使用渐变变形工具调整其填充方向和角度，效果如图 2.8.5 所示。

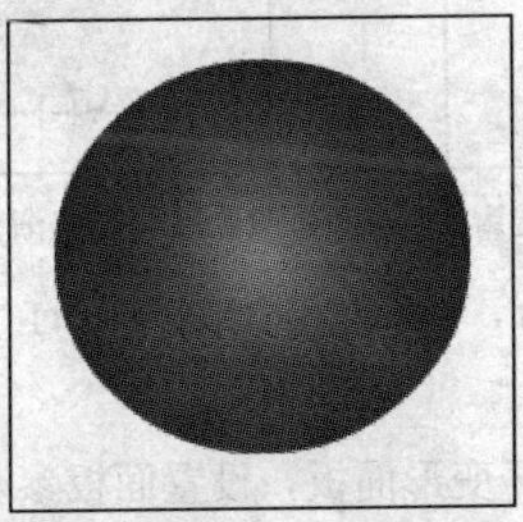

图 2.8.4　绘制椭圆

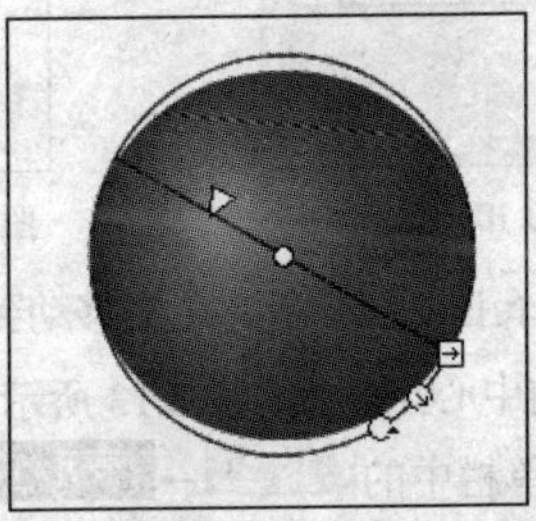

图 2.8.5　调整渐变色方向和角度

（4）单击工具箱中的“线条工具”按钮，在椭圆内绘制直线，并使用部分选择工具调整曲线的形状，效果如图 2.8.6 所示。

（5）选中绘制的线条，然后选择菜单栏中的窗口(W)→对齐(G)命令，打开对齐面板，单击对齐面板中的“垂直平均间隔”按钮，平均间隔，效果如图 2.8.7 所示。

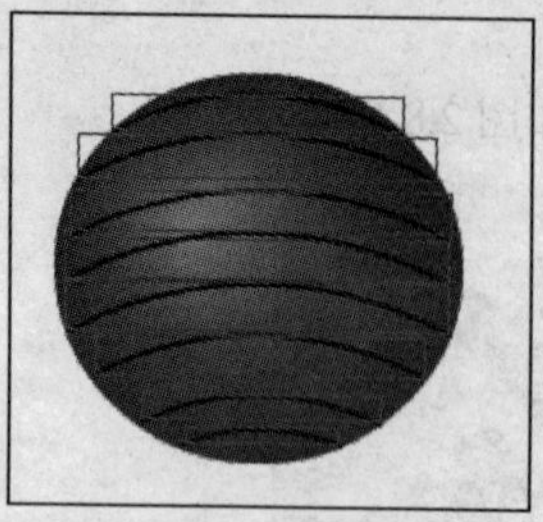

图 2.8.6　绘制曲线

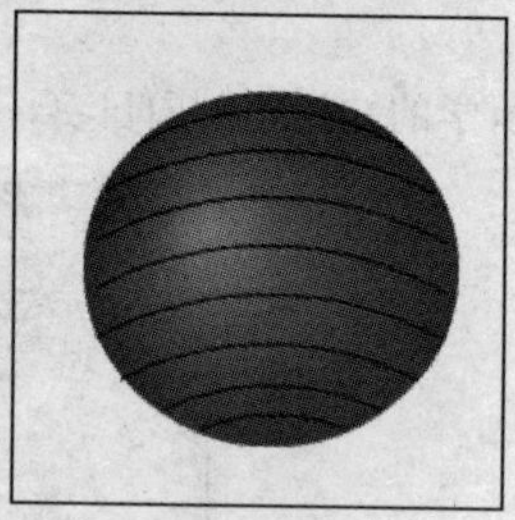

图 2.8.7　平均间隔效果

（6）选中绘制的弧线，然后复制一个，并将其旋转“顺时针旋转 90°”，效果如图 2.8.8 所示。

（7）单击工具箱中的“刷子工具”按钮，在绘制的曲线间隔之间绘制小黑点，效果如图 2.8.9 所示。

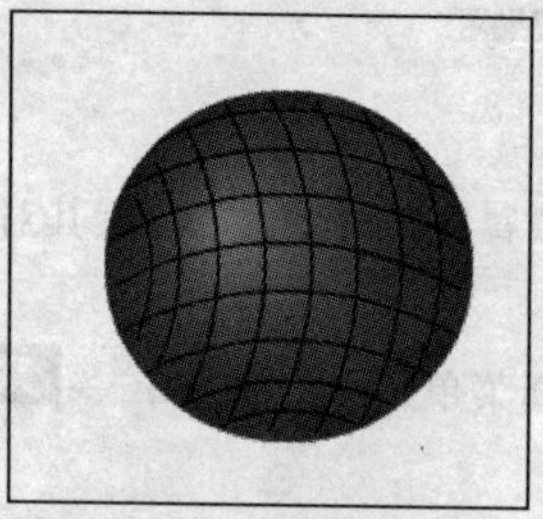

图 2.8.8　复制并旋转曲线

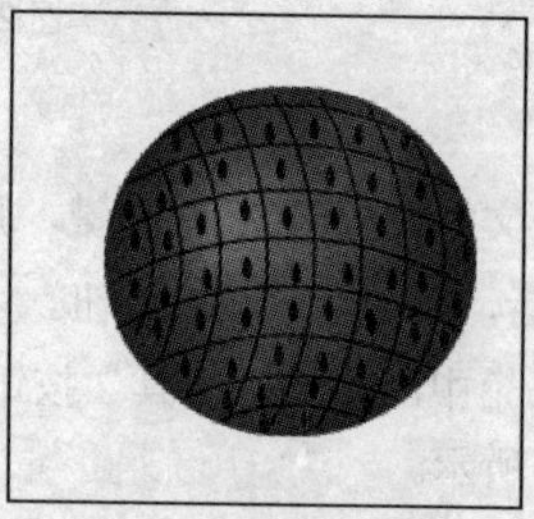

图 2.8.9　绘制小黑点

（8）选择菜单栏中的窗口(W)→颜色(C)命令，设置其面板参数如图 2.8.10 所示。

（9）使用工具箱中的椭圆工具在舞台中绘制一个无笔触颜色的椭圆，并使用部分选择工具和转换点工具改变图形的形状，效果如图 2.8.11 所示。

（10）单击工具箱中的“渐变变形工具”按钮，调整花瓣的填充方向和角度，效果如图 2.8.12 所示。

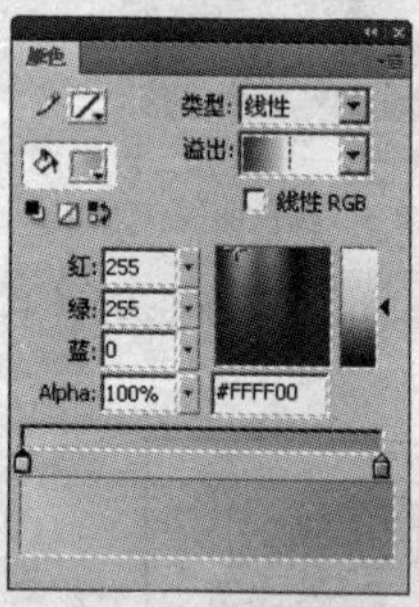

图 2.8.10　颜色面板

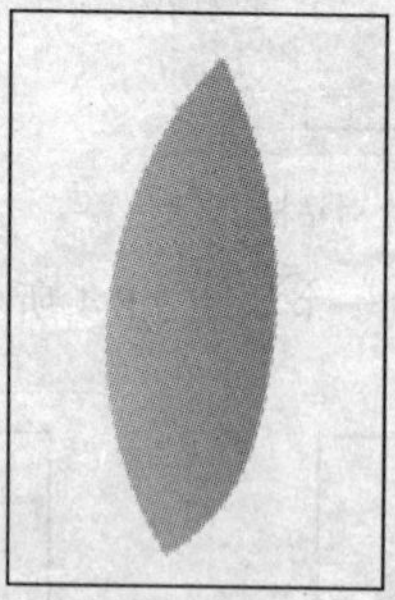

图 2.8.11　绘制花瓣

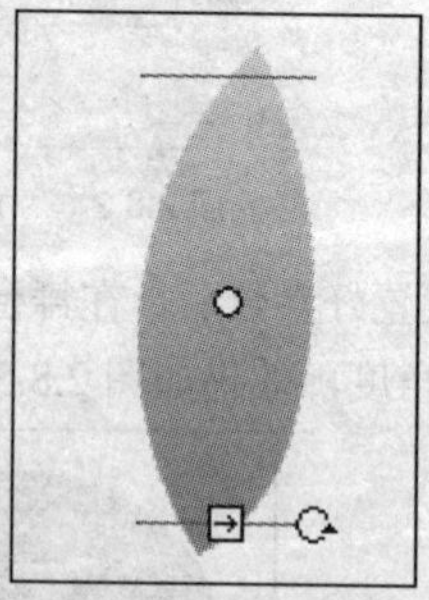

图 2.8.12　调整渐变填充角度

（11）使用选择工具将绘制的花瓣移动到花盘的上方，然后单击工具箱中的“任意变形工具”按钮，移动花瓣的中心点，如图 2.8.13 所示。

（12）选择菜单栏中的修改(M)→变形(T)命令，打开变形面板，设置面板参数如图 2.8.14 所示。

（13）设置好参数后，单击面板下方的“复制并应用变形”按钮数次，将花瓣旋转并复制成如图 2.8.15 所示的效果。

（14）使用墨水瓶工具对花瓣的笔触进行填充，然后选中工具箱中的矩形工具，在其属性面板中设置笔触颜色为“无”，填充颜色为“#558B00”，绘制一个细长的矩形，效果如图 2.8.16 所示。

图 2.8.13　移动中心点

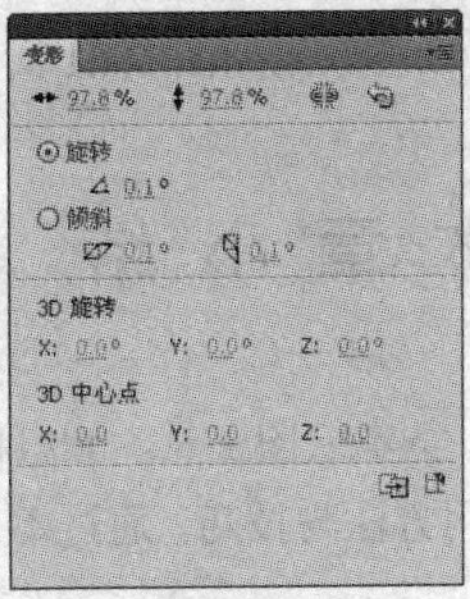

图 2.8.14　变形面板

图 2.8.15　复制并应用变形效果

（15）重复步骤（8）～（11）的操作，绘制向日葵的叶子，效果如图 2.8.17 所示。

（16）单击工具箱中的“刷子工具”按钮，在舞台中绘制两条曲线，然后使用选择工具选中曲线，单击工具箱中的“平滑”按钮平滑曲线，效果如图 2.8.18 所示。

图 2.8.16　绘制树干

图 2.8.17　绘制叶子

图 2.8.18　绘制叶茎

（17）重复步骤（16）的操作，绘制如图 2.8.19 所示的两个叶子。

（18）按住“Alt”键，复制叶子和向日葵，并分别对其进行变形，效果如图 2.8.20 所示。

图 2.8.19　绘制叶子

图 2.8.20　复制并调整图形

（19）按“Ctrl+G”键，将舞台中的向日葵进行组合，然后水平复制一个组合对象副本。

（20）按“Ctrl+R”键，导入一幅位图，将其作为向日葵图形的背景，效果如图 2.8.21 所示。

图 2.8.21　导入背景图片

（21）按“Ctrl+Enter”键进行预览，最终效果如图 2.8.1 所示。

本 章 小 结

本章主要介绍了 Flash 图形基础知识、基本绘图工具、颜料桶工具、墨水瓶工具、填充色与渐变变形工具、滴管工具以及橡皮擦工具的使用方法与技巧。通过本章的学习，读者应能够快速地绘制出一些简单的图形对象。

操 作 练 习

一、填空题

1．在 Flash CS4 中，用户可以采用________、________和从外部库中导入 3 种方法导入图像。

2．铅笔工具有伸直模式、平滑模式和________3 种模式。

3．在 Flash CS4 中，基本椭圆工具主要用于绘制各种________和________。

4．使用________工具可以绘制多边形和星形。

5．在 Flash CS4 中，________工具不但具有铅笔工具的特点，可以绘制折线和曲线路径，而且还可以对曲线的曲率进行调整。

6．Deco 工具有 3 种填充方式，分别为__________、__________和__________。

二、选择题

1．矩形工具用于绘制（　）。

（A）矩形　　（B）正方形

（C）圆角矩形　　（D）菱形

2．如果要绘制圆形，只须在绘制的同时按住（　）键即可。

（A）Ctrl　　（B）Alt

（C）Shift　　（D）Shift+Alt

3．使用（　）可以调整图形的填充效果。

（A）自由变形工具　　（B）填充变形工具

（C）墨水瓶工具　　（D）滴管工具

三、简答题

1．简述矢量图与位图的优缺点。

2．如何将位图导入到 Flash 文档中？

3．如何使用渐变变形工具调整图形的渐变色？

四、上机操作题

1．使用多角星形工具绘制一个红色的五角星。

2．利用本章所学的知识，绘制一个播放按钮。

第3章　编 辑 图 形

在动画的制作过程中，往往需要对绘制的图形或导入的素材进行编辑，Flash CS4 提供了强大的编辑功能，可对绘制的图形或导入的素材进行任意的编辑，以达到用户需要的效果。

知识要点

- 选取工具
- 控制对象位置与大小
- 变形工具
- 3D 变形
- 调整图形形状
- 合并图形对象
- 编辑对象
- 文本编辑

3.1　选 取 工 具

选取对象是编辑对象的前提条件，在 Flash CS4 中通常使用选择工具、套索工具以及部分选择工具选取对象。下面介绍几种选取对象的方法。

3.1.1　选择工具

单击工具箱中的“选择工具”按钮，在图形的填充区域单击，可选择该区域中相连部分的内容；在图形的填充区域双击，可选择整个图形，如图 3.1.1 所示。

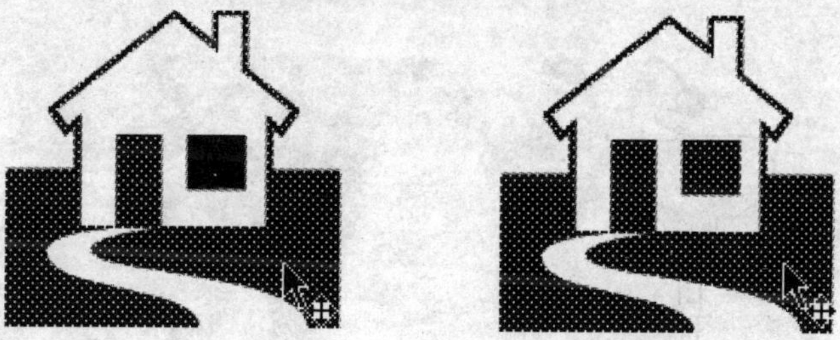

选择部分填充区域　　　　选择整个对象

图 3.1.1　选取填充区域

提示： 使用选择工具在图形中断开的笔触上单击，可选取一条边线；在图形中连续的笔触上双击，可选择整个笔触。

若要选择多个对象，可按住鼠标左键不放，在舞台中拖出一个矩形选框，则被该矩形包围的图形即可被选中，如图 3.1.2 所示。

拖动鼠标时的状态　　选取的对象

图 3.1.2　框选对象效果

提示：在按住“Shift”键的同时单击舞台中的对象，也可选取多个对象，如图 3.1.3 所示。

图 3.1.3　选取多个对象

3.1.2　套索工具

套索工具主要用于选择图形中颜色相同或相近的区域，而选择区域的范围则取决于魔术棒的属性设置。单击工具箱中的“套索工具”按钮，在工具箱的选项栏中将出现其附加选项，包括“魔术棒”按钮、“魔术棒设置”按钮和“多边形模式”按钮。

（1）“魔术棒”按钮：单击该按钮，将进入魔术棒模式。在该模式下，移动鼠标指针到图形上，当其呈现形状时，按住并拖动鼠标绘制封闭曲线，然后释放鼠标左键即可选择一个区域，如图 3.1.4 所示。

图 3.1.4　在魔术棒模式下选择不规则区域

（2）“魔术棒设置”按钮：单击该按钮，将弹出如图 3.1.5 所示的“魔术棒设置”对话框，用户可以在其中设置魔术棒的属性。

在其对话框中的“阈值”输入框中输入数值，可设置相邻像素的颜色相近程度，数值越大，魔术棒工具一次性选择的相似颜色区域就越大，如图 3.1.6 所示。在“平滑”下拉列表中可以设置选择区域边缘的平滑度，包括像素、粗略、一般和平滑 4 个选项。

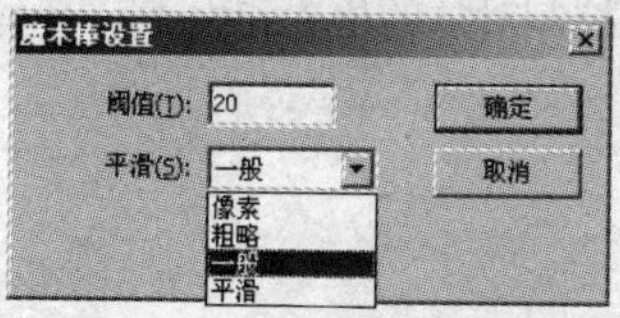

图 3.1.5　“魔术棒设置”对话框

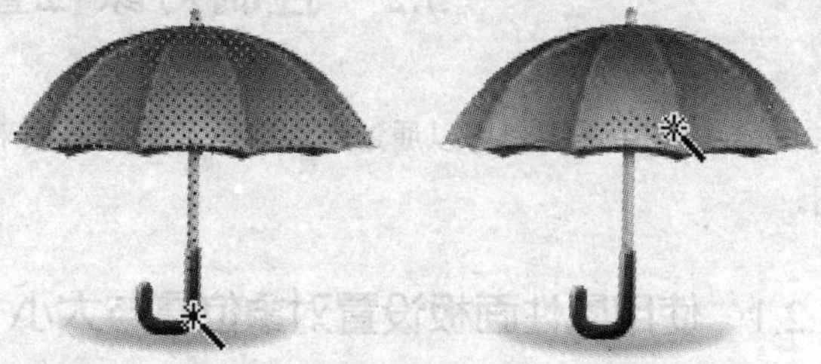

图 3.1.6　不同阈值下的选取效果

（3）“多边形模式”按钮：单击该按钮，将进入多边形模式。在该模式下，移动鼠标指针到图形上，当其呈现形状时，移动鼠标并连续单击，然后双击鼠标左键即可选择一个区域。

3.1.3　部分选取工具

使用部分选择工具可以调整图形中的锚点或调节杆，以改变图形的形状，具体操作步骤如下。

（1）在工具箱中选择部分选择工具。

（2）使用该工具在图形中单击，可将构成图形的所有锚点显示出来，如图 3.1.7 所示。

（3）在线条的非锚点处单击并拖动，可移动整个图形，如图 3.1.8 所示。

图 3.1.7　显示所有锚点

图 3.1.8　移动整个图形

（4）使用鼠标单击某个锚点，将显示该锚点的控制杆。此时，单击锚点或拖动控制杆上的控制点，即可改变图形的形状，如图 3.1.9 所示。

显示锚点　　移动锚点的位置　　移动锚点后的效果

图 3.1.9　改变图形的形状

技巧：（1）使用部分选择工具选择锚点后使用方向键可控制锚点以较小的位移移动。

（2）使用部分选择工具选择某个锚点，在按住“Alt”键的同时拖动该点可将拐角锚点转换为曲线锚点。

3.2 控制对象位置与大小

在 Flash CS4 中，用户可以通过属性面板和信息面板来精确控制对象的位置和大小，下面进行具体介绍。

3.2.1 使用属性面板设置对象位置与大小

选择菜单栏中的窗口(W)→属性(P)命令，或按“Ctrl+F3”键，打开如图 3.2.1 所示的属性面板，用户可以通过该面板精确定位对象的位置，方法为使用选取工具选中舞台中的对象，在X:和Y:文本框中输入新的数值即可；若要设置对象的大小，可直接在宽度:和高度:文本框中输入新的数值，即可改变对象的大小。

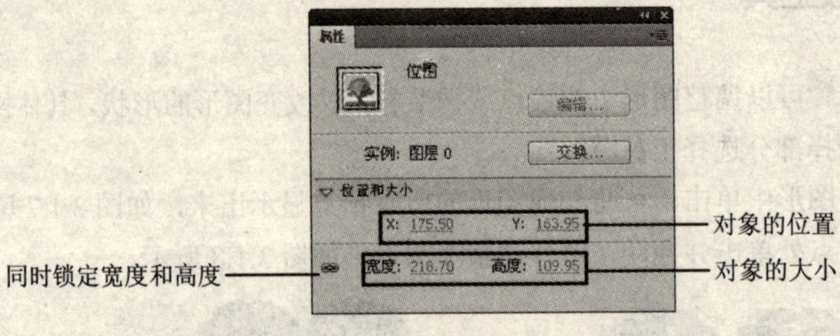

图 3.2.1 使用属性面板移动对象

3.2.2 使用信息面板设置对象位置与大小

与属性面板一样，信息面板也可用于精确地定位和调整对象大小，选择菜单栏中的窗口(W)→信息(I)命令，或按“Ctrl+I”键，打开信息面板，如图 3.2.2 所示。

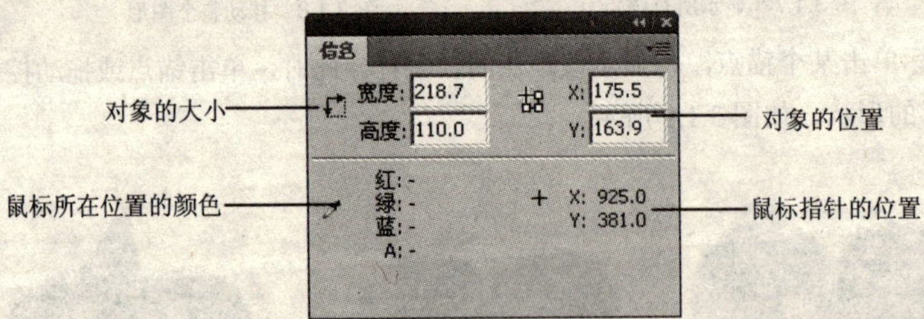

图 3.2.2 信息面板

在默认情况下，X:文本框中的数值表示所选对象最左端相对于舞台左上角的水平距离，Y:文本框中的数值表示所选对象最上端相对于舞台左上角的垂直距离。若要使用信息面板移动对象，在选取对象后，直接在X:和Y:文本框中输入新的数值即可。

3.3 变 形 对 象

变形对象是指将舞台中的线条、图像、实例、文本等对象进行旋转、缩放、倾斜、扭曲、封套等操作。在 Flash CS4 中，通常使用任意变形工具或变形面板变形对象，下面进行具体介绍。

3.3.1 使用任意变形工具变形对象

使用任意变形工具可以调整图形的大小、形状及旋转角度等，当用户选择该工具在图形上单击时，工具箱中的选项区中就会显示该工具的选项，如图 3.3.1 所示。

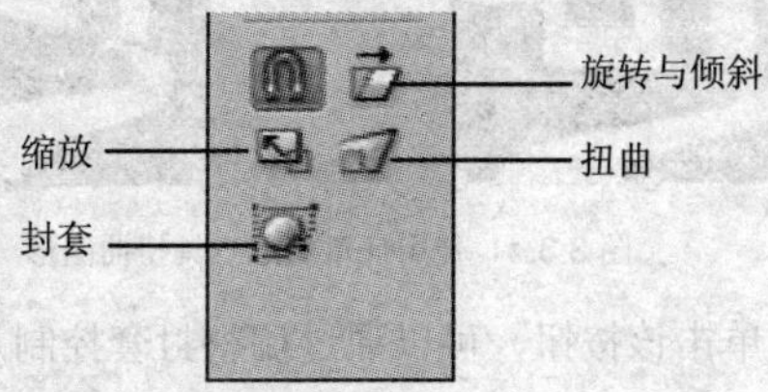

图 3.3.1 任意变形工具选项区

该工具选项区中 4 个控制按钮的作用如下。

（1）“旋转与倾斜”按钮：单击该按钮，将光标移至调节框中顶点位置附近，当光标变为形状时，拖动鼠标即可对选中的图形进行旋转；将光标移至调节框各边中点位置附近，当光标变为或形状时，拖动鼠标即可对选中的图形进行垂直方向或水平方向的倾斜，如图 3.3.2 所示。

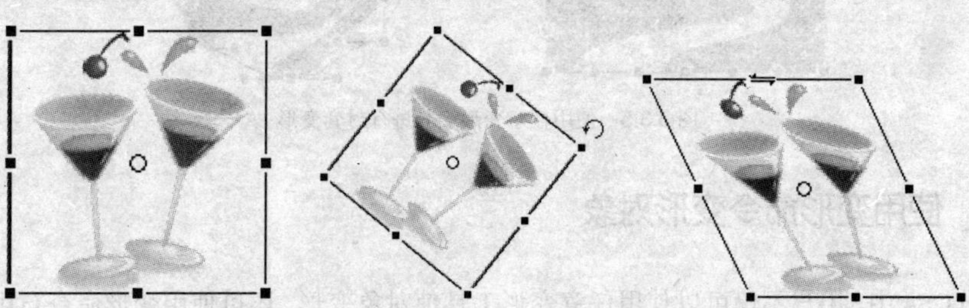

图 3.3.2 使用任意变形工具旋转、倾斜图形

技巧：在旋转图形的过程中，按住“Shift”键可使图形按照 45°的整数倍进行旋转。

（2）“缩放”按钮：单击该按钮，将光标移至调节框中各顶点或各边中点位置附近，当光标变为形状时，拖动鼠标即可对选中的图形进行缩放，如图 3.3.3 所示。

图 3.3.3 使用任意变形工具缩放图形

技巧：在缩放图形的过程中，按住“Shift”键可按比例对图形进行缩放。

（3）“扭曲”按钮：单击该按钮，将光标移至调节框中各顶点或各边中点位置附近，当光标变为形状时，拖动鼠标即可对选中的图形进行扭曲，如图 3.3.4 所示。

技巧：在扭曲图形的过程中，按住“Shift”键可使图形对称扭曲。

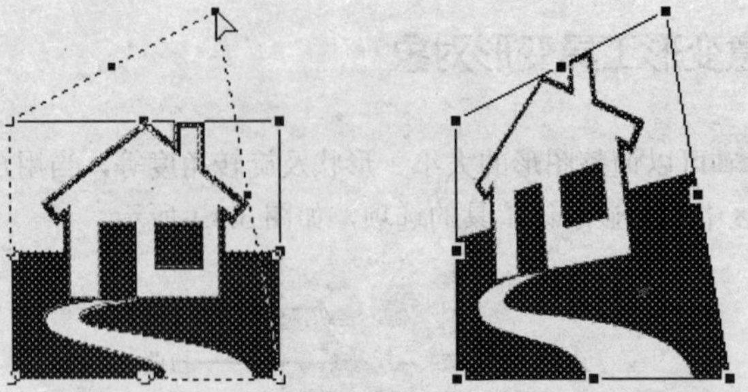

图 3.3.4　使用任意变形工具扭曲图形

（4）“封套”按钮：单击该按钮，可以通过调整封套控制点及切线手柄改变图形的形状，如图 3.3.5 所示。

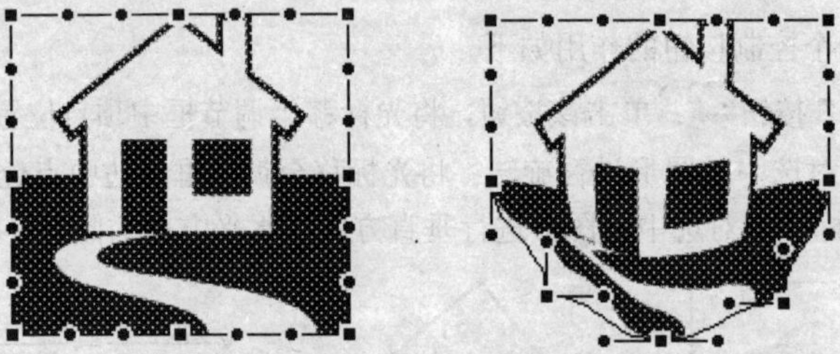

图 3.3.5　使用任意变形工具进行封套变形

3.3.2　使用变形命令变形对象

在 Flash CS4 中，用户不仅可以使用任意变形工具使对象变形，还可使用变形命令自由变换对象。

使用选择工具选中需要变形的图形对象，然后选择菜单栏中的 修改(M) → 变形(T) 命令，将弹出如图 3.3.6 所示的菜单，用户可以从中选择需要的命令对图形进行各种变形。

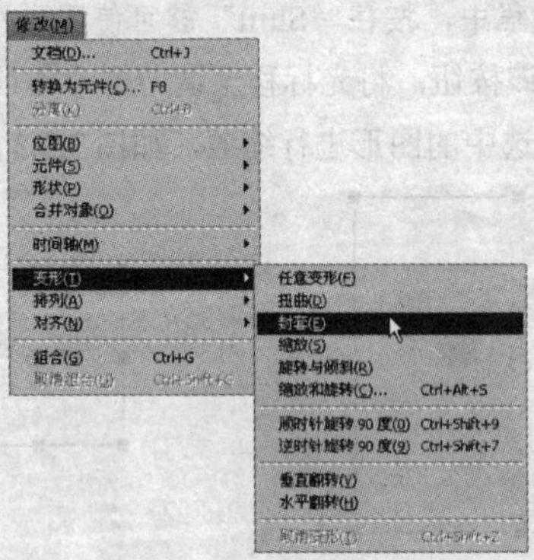

图 3.3.6　变形命令菜单

3.3.3　使用变形面板精确变形对象

选中要变形的对象后，选择菜单栏中的 窗口(W) → 变形(T) 命令或按“Ctrl+T”键，打开变形面板，如图 3.3.7 所示。在该面板中可以选中相应的选项对选中的对象进行精确的变形控制。

（1）选中 ⊙旋转 单选按钮，在其后的文本框中输入 0°～360°或－1°～－360°之间的数值，然后按“Enter”键，即可沿顺时针或逆时针方向旋转对象。

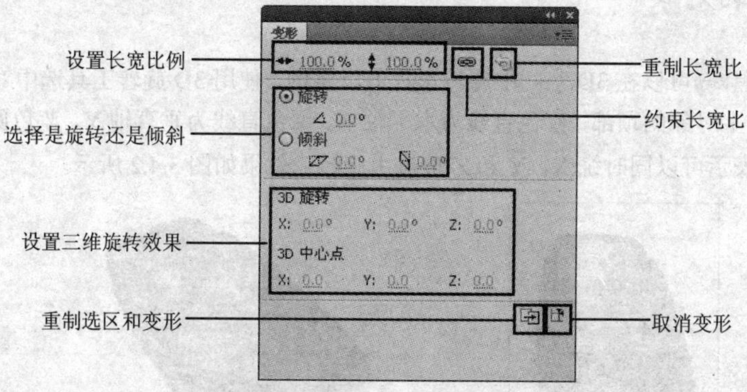

图 3.3.7 变形面板

（2）选中 ⊙倾斜 单选按钮，在其右方的文本框中输入倾斜角度，然后按“Enter”键即可在水平或垂直方向上倾斜对象。

（3）单击“重制选区和变形”按钮，可应用变形并复制原图。

（4）单击“取消变形”按钮，可取消所有变形对象效果。

3.4 3D 变 形

通过使用 Flash CS4 中的 3D 平移工具和 3D 旋转工具沿着影片剪辑实例的 Z 轴移动和旋转影片剪辑实例，可以向影片剪辑实例中添加 3D 透视效果。

3.4.1 3D 平移对象

使用 3D 平移工具可以在 3D 空间中平移影片剪辑实例。使用 3D 平移工具选中对象后，X，Y 和 Z 轴将显示在舞台上对象的顶部，X 轴为红色、Y 轴为绿色，而 Z 轴为蓝色。当鼠标指针移动到相应的轴上时，可以看到指针上标示的 X，Y 或 Z，在相应的轴上拖曳鼠标，即可移动对象，如图 3.4.1 所示。

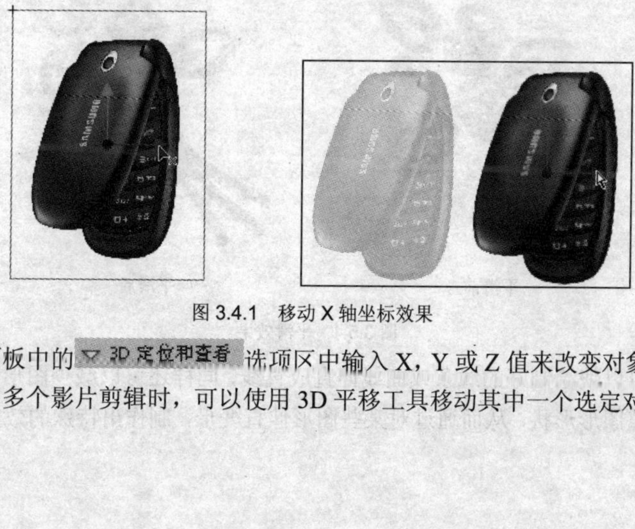

图 3.4.1 移动 X 轴坐标效果

也可以在属性面板中的 ▽ 3D 定位和查看 选项区中输入 X，Y 或 Z 值来改变对象的位置。当使用选择工具在舞台中选中多个影片剪辑时，可以使用 3D 平移工具移动其中一个选定对象，其他对象将以相同的方式移动。

3.4.2　3D 旋转对象

使用 3D 旋转工具可以在 3D 空间中旋转影片剪辑实例。使用 3D 旋转工具选中对象后，X，Y 和 Z 轴将显示在舞台上对象的顶部，红色直线为水平轴 X、绿色直线为垂直轴 Y、蓝色圆形为纵深轴 Z，最外层橙色圆形表示可以同时绕 X，Y 和 Z 轴自由旋转，效果如图 3.4.2 所示。

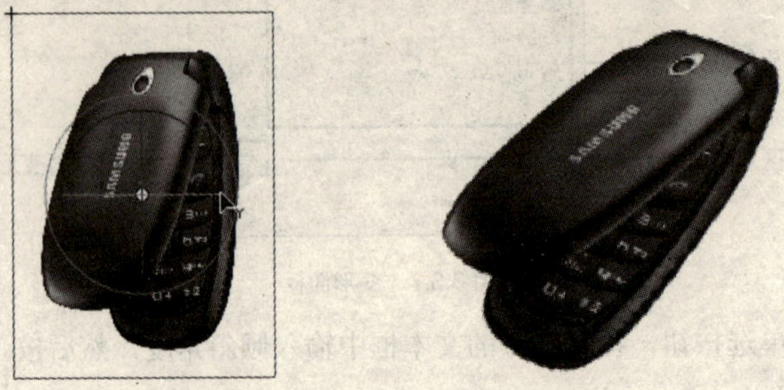

图 3.4.2　3D 旋转对象效果

3.5　调整图形形状

在 Flash CS4 中，使用平滑、伸直和优化命令可以使线条变得柔和、美观，并且可以方便使用选择工具调整线条的形状。

3.5.1　平滑与伸直图形

使用平滑命令不仅可以减少曲线整体方向上的突起，使曲线变得柔和，而且还可以减少图形中的线段数。其具体操作步骤如下。

（1）使用选择工具选中需要平滑的线条。

（2）选择菜单栏中的 修改(M) → 形状(P) → 高级平滑(S)... 命令，或单击工具箱中的“平滑”按钮，可平滑线条，反复单击可强化平滑效果，如图 3.5.1 所示。

平滑前　　平滑后

图 3.5.1　平滑效果

使用伸直命令可以使绘制好的线条或曲线伸直成直线，同样还可以减少图形中的线段数，这样方便使用选择工具调整图形形状，从而通过对某些图形伸直变形，制作出特殊的效果。其具体操作步骤如下。

（1）使用选择工具选中需要伸直的线条。

（2）选择菜单栏中的 修改(M) → 形状(P) → 高级伸直(T)... 命令，或单击工具箱中的“伸直”按钮，可伸直图形，反复单击可强化伸直效果，如图 3.5.2 所示。

伸直前　　　　伸直后

图 3.5.2　伸直叶茎效果

3.5.2　优化图形

使用优化命令可以减少图形线条和填充区域的数量，使曲线变得更加平滑，从而以减小 Flash 文件的大小。其具体操作步骤如下。

（1）使用选择工具选中需要优化的曲线。

（2）选择菜单栏中的 修改(M) → 形状(P) → 优化(O)... 命令，弹出“优化曲线”对话框，如图 3.5.3 所示。

对其中各选项含义介绍如下。

1） 优化强度(O)：用于设置平滑的程度。

2） ☑ 显示总计消息(T)：设置在优化完毕后是否显示所有的优化信息。选中此复选框，将弹出提示对话框，提示平滑完成时优化的效果，如图 3.5.4 所示。

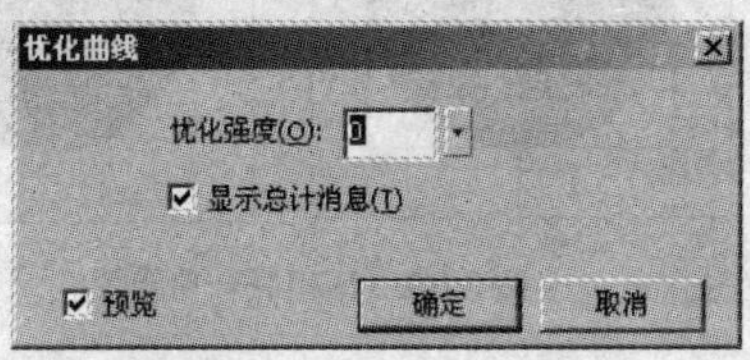

图 3.5.3　“优化曲线”对话框

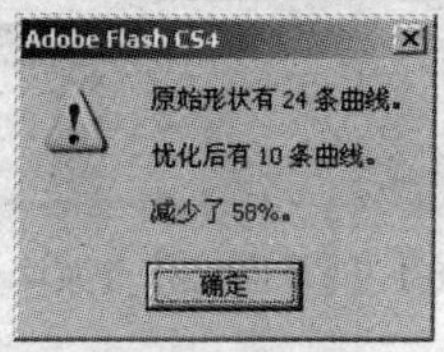

图 3.5.4　提示对话框

（3）设置完成后，单击 确定 按钮即可完成对象的优化。

3.5.3　修改图形

单击工具箱中的“选择工具”按钮，将鼠标移到图形边线上，当光标变成形状时，单击并拖动鼠标，即可调整图形中曲线的形状；如果光标所在的位置为拐点，光标将变成形状，此时单击并拖动鼠标，即可拉出一个拐角；如果绘制的图形为不闭合图形，则单击图形端点并拖动可拉长或缩短图形线条，来改变图形的形状，如图 3.5.5 所示。

技巧：按住“Ctrl”键，单击并拖动线条可创建一个新的拐角。

调整曲线的形状　　拉出拐角　　拉长或缩短不闭合图形线条

图 3.5.5　修改图形对象

3.6　合并图形对象

使用选择工具选中需要合并的多个对象，然后选择菜单栏中的修改(M)→合并对象(O)命令，弹出如图 3.6.1 所示的子菜单，在其子菜单中有联合、交集、打孔和裁切 4 种合并对象功能，下面对其进行具体介绍。

3.6.1　联合

使用合并对象(O)子菜单中的联合命令，可以将两个或多个图形对象合并成单个图形对象，效果如图 3.6.2 所示。

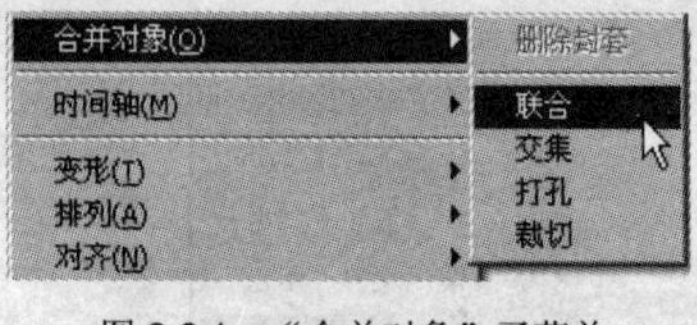

图 3.6.1　“合并对象”子菜单

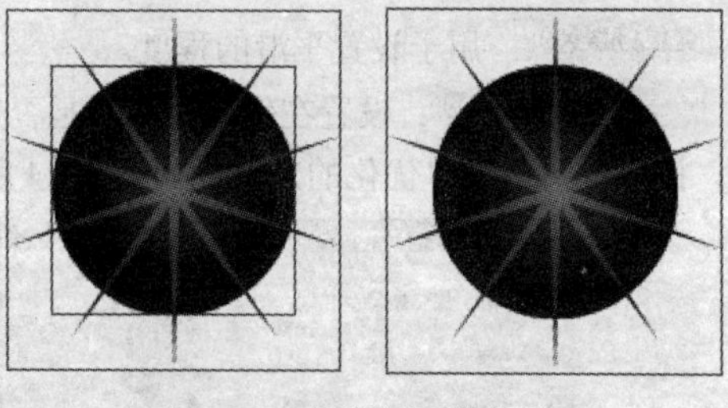

图 3.6.2　应用联合功能效果

3.6.2　交集

使用合并对象(O)子菜单中的交集命令，将只保留两个或多个图形对象相交的部分，并将其合成为单个图形对象，效果如图 3.6.3 所示。

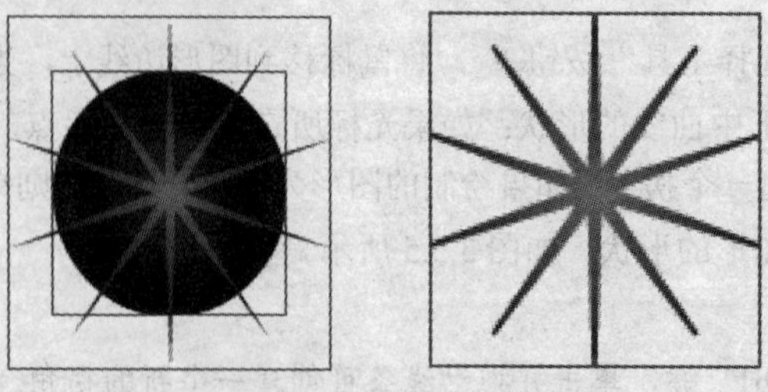

图 3.6.3　应用交集功能效果

3.6.3 打孔

使用合并对象(O)子菜单中的打孔命令，将使用位于上方的图形对象删除下方图形对象中的相应图形部分，并将其合并为单个图形对象，效果如图 3.6.4 所示。

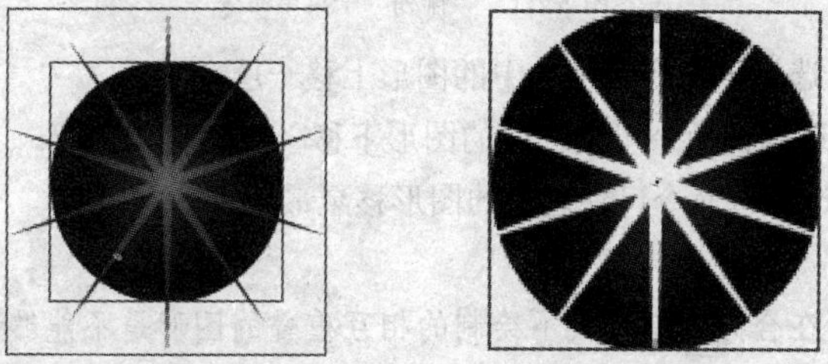

图 3.6.4 应用打孔功能效果

3.6.4 裁切

使用合并对象(O)子菜单中的裁切命令，将使用位于上方的图形对象保留下方图形对象中的相应图形部分，并将其合成为单个图形对象，效果如图 3.6.5 所示。

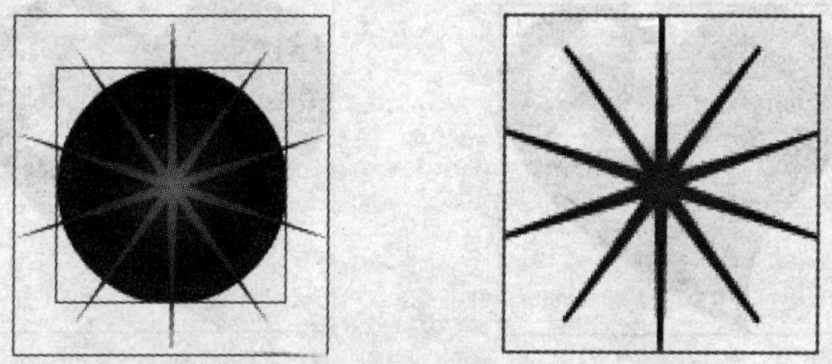

图 3.6.5 应用裁切功能效果

3.7 编 辑 对 象

在 Flash CS4 中，用户可以在菜单和面板中选择相应的命令，对选中的对象进行排列、组合、分离、锁对齐和复制等操作。

3.7.1 排列对象

对于在同一层上的对象，Flash CS4 会按照创建的先后顺序进行排序，先创建的对象位于最下方，最后创建的对象位于最上方。

如果是分离的对象，无法改变其排列顺序，而对于其他对象可以利用选择菜单栏中的修改(M)→排列(A)命令改变它们的排列效果，如图 3.7.1 所示。或者选中对象，单击鼠标右键，在弹出的快捷菜单中选择排列(A)菜单中的相关命令即可。

菜单中各排列命令的作用介绍如下。

（1）移至顶层(F)：选择该命令可使选中的图形移至最顶层。

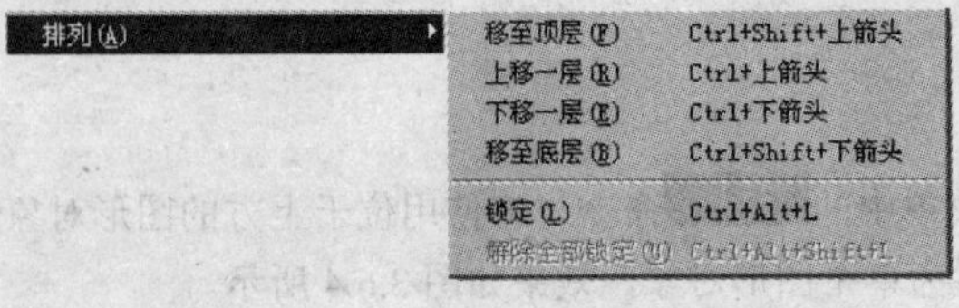

图 3.7.1 “排列”子菜单命令

（2）上移一层(R)：选择该命令可使选中的图形上移一层。

（3）下移一层(E)：选择该命令可使选中的图形下移一层。

（4）移至底层(B)：选择该命令可使选中的图形移至最底层。

注意：对于在合并绘制模式下绘制的相互重叠的图形是不能够调整顺序的，否则会出现切割现象。

3.7.2 组合对象

除了隐藏和锁定的对象之外，舞台中的其他对象都能进行组合，方法为选取要组合在一起的对象，然后选择菜单栏中的修改(M)→组合(G)命令或按“Ctrl+G”键，如图 3.7.2 所示。

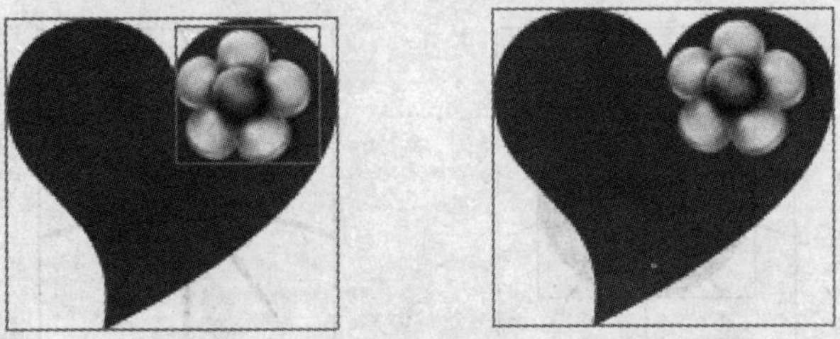

图 3.7.2 组合对象

组合后的对象变成了一个整体，用户将不能对其子对象进行单独移动。这时，可以选择菜单栏中的修改(M)→取消组合(U)命令或按“Ctrl+Shift+G”键取消组合，返回到组合前的状态进行编辑。

3.7.3 分离对象

分离对象指将组合、文本、实例、位图等对象打散成矢量图。分离对象的操作很简单，只须在选取对象后，选择菜单栏中的修改(M)→分离(K)命令或按“Ctrl+B”键即可，分离后的对象以网格状显示，如图 3.7.3 所示。

图 3.7.3 分离对象

3.7.4　对齐对象

虽然用户可以借助标尺、网格等辅助工具对齐对象，但若要快捷精确地对齐对象，需要使用对齐面板。选择菜单栏中的 窗口(W) → 对齐(G) 命令，即可打开对齐面板，如图 3.7.4 所示。

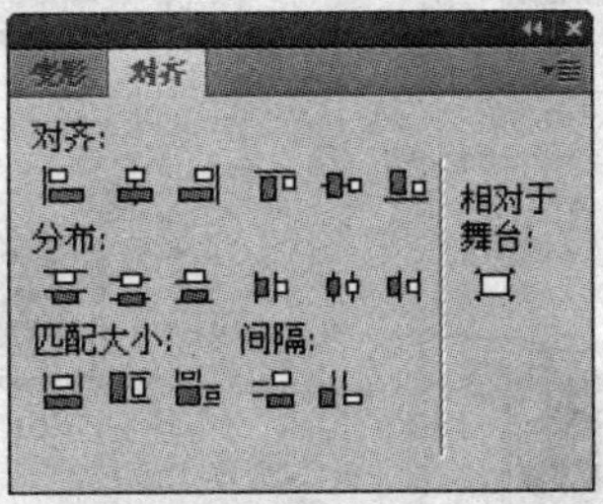

图 3.7.4　对齐面板

对齐面板包括 对齐: 、 分布: 、 匹配大小: 和 间隔: 4 个区域，单击其中的一个或多个按钮可以对齐所选对象。

（1） 对齐: ：该区域包括“左对齐”按钮、“水平中齐”按钮、“右对齐”按钮、“顶对齐”按钮、“垂直中齐”按钮和“底对齐”按钮，单击它们将以相应方式对齐对象。

若在对齐之前单击“相对于舞台”按钮，则所选对象将相对于舞台进行左对齐、水平中齐、右对齐、上对齐、垂直中齐或底对齐，如图 3.7.5 所示。

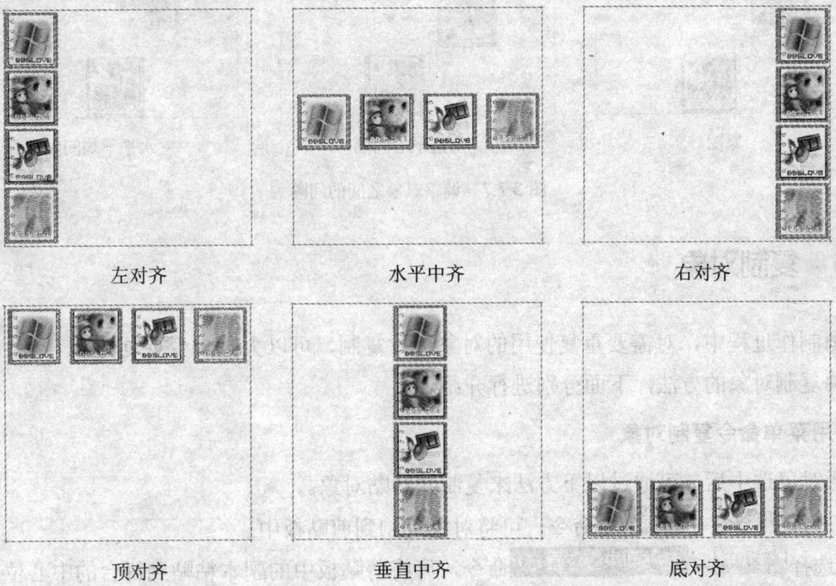

图 3.7.5　在水平方向或垂直方向上对齐对象

（2） 分布: ：该区域包括“顶部分布”按钮、“垂直居中分布”按钮、“底部分布”按钮、“左侧分布”按钮、“水平居中分布”按钮和“右侧分布”按钮，单击它们将以舞台中心或边界为准分布对象。

（3） 匹配大小: ：该区域包括“匹配宽度”按钮、“匹配高度”按钮和“匹配宽和高”按钮，单击它们将使所选对象的宽度相同或高度相同，或宽度和高度均相同，如图 3.7.6 所示。

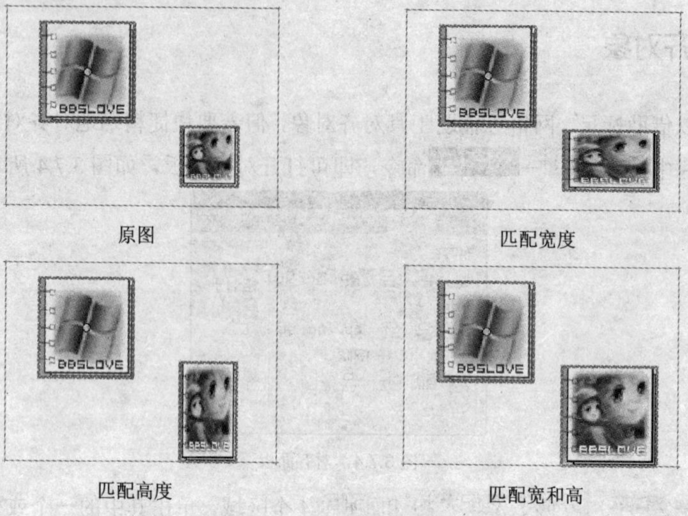

图 3.7.6 匹配对象的大小

（4）间隔：该区域包括“垂直平均间隔”按钮和“水平平均间隔”按钮，单击它们可以使每个对象之间的距离相等，如图 3.7.7 所示。

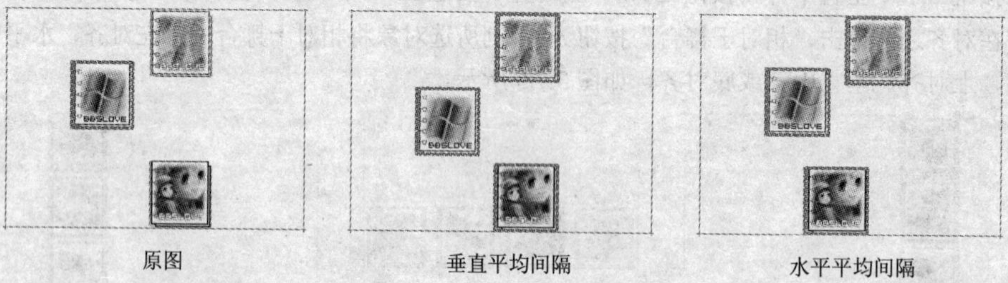

图 3.7.7 调整对象之间的间隔

3.7.5 复制对象

在动画制作过程中，对需要重复使用的对象进行复制，可以大大减少重复性的工作。Flash CS4 提供了多种复制对象的方法，下面分别进行介绍。

1．使用菜单命令复制对象

将图形对象选中后，可通过以下方法来复制并粘贴对象。

（1）选择编辑(E)→复制(C)命令，可将对象复制到剪贴板中。

（2）选择编辑(E)→粘贴到中心位置(T)命令，可将剪贴板中的副本粘贴到舞台的中心位置。

（3）选择编辑(E)→粘贴到当前位置(P)命令，可将副本粘贴到复制对象的原位置。

（4）选择编辑(E)→选择性粘贴(O)...命令，在弹出的“选择性粘贴”对话框中的作为(A):列表框中选择合适的粘贴类型，单击确定按钮，即可将对象粘贴到舞台中。

（5）选择编辑(E)→直接复制(D)命令，可快速复制对象，并且复制后的对象与原对象错开一定的位置。

2．使用快捷键复制对象

在学习选择工具时，介绍了在按住“Ctrl”键的同时，拖动所选对象到需要的位置，然后释放鼠标左键，可以复制该对象。其实 Flash CS4 还提供了其他快捷键或快捷键的组合辅助用户复制对象，例如“Alt”键、“Alt+Ctrl”键、“Shift+Alt”键、“Shift+Ctrl”键和“Shift+Alt+Ctrl”键，使用它们可以方便快捷地复制对象，由于它们的操作方法与“Ctrl”键相同，这里就不再赘述。

3.7.6　删除对象

删除对象是使对象从舞台上消失，删除对象的方法主要有以下 3 种。

（1）选择对象后，按“Delete”键或“Back Space”键。

（2）选择对象后，选择 编辑(E) → 剪切(T) 或 清除(Q) 命令。

（3）选择对象后，单击鼠标右键，在弹出的快捷菜单中选择 剪切 命令。

3.8　文 字 编 辑

使用 Flash CS4 不但可以创建各种各样的矢量图形，还可以创建不同风格的文本对象，下面对其进行具体介绍。

3.8.1　文本类型

Flash CS4 将文本分为 3 种类型，分别为静态文本、动态文本和输入文本。静态文本是指用户不可以进行任何编辑和修改的文本；动态文本是指文本会随着动作脚本的不同而不断更新，使用户在作品完成后也可以改变其中的信息；输入文本是指在动画播放过程中，可以接受用户的输入操作，产生交互。

3.8.2　创建文本

在 Flash CS4 中，使用文本工具可以创建不同风格的文本对象，下面对其进行具体介绍。

1. 创建静态文本

选择工具箱中的文本工具 T，将鼠标指针移动到舞台上，鼠标指针呈现 ┼T 形状，表明该工具已经被激活，在其属性面板中可以设置静态文本的属性，如图 3.8.1 所示。

（1）系列: Courier New：设置静态文本的字体。

（2）样式: Bold：设置静态文本的样式，可将文本设置为黑体和斜体等。

（3）大小: 35.0 点：设置静态文本的字号。

（4）字母间距: 0.0：设置静态文本之间的距离。

（5）颜色: ■：设置静态文本的颜色。

（6）☑ 自动调整字距：设置是否启用自动调整字距功能。

（7）格式: ≡≡≡≡：设置静态文本的对齐方式。

（8）¶：设置静态文本的缩进、行距和边距。

（9）Ab cd ▼：设置静态文本的方向。

（10）TT：设置静态文本为上标或下标。

（11）可读性消除锯齿 ▼：设置文本的呈现方式。

（12）链接：设置文本的超级链接。

设置好参数后，移动鼠标到舞台中适当的位置并单击，即可开始在文本框中输入需要的文本内容，然后用鼠标单击舞台的空白处结束操作，如图 3.8.2 所示。

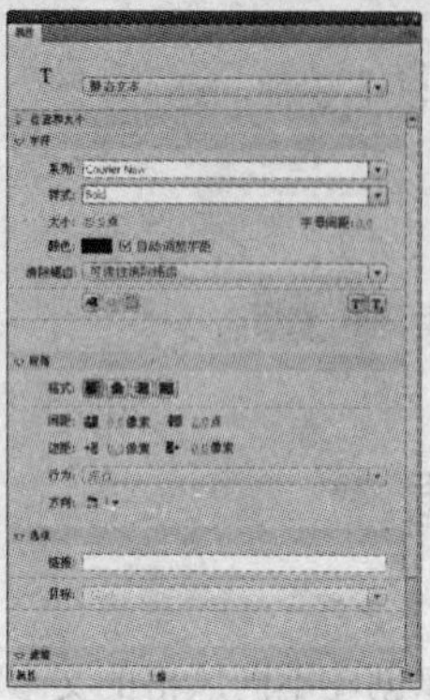

图 3.8.1 “静态文本”属性面板

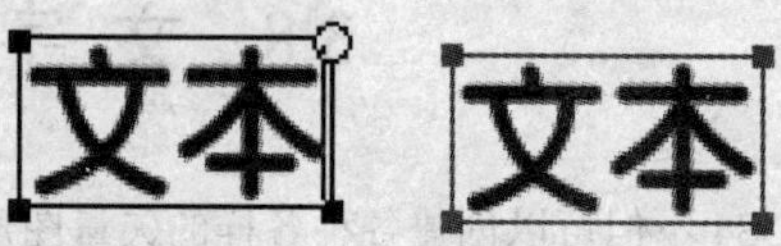

图 3.8.2 创建静态文本

2．创建动态文本

选择工具箱中的文本工具 T，在其属性面板中的 静态文本 ▼ 下拉列表中选择 动态文本，在其属性面板中设置动态文本的属性，如图 3.8.3 所示。

在属性面板中对动态文本进行属性设置时，用户应注意以下 5 个选项。

（1）<实例名称>：用于输入一个标识符，利用此标识符 Flash 可以将数据动态地放入到此文本区域中。

（2）◆：设置 Flash 显示动态文本时保持超文本类型，包括字体、字体类型、超链接和其他 HTML 支持的相关格式。

（3）▤：用于将文本区域设置为白色背景、有边框的样式。

（4）多行 ▼：设置文本区域中文本的组织方式，包括 单行 、 多行 和 多行不换行 3 个选项，如图 3.8.4 所示。

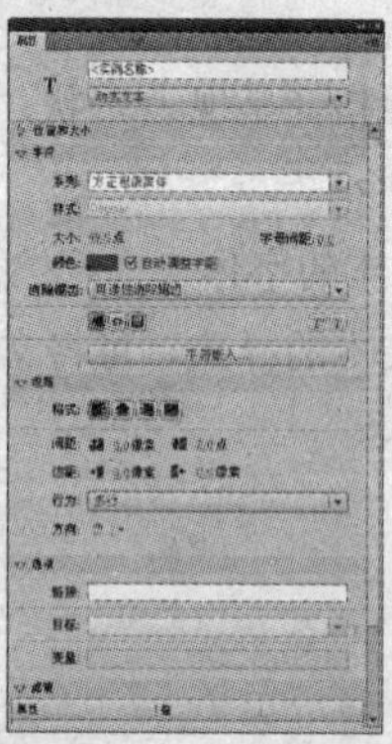

图 3.8.3 “动态文本”属性面板

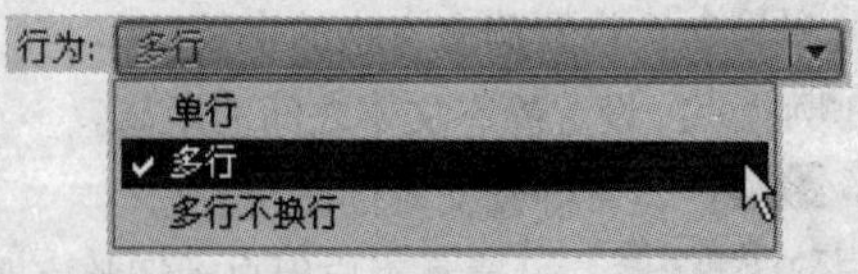

图 3.8.4 “行为”下拉列表

提示：单行表示将所有的文本排成一行，多行表示使文本在到达指定的边界时自动换行，多行不换行表示使文本在遇到硬回车时才换行。

（5）在变量:文本框中可以输入一个变量名称，此功能与“实例名称”功能相似。变量名称应该与实例名称不同，以免在 Flash 中混淆。

创建动态文本时，无论是使用鼠标单击或单击并拖动，都可创建固定宽度的文本框，并且该文本框右下角有一个方形手柄，表示该文本框的宽度是固定的。

如果要创建宽度可变的动态文本，可先创建宽度可变的静态文本，然后将属性面板中的文本类型更换为动态文本，此时，即可将其转换为宽度可变的动态文本，并且该文本框的右下角有一个圆形手柄，表示该文本框的宽度是可变的。

注意：在创作动画时若要用到动态文本，只能在开始界面中选择 Actionscript 2.0，因为 Actionscript 3.0 不支持变量:选项。

3．创建输入文本

选择工具箱中的文本工具T，在其属性面板中的静态文本▼下拉列表中选择输入文本选项，在其属性面板中设置输入文本的属性，如图 3.8.5 所示。

输入文本与动态文本的属性面板基本相似，主要区别有以下两点。

（1）在多行▼下拉列表中多一个密码选项，选择该选项将以密码形式显示输入文本，目的在于保护所输入的文本不被他人看到，如图 3.8.6 所示。

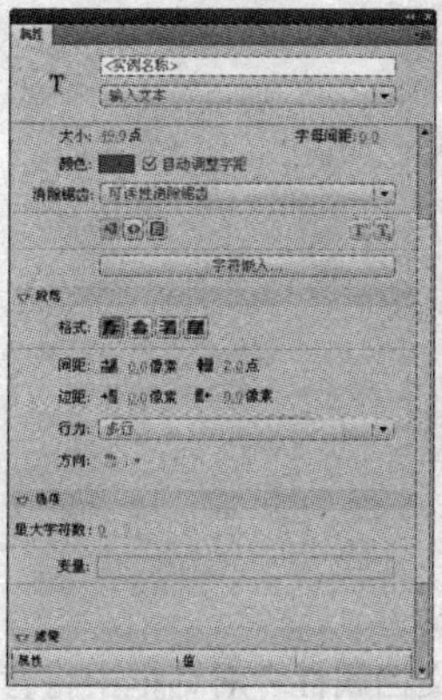

图 3.8.5　“输入文本”属性面板

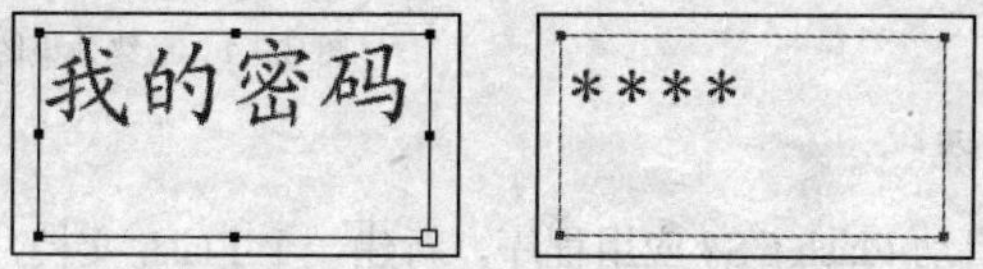

图 3.7.6　以密码形式显示输入文本

（2）在最大字符数: 0数值框中可以限制用户所输入字符的个数，其中“0”表示不限制输入字符的个数。

注意：动态文本和输入文本只能为水平方向的文本。

3.8.3　为文本添加超链接

在 Flash CS4 中，可以为文本添加超链接，从而使用户单击该文本就可以跳转到其他网页。设置文本超链接的操作步骤如下。

（1）单击工具箱中的“文本工具”按钮T，在舞台中拖出一个文本框，然后在文本框中输入静态文本。

（2）使用选择工具选中输入的文本，然后在链接:文本框中输入完整的链接地址，如图 3.8.7

所示。

（3）在“目标”下拉列表中可选择链接网页的打开方式，如图 3.8.8 所示。若选择_blank选项，则会打开一个新的浏览器窗口显示超链接对象；若选择_parent选项，则会在当前窗口的父窗口中显示超链接对象；若选择_self选项，则会在当前窗口中显示超链接对象；若选择_top选项，则会在级别最高的窗口中显示超链接对象。

图 3.8.7　设置链接网址

图 3.8.8　“目标”下拉列表选项

（4）按“Ctrl+Enter”键，在 Flash 播放器中浏览动画效果，单击文本可浏览相应的网页。

3.9　上机实战——绘制贺卡

本节主要利用所学的知识绘制贺卡，最终效果如图 3.9.1 所示。

图 3.9.1　最终效果图

操作步骤

（1）启动 Flash CS4 应用程序，新建一个 Flash 文档，在“文档属性”对话框中将背景颜色设置为“深红色”。

（2）选择菜单栏中的 文件(F) → 导入(I) → 导入到舞台(I)... 命令，弹出“导入”对话框，如图 3.9.2 所示。

（3）在该对话框中选择一幅图片，单击 打开(O) 按钮，将其导入到舞台中，并使用对齐面板将其覆盖舞台，效果如图 3.9.3 所示。

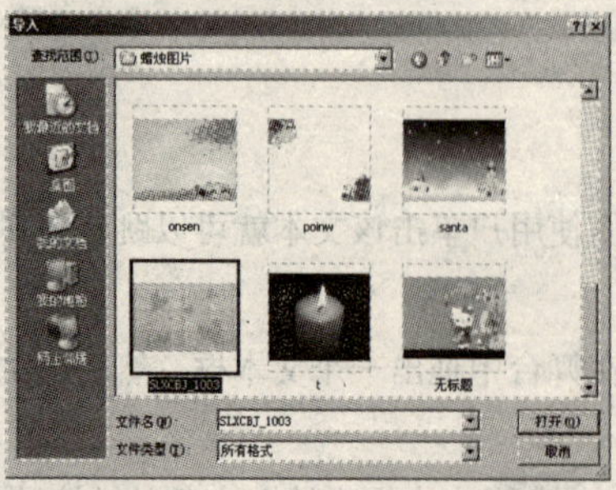

图 3.9.2　“导入”对话框

图 3.9.3　导入的图片

（4）单击工具箱中的“矩形工具”按钮，在舞台中绘制一个矩形，并使用任意变形工具旋转矩形，效果如图 3.9.4 所示。

（5）选择菜单栏中的 窗口(W) → 颜色(C) 命令，在打开的颜色面板中设置好参数后，使用颜料桶工具填充矩形，并使用渐变变形工具调整填充色的方向，效果如图 3.9.5 所示。

图 3.9.4 绘制矩形并对其进行旋转

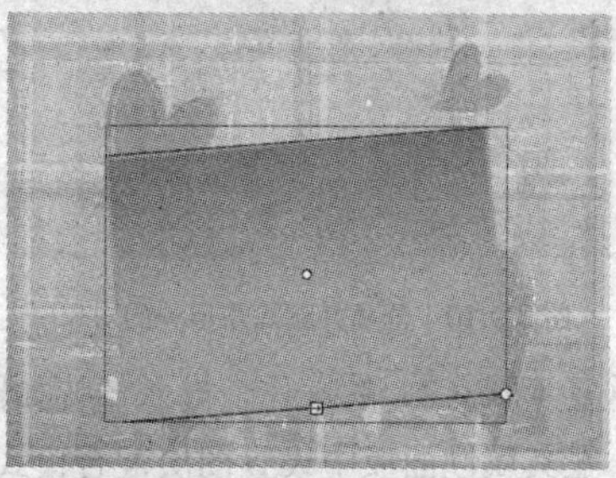

图 3.9.5 填充矩形

（6）单击工具箱中的“多角星形工具”按钮，在舞台中绘制一个五角星，并将其填充为与背景相近的颜色，效果如图 3.9.6 所示。

（7）按住“Ctrl+Shift”键，在舞台中复制出多个副本图形，效果如图 3.9.7 所示。

图 3.9.6 绘制五角星形

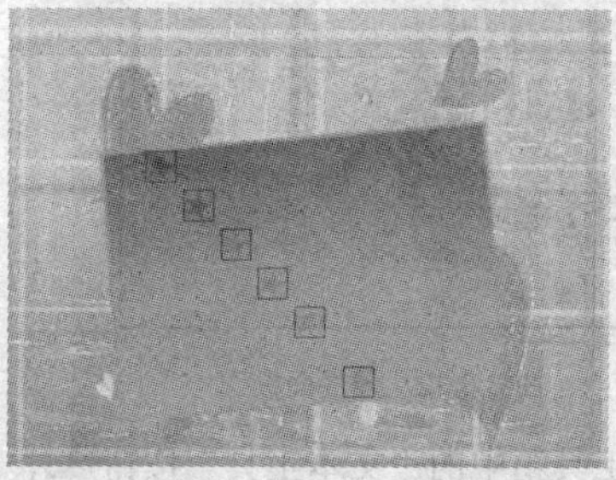

图 3.9.7 复制多个五角星形

（8）按住“Shift”键，选中绘制的五角星形，然后选择菜单栏中的 窗口(W) → 对齐(G) 命令，在打开的对齐面板中单击“垂直平均间隔”按钮和“水平平均间隔”按钮，平均舞台中的间隔，效果如图 3.9.8 所示。

（9）确认舞台中的五角星形全部处于选中状态，然后按“Ctrl+G”键，群组选中的对象。

（10）重复步骤（7）的操作，在舞台中复制出多个群组后的对象，效果如图 3.9.9 所示。

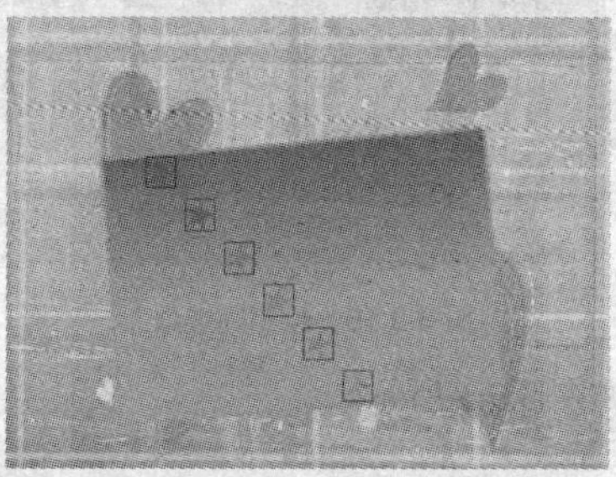

图 3.9.8 平均五角星形间隔

图 3.9.9 复制出多个群组后的对象

（11）按“Ctrl+B”键，分离舞台中的群组对象，然后使用选择工具选中矩形外的对象，按“Delete”键删除，效果如图 3.9.10 所示。

（12）使用选择工具选中舞台中的一个五角星形对象，将其缩小一定的大小。

（13）重复步骤（7）～（11）的操作，在舞台绘制多个小星形，效果如图 3.9.11 所示。

图 3.9.10　分离并删除矩形外的对象

图 3.9.11　绘制小星形

（14）重复步骤（2）的操作，导入一幅如图 3.9.12 所示的雪景图片，然后按“F8”键将其转换为影片剪辑，在其属性面板中设置图层混合模式为“正片叠底”、亮度为“50%”。

（15）单击工具箱中的“任意变形工具”按钮，将图片旋转一定的角度，此时的效果如图 3.9.13 所示。

图 3.9.12　属性面板

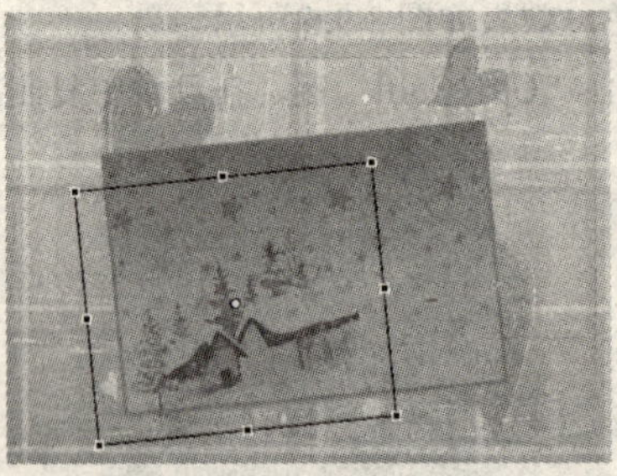

图 3.9.13　旋转图片效果

（16）单击工具箱中的“文本工具”按钮，在图片上方输入文本“2012”和“新年快乐”，然后为其添加斜角和投影滤镜效果，以制作出金箔字效果，如图 3.9.14 所示。

（17）使用钢笔工具，并结合部分选择工具在舞台中绘制蝴蝶结形状，然后使用颜料桶工具对其进行填充，效果如图 3.9.15 所示。

图 3.9.14　制作金箔字效果

图 3.9.15　绘制蝴蝶结

（18）按“Ctrl+Enter”键预览效果，最终效果如图 3.9.1 所示。

本 章 小 结

本章主要介绍了图形对象的编辑方法与技巧，包括选取对象、控制对象位置与大小、变形对象、

3D变形、调整图形形状、合并图形对象、编辑对象以及文字编辑等。通过本章的学习，读者应该熟练掌握各种对象的编辑操作，并能将它们灵活应用到动画制作中。

操 作 练 习

一、填空题

1. 在Flash CS4中，_________主要用于选择图形中颜色相同或相近的区域。
2. 若要快捷精确地对齐对象，则需要使用_________。
3. 要使图形的曲线变得柔和，可利用_________、_________或_________命令。
4. 利用_________面板的复制变形功能，可以快速制作出一些特殊的图形效果。
5. 在Flash CS4中，文本被分为_________、_________和_________3种类型。
6. _________文本是指在动画播放过程中，可以接受用户的输入操作，产生交互。

二、选择题

1. 按（　）键可以打开变形面板。

（A）Ctrl+T　　（B）Ctrl+O

（C）Alt+T　　（D）Shift+ Alt

2. 按（　）键可以删除对象。

（A）End　　（B）Back Space

（C）Delete　　（D）Ctrl+X

3. 按（　）键可以组合对象。

（A）Ctrl+G　　（B）Ctrl+Shift+G

（C）Alt+G　　（D）Shift+G

4. 按（　）键可以分离对象。

（A）Ctrl+T　　（B）Ctrl+B

（C）Alt+G　　（D）Shift

三、简答题

1. 简述如何对图形对象添加柔化填充边缘效果。
2. 简述静态文本、动态文本和输入文本的特点。

四、上机操作题

练习使用本章所学的知识制作如题图3.1所示的图形效果。

题图　3.1

第 4 章　应用图层与帧

在 Flash 中制作的多媒体动画之所以能够动起来，靠的就是时间轴，而时间轴是由图层和帧组成的。通过本章的学习，读者应学会时间轴、帧与图层的使用方法与技巧。

知识要点

- 时间轴面板简介
- 图层的操作
- 帧的操作

4.1　时间轴面板简介

时间轴是 Flash 动画的核心，使用它可以组织和控制动画中的内容在特定的时间出现在画面上。在默认情况下，时间轴位于工作界面的顶部，它主要由播放指针、层、帧、绘图纸工具、播放时间、帧频以及帧浏览选项等组成，如图 4.1.1 所示。

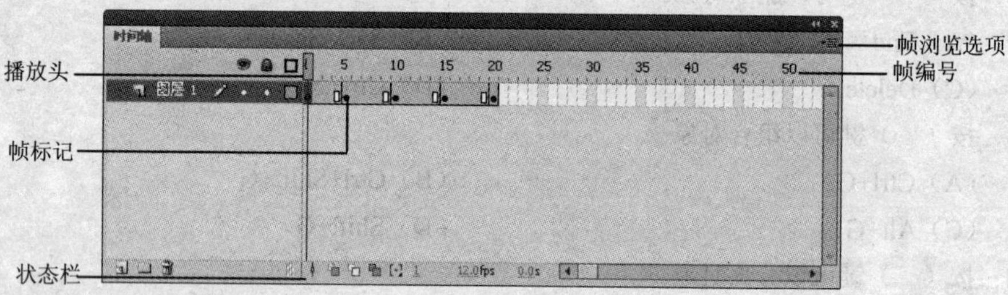

图 4.1.1　时间轴面板

（1）播放头：播放头的上面有一条红色的指示线，它主要有两个作用：一是浏览动画，当用户用鼠标拖动时间轴上的播放头时，动画也会按照播放头的拖动方向进行播放；二是选择指定的帧，当用户需要编辑某一帧时，只要将播放头移动到该帧上即可。

（2）帧标记：帧标记就是时间轴标尺上的小垂直竖线，其一个刻度表示一帧。

（3）帧编号：每 5 帧显示一个帧编号。

（4）状态栏：状态栏中主要包括“帧居中”按钮、“绘图纸”按钮、当前帧编号、帧频、播放时间等几部分。

1）“帧居中”按钮：单击该按钮可以使当前帧位于时间轴可视区域的中间位置。

2）“绘图纸”按钮：在“绘图纸”中包括以下 4 个按钮。

“绘图纸外观”按钮：单击该按钮可以同时显示动画的几个帧。

“绘图纸外轮廓”按钮：单击该按钮后能够同时显示出动画的几个帧的轮廓。

“编辑多个帧”按钮：单击该按钮后能够编辑绘图纸标记中的每个帧。

“修改绘图纸标记”按钮：单击该按钮后弹出如图 4.1.2 所示的下拉菜单，该菜单中各命令的含义如下。

始终显示标记：选择该命令后会在时间轴指针中显示洋葱皮标记。

锚记绘图纸：选择该命令后无论播放头指针如何改变，洋葱皮范围始终不变。

绘图纸 2：选择该命令后在当前帧两侧各显示两帧。

绘图纸 5：选择该命令后在当前帧两侧各显示 5 帧。

所有绘图纸：选择该命令后显示当前帧两侧的所有帧。

3）目前帧编号：显示的是播放头当前所在的位置。

4）帧频：显示当前影片的帧频，即每秒钟播放的帧数。

5）播放时间：显示从第 1 帧开始播放到播放头所在位置的时间。

（5）“帧浏览选项”按钮：单击该按钮后弹出如图 4.1.3 所示的下拉菜单，用户可以从下列选项中进行选择。

图 4.1.2　下拉菜单

图 4.1.3　“帧浏览选项”下拉菜单

1）若要更改帧单元格的宽度，需选择很小、小、标准、中或大选项。

2）若要在帧单元格里以非正常比例预览本帧的动画内容，需选择预览选项。

3）若要显示每个完整帧（包括空白空间）的缩略图，需选择关联预览选项，如果要查看元素在播放期间在它们的帧中的移动方式，此选项是非常有用的，但是这些预览通常比用预览选项生成的小。

4）若要减小帧单元格行的高度，需选择较短选项。

5）若要打开或关闭彩色帧，需选择彩色显示帧选项。

4.2　图层的操作

图层是处理对象时必不可少的元素，使用图层可以随意地调整动画中对象的前后顺序，使动画更符合要求。默认情况下，创建的文档中只包含一个图层，用户可根据创作需要在动画中创建多个图层，并可以对创建的图层重命名。当某个图层不再使用时，还可以将其删除。

4.2.1　图层的类型

在 Flash 中，图层包括标准层、引导层、遮罩层以及文件夹。

（1）标准层：标准层是系统默认的图层类型，用来显示动画的内容。它可以被移动到遮罩层下变为被遮罩层，也可以被移动到引导层下变为被引导层。

（2）引导层：引导层是指动画中的对象在运动时的路径引导的图层。例如，某一图层中的飞机沿路径飞行，或蝴蝶沿路径飞舞就要用到这个引导图层。

（3）遮罩层：遮罩层中的图形或文字等对象具有透明效果，通过它们可以将已建立遮罩层中的内容显示出来，而将其他部分遮住。

（4）文件夹：当图层过多时，可以使用图层文件夹将图层放入文件夹中便于对图层进行管理。

4.2.2 创建图层与图层文件夹

在 Flash CS4 中，图层是按创建的先后，由下向上统一放置在时间轴面板中，最先建立的图层放置在最下方。在制作动画时，可以根据需要创建不同类型的图层，以制作出特殊的动画效果。

1．创建图层

用户可以使用以下 3 种方法创建新的图层。

（1）单击时间轴中的“插入图层”按钮。

（2）选择 插入(I) → 时间轴(T) → 图层(L) 命令。

（3）将鼠标指针置于层名区上，单击鼠标右键，在弹出的快捷菜单中选择 插入图层 命令。

在 Flash 中，图层按照创建的先后顺序，由下至上叠加，并且自动命名为“图层 2”“图层 3”等，如图 4.2.1 所示。

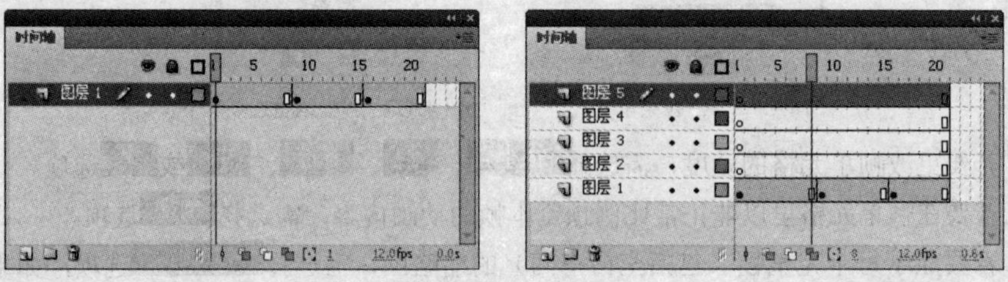

图 4.2.1　创建图层前后的效果

2．创建图层文件夹

当动画中创建的图层较多时，可以使用层文件夹管理创建的图层。用户可以使用以下 3 种方法创建层文件夹。

（1）选中一个图层，单击时间轴面板中层操作区下方的“插入图层文件夹”按钮，即可在当前图层上方创建一个层文件夹，如图 4.2.2 所示。

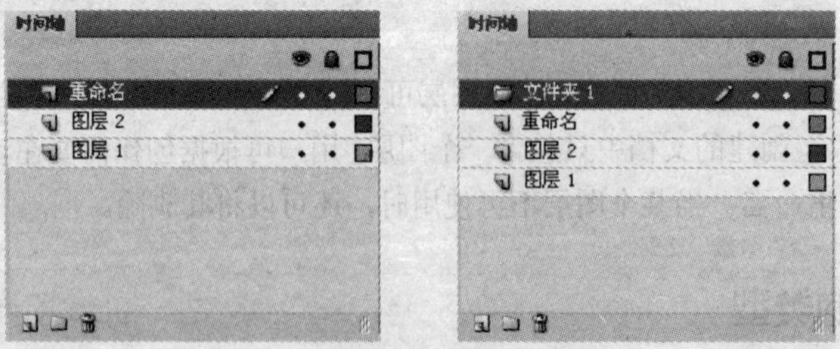

图 4.2.2　创建层文件夹

（2）选中一个图层，在菜单栏中选择 插入(I) → 时间轴(T) → 图层文件夹(O) 命令，可在当前图层上方创建一个层文件夹。

（3）选中一个图层，在该图层上单击鼠标右键，从弹出的快捷菜单中选择 插入文件夹 命令，也可在当前图层上方创建一个层文件夹。

4.2.3　重命名图层或图层文件夹名称

默认情况下，新创建的图层名称为图层 1、图层 2……这样的图层名称不能清楚地反映图层中的内容，因此，用户可以给图层重新命名，以便更好地让图层名称反映图层中的内容。重命名图层的具体操作步骤如下。

（1）在需要更改的图层名称上双击鼠标左键，即可进入编辑状态，如图 4.2.3 所示。

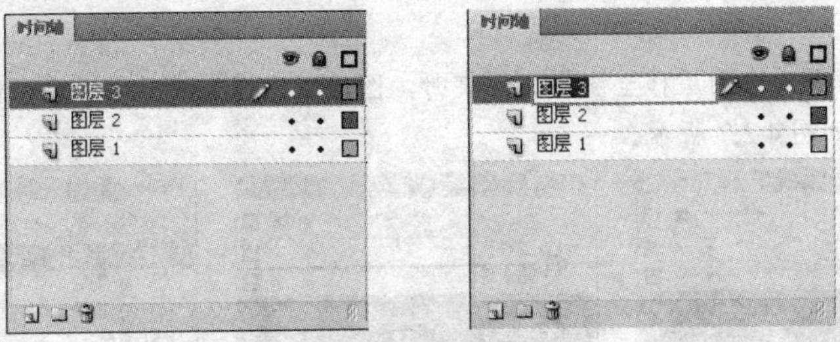

图 4.2.3　进入编辑状态

（2）在其中输入文字后，在该图层外的任意位置处单击，即可确认更改图层的名称，如图 4.2.4 所示。

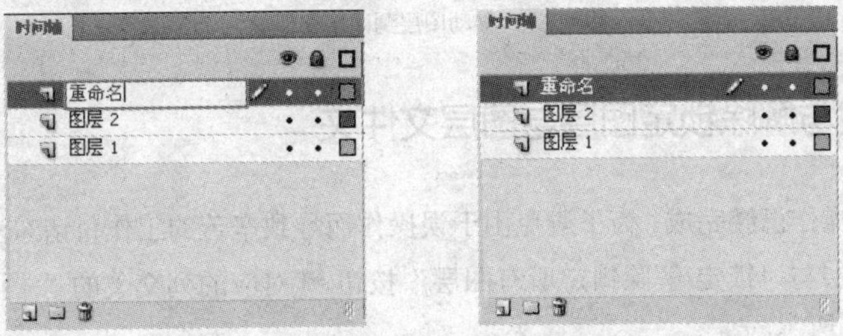

图 4.2.4　更改图层名称

重命名图层文件夹与重命名图层的方法相同，在此就不再赘述。

4.2.4　选择图层与图层文件夹

图层或图层文件夹的选择包括选择单个层、选择相邻层和选择不相邻层 3 种。如果图层名称旁边出现了铅笔图标，则表示该层处于被选中状态。

（1）选择单个层：单击时间轴面板中的层名称或者选中该层的某个帧即可。

（2）选择相邻层：选择单个层，按住“Shift”键的同时单击要选取的最后一层，如图 4.2.5 所示。

（3）选择不相邻层：选择单个层后，在按住“Ctrl”键的同时单击其他层，可以选择不相邻的多个层，如图 4.2.6 所示。

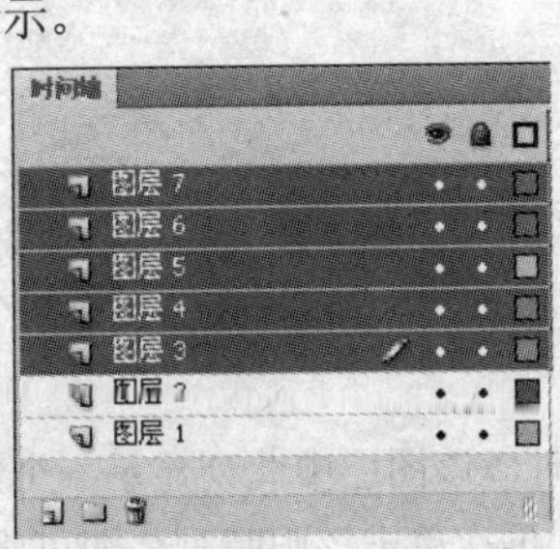

图 4.2.5　选择相邻层

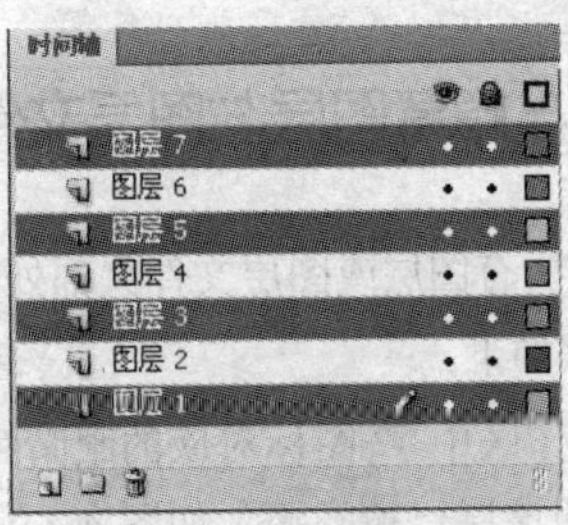

图 4.2.6　选择不相邻层

4.2.5 调整图层与图层文件夹排列顺序

在编辑动画时，如果所创建的图层或图层文件夹顺序不能反映动画的效果，需要对图层的顺序进行调整。具体操作步骤如下。

（1）选中要移动的图层或图层文件夹，按住鼠标左键拖动，图层将以一条粗横线显示。

（2）拖动图层至需要的位置后释放鼠标左键即可。

提示：当用户将图层移至图层文件夹时，图层以缩进方式显示，表示该图层包含在其上方的图层文件夹中，如图 4.2.7 所示。

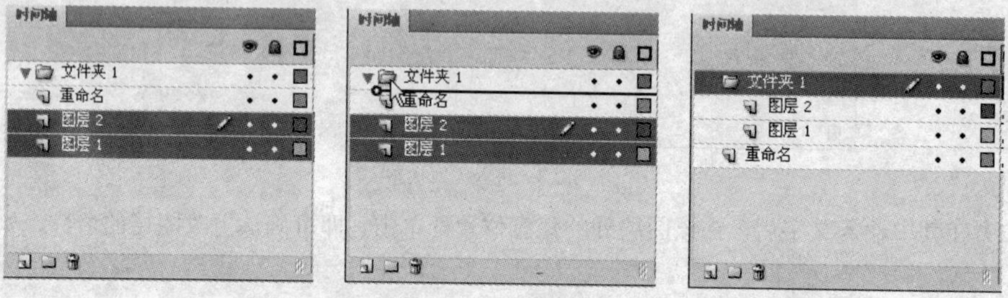

图 4.2.7 移动图层到图层文件夹中

4.2.6 锁定与解除锁定图层与图层文件夹

若对某一层的操作已经完成，为了避免由于误操作而导致辛苦的工作付诸东流，用户可以将该层锁定，直接单击该层与“锁定/解除锁定所有图层”按钮对应的列交叉的•图标，使其变为图标即可，如图 4.2.8 所示。

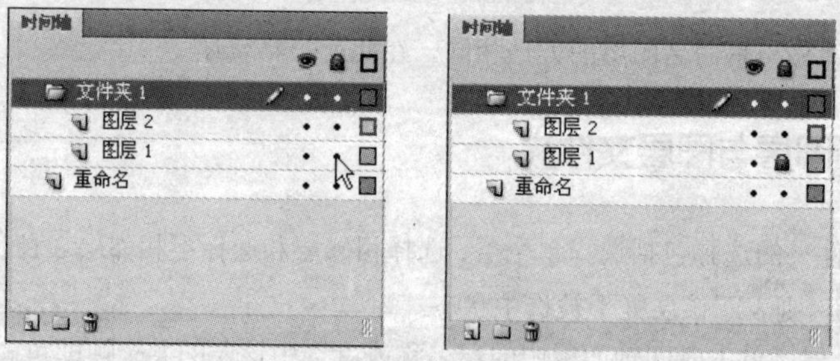

图 4.2.8 锁定层

如果要编辑锁定层中的内容，单击层与“锁定/解除锁定所有图层”按钮对应的列交叉的图标，将其变为•图标即可。

4.2.7 显示与隐藏图层与图层文件夹

在默认情况下，所有图层或图层文件夹都处于显示状态，用户可根据需要将某个图层或图层文件夹隐藏。具体操作步骤如下。

（1）单击层操作区中图标对应的眼睛列，此时，该图层中此列显示一个红色的 ✕ 图标，表示该图层不可见，即该层已被隐藏，如图 4.2.9 所示。再次单击该眼睛列，即可将隐藏起来的图层重新显示。

（2）在多个图层中的图标对应的列中单击并拖动鼠标，可以隐藏/显示鼠标经过的多个图层。

（3）如果用户要隐藏所有的图层，单击层操作区上方的图标即可，如图 4.2.10 所示。

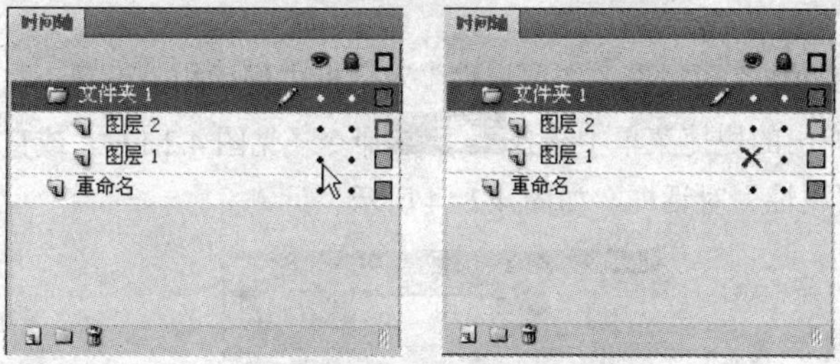

图 4.2.9　隐藏选中的图层

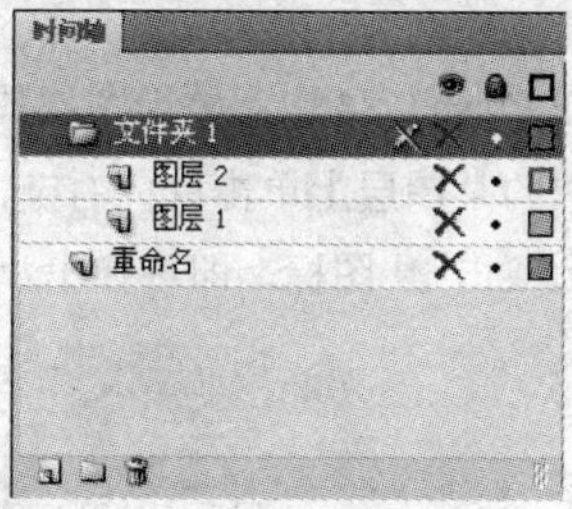

图 4.2.10　隐藏所有图层

4.2.8　显示图层与图层文件夹对象的轮廓

在默认情况下，图层中的内容以完整的实体显示，但有时为了便于查看对象的边缘，需要以轮廓方式显示图层。

单击某图层右侧的小方块，此时小方块会变为空心的方块，并且位于该图层上的对象都将只显示轮廓线；再次单击可恢复正常显示，如图 4.2.11 所示。单击图层上方的小方块，所有的对象都将只显示轮廓线，再次单击可以使所有图层恢复正常显示，如图 4.2.12 所示。

图 4.2.11　显示某个图层的轮廓

图 4.2.12　显示所有图层的轮廓

4.2.9　删除图层与图层文件夹

如果某个图层或图层文件夹不再使用，可将其删除。在 Flash CS4 中，可使用以下 3 种方法将图层或图层文件夹删除。

（1）选取图层或图层文件夹后单击时间轴面板中层操作区下方的“删除图层”按钮，即可将该图层或图层文件夹删除。

（2）选取图层或图层文件夹后将其拖到“删除图层”按钮上，即可将该图层或图层文件夹删除。

（3）在需要删除的图层或图层文件夹上单击鼠标右键，从弹出的快捷菜单中选择删除图层命令，即可将该图层或图层文件夹删除。

4.2.10 图层属性的设置

在 Flash CS4 中，关于图层的所有操作都可以在“图层属性”对话框中进行相关设置。在时间轴面板中的某图层上单击鼠标右键，从弹出的快捷菜单中选择 属性... 命令（见图 4.2.13），或直接在某图层上双击 图标，即可弹出“图层属性”对话框，如图 4.2.14 所示。

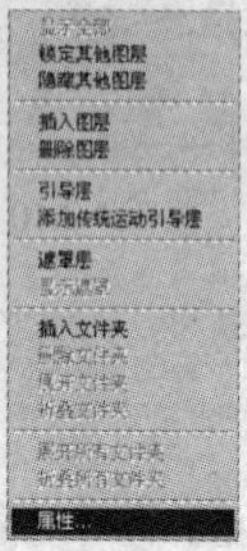

图 4.2.13 选择“属性”选项

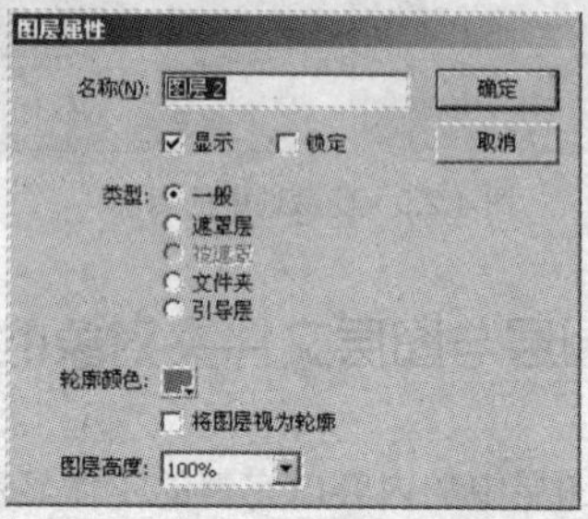

图 4.2.14 “图层属性”对话框

（1）在 名称(N): 文本框中，可以设置图层的名称。

（2）单击 ☑ 显示 和 ☑ 锁定 复选框，可以设置图层是否被隐藏和锁定。

（3）在 类型: 选项区中，可以设置图层的类型。

1）选中 ⊙ 一般 单选按钮，可将当前选中的图层设置为普通图层。

2）选中 ⊙ 引导层 单选按钮，可将当前选中的图层设置为引导层。

3）选中 ⊙ 遮罩层 单选按钮，可将当前选中的图层设置为遮罩层。

4）选中 ⊙ 文件夹 单选按钮，可将当前选中的图层设置为层文件夹。

（4）在 轮廓颜色: 选项中可以设置图层只显示轮廓线时轮廓线的颜色。

（5）单击 ☑ 将图层视为轮廓 复选框，可以设置图层是否只显示轮廓线。

（6）在 图层高度: 下拉列表中，可以设置当前图层在时间轴中所显示的高度比例。

4.3 帧 的 操 作

帧是组成 Flash 动画的基本单位，通过在不同的帧中放置相应的动画元素，然后对这些帧进行连续播放，最终实现 Flash 动画效果。

4.3.1 空白关键帧、关键帧与普通帧

根据帧的特点与用途，可以分为空白关键帧、关键帧和普通帧 3 种类型，如图 4.3.1 所示。

（1）空白关键帧：即没有内容的关键帧，主要用于结束前一个关键帧的内容或分隔两个相连的补间动画。在时间轴上空白关键帧显示为一个空心圆。

（2）关键帧：用于表现关键性动作或关键性内容变化的帧。关键帧定义了动画的变化环节，一般情况下，图像都必须在关键帧中进行编辑。如果关键帧中的内容被删除，那么关键帧就会转换为空白关键帧。在时间轴上关键帧显示为一个黑色实心圆。

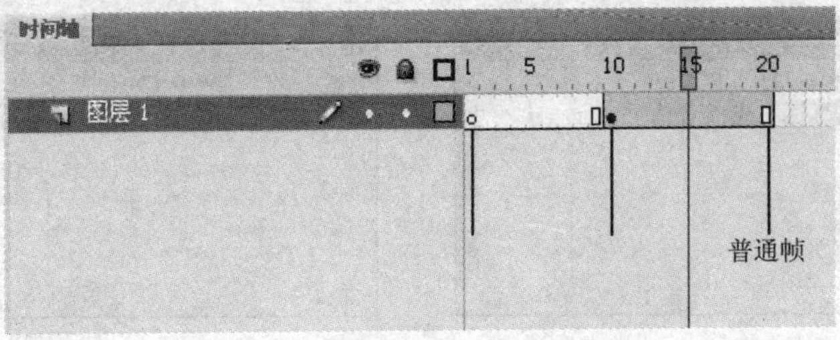

图 4.3.1　空白关键帧、关键帧和普通帧

（3）普通帧：普通帧通常处于关键帧的后面，只能作为关键帧之间的过渡，用于延长关键帧中动画的播放时间，因此不能对普通帧中的图形进行编辑。一个关键帧后的普通帧越多，该关键帧的播放时间就越长。在时间轴上普通帧显示为一个灰色的方格。

4.3.2　创建帧

普通帧、关键帧和空白关键帧的创建方法有以下 3 种。

（1）通过菜单创建。将鼠标指针移至时间轴面板上需要插入帧的位置，然后选择菜单栏中的 插入(I) → 时间轴(T) → 帧(F)/关键帧(K)/空白关键帧(B) 命令。

（2）通过快捷菜单创建。将鼠标指针移至时间轴面板上需要插入帧的位置，单击鼠标右键，在弹出的快捷菜单中选择 插入帧/插入关键帧/插入空白关键帧 命令。

（3）通过快捷键创建。将鼠标指针移至时间轴面板上需要插入帧的位置，按“F5”键插入帧；按“F6”键插入关键帧；按“F7”键插入空白关键帧。

4.3.3　选择帧

若要对帧进行编辑，首先必须选中要进行编辑的帧，根据选择范围的不同，帧的选择有以下 4 种方法。

（1）选择单个帧。在时间轴上单击帧所在的位置即可，如图 4.3.2 所示。

（2）选择多个连续的帧。先选中第 1 个帧，然后在按住“Shift”键的同时，单击连续帧中的最后 1 帧即可选中其间的所有帧，如图 4.3.3 所示。

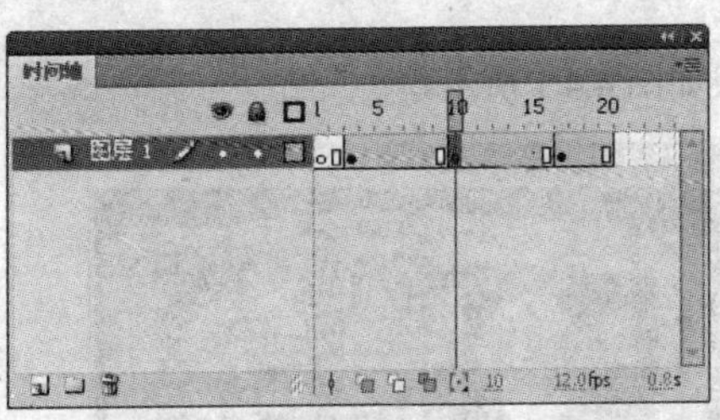

图 4.3.2　选择单个帧

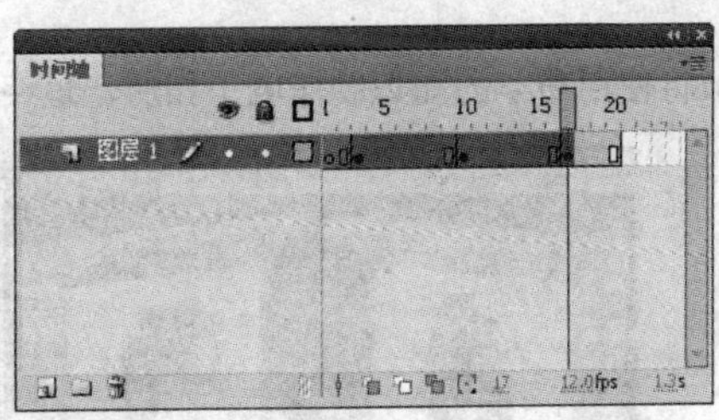

图 4.3.3　选择多个连续的帧

（3）选择多个不连续的帧。先选中第 1 帧，然后在按住“Ctrl”键的同时，单击要选择的帧即可，如图 4.3.4 所示。

（4）选择所有帧。选择任意一帧后，单击鼠标右键，在弹出的快捷菜单中选择 选择所有帧 命令即可，如图 4.3.5 所示。

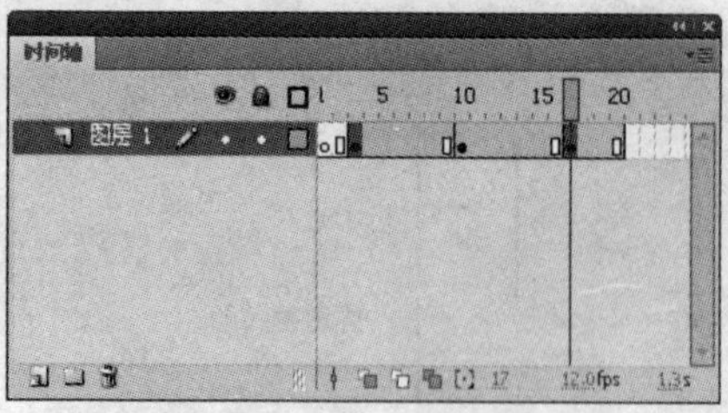

图 4.3.4　选择多个不连续的帧

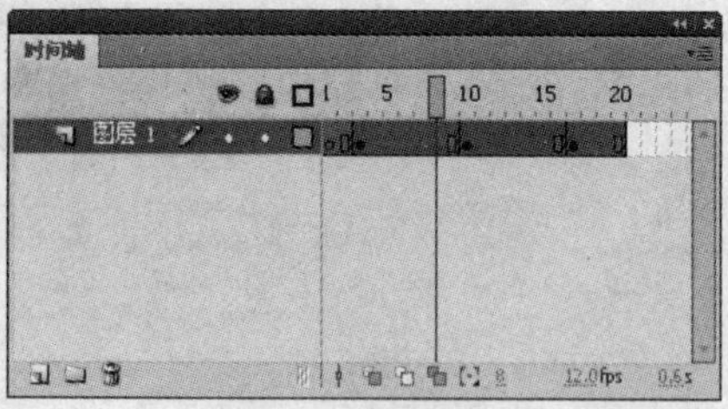

图 4.3.5　选择所有帧

4.3.4　编辑帧

在创建动画的过程中，常常需要对其中的帧进行复制、粘贴、剪切、清除和删除等操作。

（1）复制帧。选中要复制的帧或关键帧，选择菜单栏中的 编辑(E) → 时间轴(M) → 复制帧(C) 命令进行复制。

（2）粘贴帧。在复制帧或关键帧之后，选择菜单栏中的 编辑(E) → 时间轴(M) → 粘贴帧(P) 命令，将复制的帧粘贴至目标帧上。

（3）剪切帧。选中要剪切的帧或关键帧，选择菜单栏中的 编辑(E) → 时间轴(M) → 剪切帧(T) 命令进行剪切。

（4）翻转帧。翻转帧可以将选中帧的播放顺序进行颠倒，选择菜单栏中的 编辑(E) → 时间轴(M) → 翻转关键帧 命令。

（5）清除帧。清除帧是指清除某帧所对应的对象，而使其变为空白关键帧或空白帧。

清除帧的方法如下：选中要清除的一帧或多帧，选择菜单栏中的 编辑(E) → 时间轴(M) → 清除帧(L) 命令进行清除。如果清除的是单个帧或关键帧，则该帧变为空白关键帧；如果清除的是一串连续的帧，则第 1 个帧变为空白关键帧，后面清除的帧变为普通帧。

（6）删除帧。删除帧是指将选中的帧删除，同时其后的帧自动左移。选中要删除的一帧或多帧，选择菜单栏中的 编辑(E) → 时间轴(M) → 删除帧(R) 命令即可删除。

4.4　上机实战——制作电子相册

本节将使用所学的知识制作电子相册，最终效果如图 4.4.1 所示。

图 4.4.1　最终效果图

操作步骤

（1）启动 Flash CS4 应用程序，新建一个文档，并设置其背景色为“黑色”。

（2）在时间轴面板中双击图层 1，将其重命名为“相框”。

（3）按“Ctrl+R”键，导入一幅相框图片，然后使用对齐面板将其覆盖整个舞台，效果如图 4.4.2 所示。

（4）使用选择工具选中舞台中的图片，按“Ctrl+B”键分离相框图片。

（5）单击工具箱中的“套索工具”按钮，选取相框图片中的白色区域，按“Delete”键进行删除，然后在第 40 帧处按“F5”键插入帧，效果如图 4.4.3 所示。

图 4.4.2　导入图片

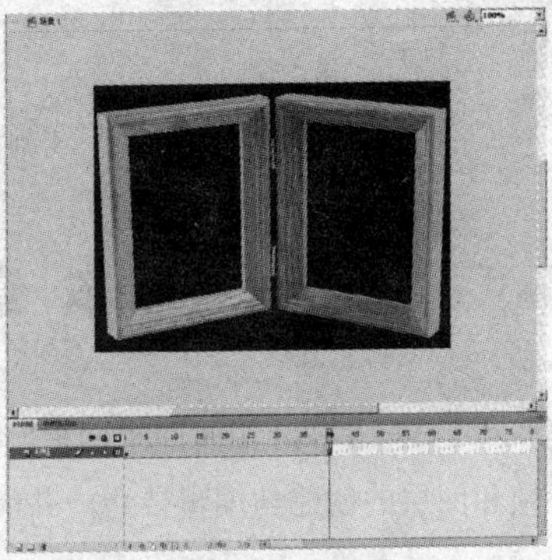

图 4.4.3　编辑图片

（6）单击时间轴中的“新建图层”按钮，新建一个名称为“图片”的图层，然后将其拖曳到“相框”图层的下方。

（7）选择菜单栏中的 文件(F) → 导入(I) → 导入到库(L)... 命令，弹出“导入到库”对话框，按住“Ctrl”键选中 6 幅图片，将其导入到库面板中，如图 4.4.4 所示。

（8）单击时间轴面板中的“锁定图层”按钮，锁定“相框”图层。

（9）选中“图片”图层，分别在第 15 帧和第 30 帧上按“F6”键，插入关键帧。

（10）选中“图片”图层中的第 1 帧，从库面板中选取两幅图片将其拖曳到舞台中，并使用任意变形工具对图片进行斜切和缩放，效果如图 4.4.5 所示。

图 4.4.4　库面板

图 4.4.5　第 1 帧中的图片效果

（11）选中“图片”图层中的第 15 帧和第 30 帧，重复步骤（10）的操作，分别在各帧上拖入两幅图片，并对其进行变形，效果如图 4.4.6 所示。

（12）按“Ctrl+Enter”键，测试动画效果，最终效果如图 4.4.1 所示。

第 15 帧

第 30 帧

图 4.4.6　分别在各关键帧上拖入图片

本 章 小 结

本章主要介绍了 Flash CS4 中时间轴面板、帧以及图层的操作方法与技巧，通过本章的学习，读者应熟练掌握帧和图层的创建与编辑技巧，并能灵活应用帧和图层制作出优秀的 Flash 动画作品。

操 作 练 习

一、填空题

1．__________是整个 Flash 动画的核心，使用它可以组织和控制动画中的内容在特定的时间出现在画面上。

2．播放头的上面有一条红色的指示线，它主要的作用是__________和__________。

3．在 Flash CS4 中，可以把帧分为__________、__________和__________3 种类型。

4．在 Flash CS4 中，在 Flash CS4 中，图层包括__________、__________、__________以及__________4 种类型。

5．在 Flash CS4 中，图层的所有操作都可以在__________对话框中进行相关设置。

二、选择题

1．在 Flash CS4 中，（　）是构成 Flash 动画的基本单位。

（A）帧　　（B）实例

（C）图层　　（D）场景

2．用来定义动画中某一时刻新的状态的是（　）。

（A）关键帧　　（B）空白帧

（C）空白关键帧　　（D）普通帧

3．在 Flash CS4 中，按（　）键可插入关键帧。

（A）F5　　（B）F6

（C）F7　　（D）F8

4．在 Flash CS4 中，按（　）键可插入空白关键帧。

（A）F7　　（B）F8

（C）F5　　（D）F6

5．在 Flash CS4 中，按住（　）键，可选取多个连续的图层。

（A）Shift　　（B）Alt

（C）Ctrl　　（D）全错

三、简答题

1．简述帧和图层的类型。

2．如何调整图层与图层文件夹的顺序？

3．在 Flash CS4 中，可以通过几种方法删除图层与图层文件夹？

四、上机操作题

1．熟悉时间轴面板的组成元素。

2．使用本章所学的知识，制作一幅简单的动漫效果图。

第 5 章 应用元件与实例

元件、实例和库面板是 Flash 动画的重要组成部分，合理地使用它们可以有效地缩小动画的体积。通过本章的学习，读者将学会元件、实例和库资源的使用方法。

知识要点

- 库面板
- 创建元件
- 创建与编辑实例

5.1 库 面 板

启动 Flash 后，系统会自动创建一个附属于动画的库，用户可以将影片中用到的对象存储在库中，以备再次使用时调用。当用户创建新元件后，该元件会自动被添加到库中。

在默认情况下，Flash CS4 中的库面板显示在其工作界面的右侧，若无显示，可通过选择菜单栏中的 窗口(W) → 库(L) 命令，即可打开库面板，如图 5.1.1 所示。对库面板中的各项说明如下。

（1）“新建元件”按钮：用于创建元件。

（2）“新建文件夹”按钮：用于创建文件夹。

（3）“属性”按钮：用于设置所选库元素的属性。

（4）“删除”按钮：用于删除所选库元素。

（5）：用于新建一个相同的库面板。

（6）“播放”按钮：单击此按钮，可以对元件中的动画效果进行预览。

（7）“停止”按钮：单击此按钮，可以停止预览元件中的动画效果。

（8）“面板菜单”按钮：用于打开库面板的菜单，从中选择需要的选项，如图 5.1.2 所示。

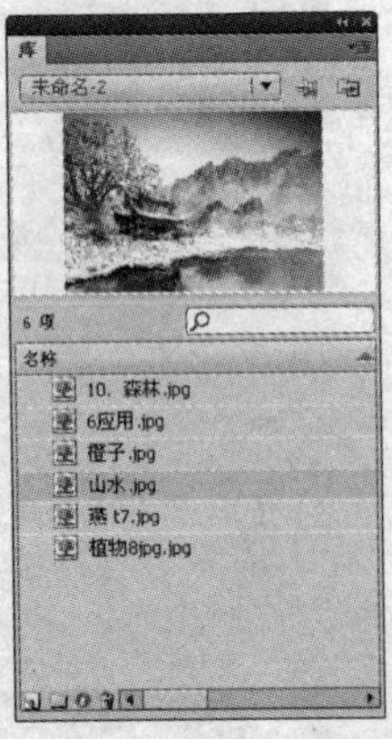

图 5.1.1 库面板

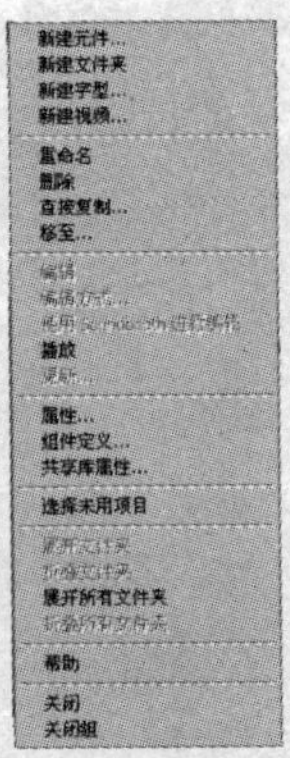

图 5.1.2 “库面板”菜单

此外，Flash CS4 还自带了许多公用库资源，分别存放在 按钮 和 类 库中，用户可以直接使用它们。选择菜单栏中的 窗口(W) → 公用库(N) 命令下的子菜单命令，打开公用库，如图 5.1.3 所示。

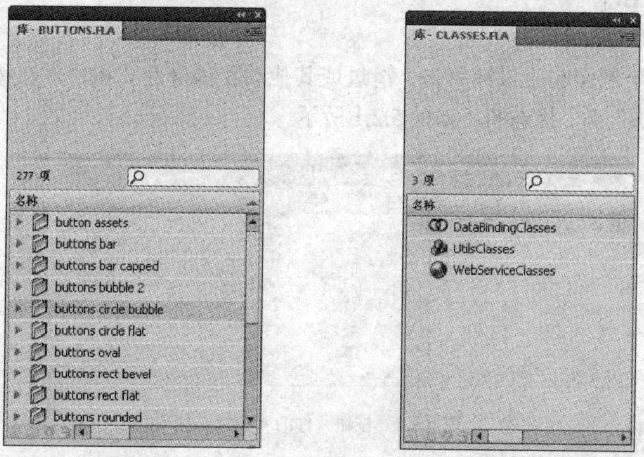

“按钮”库　　“类”库

图 5.1.3　两种不同的公用库

（1）“按钮”库：该库中提供了不同外观的按钮。

（2）“类”库：该库中只提供了预设的 3 个类，当用户引用它们后，可以实现数据链接和网络服务器设置等功能。

提示：如果使用了公用库中提供的元件，该元件也会同时被添加到当前文档的库面板中。

5.2　元件的类型

元件是指在 Flash 中可重复使用的图形、按钮和影片剪辑等，元件只需创建一次，即可在整个文档中重复使用。如果对元件的内容进行更改，那么，由它创建而成的所有实例都会随之更新，而不必逐一进行更改，大大节省了用户的时间，简化了动画的编辑过程。

5.2.1　影片剪辑元件

影片剪辑元件其实就是一段 Flash 动画，它可以响应脚本行为，拥有独立的时间轴，用于创建可重复使用的动画片段，是主动画的一个组成部分，也是功能最多的元件。

影片剪辑元件和图形元件的主要区别在于：影片剪辑元件支持 ActionScript 和声音，具有交互性，它本身就是一段小动画，能够独立播放，可以包含交互控制、声音以及其他影片剪辑的实例。

5.2.2　图形元件

图形元件是静态的，用于创建可反复使用的图形，通常用于静态的图形或简单的动画，它可以是矢量图形、图像、动画或声音。图形元件的时间轴和影片场景的时间轴同步运行，但它不能添加交互行为和声音控制。

5.2.3 按钮元件

按钮元件用于制作响应鼠标单击、滑过或其他动作的交互式按钮。在按钮中有“弹起”“指针”“按下”和“点击”4个状态帧，如图5.2.1所示。

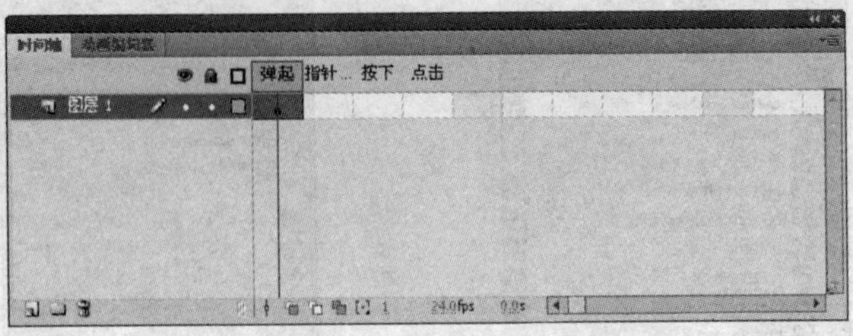

图 5.2.1　按钮元件的 4 个状态帧

对4个状态帧说明如下。

（1）弹起：指鼠标指针没有接触按钮时的状态，是按钮的初始状态，其中包括一个默认的关键帧，可以在此状态帧中绘制各种图形或者插入影片剪辑元件。

（2）指针...：指鼠标指针移动到该按钮上方，但没有按下鼠标时的状态。如果需要在鼠标指针移动到该按钮上方时显示一些内容，可以在此状态帧中添加内容。

（3）按下：指鼠标指针移动到按钮上方并按下鼠标左键时的状态。如果需要在按下按钮时显示一些内容，就需要在此状态帧中绘制图形或添加影片剪辑元件。

（4）点击：指定义按钮的作用范围，这是非常重要的一帧，可以使用此状态帧来制作隐藏按钮。

5.3 创 建 元 件

在Flash CS4中，用户可以采用直接创建元件、将对象转换成元件以及将动画转换成元件3种方法来创建元件。由于影片剪辑元件、按钮元件和图形元件3种元件的创建方法相同，下面就以影片剪辑元件为例介绍元件的创建方法。

5.3.1 直接创建新元件

直接创建元件的具体操作步骤如下。

（1）选择菜单栏中的插入(I)→新建元件(N)...命令，弹出“创建新元件”对话框，如图5.3.1所示。

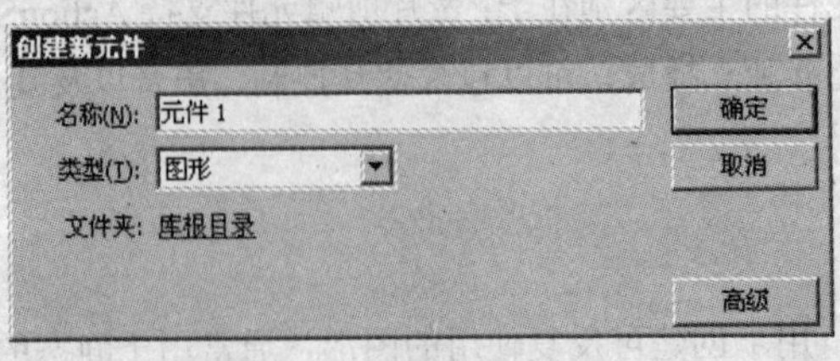

图 5.3.1　“创建新元件”对话框

（2）在名称(N):文本框中输入要创建元件的名称。

（3）在类型(T):下拉列表中可选择要创建的元件类型。

（4）单击 确定 按钮，即可进入该元件的编辑窗口。

5.3.2　转换对象为元件

将对象转换为元件的具体操作步骤如下。

（1）选择菜单栏中的 修改(M) → 转换为元件(C)... F8 命令或按“F8”键，弹出“转换为元件”对话框，如图 5.3.2 所示。

图 5.3.2　“转换为元件”对话框

（2）在 类型(T): 下拉列表中选择“图形”选项，设置元件的类型为“图形”。

（3）在 名称(N): 文本框中输入图形元件的名称。

（4）在 注册(R): 选项区中设置图形元件注册点的位置，共有 9 个选项，用户可以根据需要进行选择。如图 5.3.3 所示为注册点在左上角和右下角时的效果。

注册点在左上角　　注册点在右下角

图 5.3.3　注册点在左上角和右下角时的效果

（5）单击 确定 按钮，即可将对象转换为元件。

5.3.3　将动画转换为元件

将动画转换成元件的操作步骤如下。

（1）打开要转换为影片剪辑的动画，在时间轴面板中从左上向右下拖动鼠标，选中该动画的所有帧，如图 5.3.4 所示。

（2）单击鼠标右键，在弹出的快捷菜单中选择 复制帧 命令复制选取帧。

（3）选择菜单栏中的 插入(I) → 新建元件(N)... Ctrl+F8 命令，弹出“创建新元件”对话框。

（4）在 名称(N): 文本框中输入要创建元件的名称，在类型下拉列表中选择 影片剪辑 选项。

（5）单击 确定 按钮，进入影片剪辑元件的编辑窗口。

（6）选中第 1 帧，单击鼠标右键，在弹出的快捷菜单中选择 粘贴帧 命令，将所复制的帧粘贴到影片剪辑元件的时间轴上即可。

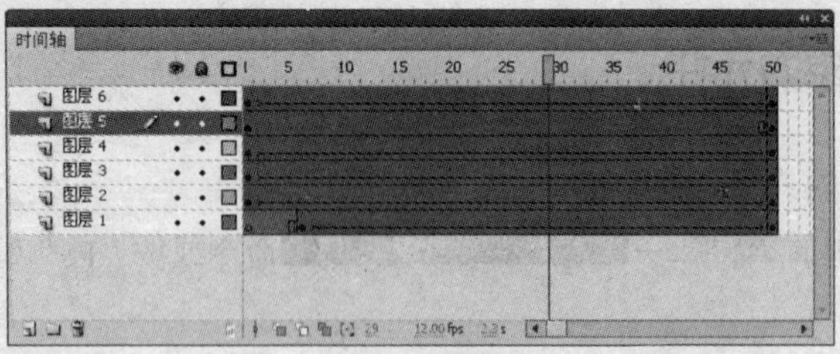

图 5.3.4 选中所有帧

5.4 创建与编辑实例

用户可以将实例理解为元件在动画中的应用，在创建了元件之后，就可以在动画中的任何地方（场景或其他元件的编辑窗口中）创建它的实例了。如果对实例进行操作，将不会影响到元件自身的属性。

5.4.1 创建实例

如果要创建实例，只需在库面板中选中要创建实例的元件，然后按住并拖动它到需要的地方，释放鼠标即可，如图 5.4.1 所示。

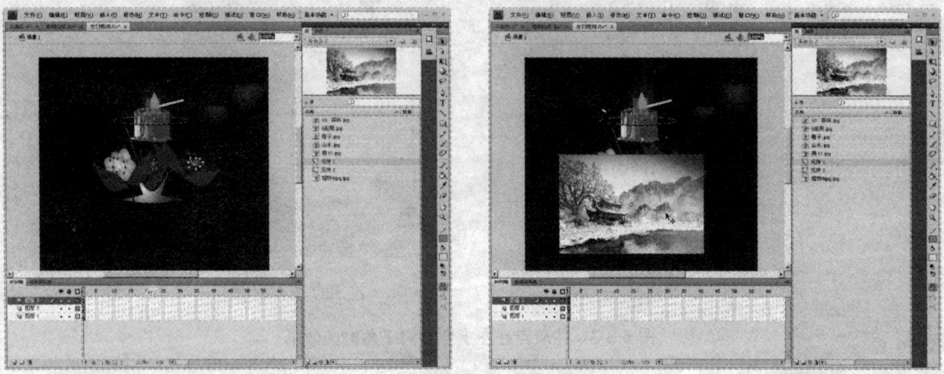

图 5.4.1 创建实例

注意：在默认情况下，实例会被添加到当前图层的第 1 帧中，如果需要将其添加到特定的帧中，则必须事先插入关键帧。

5.4.2 修改实例的类型

用户可更改实例的类型，以重新定义它在动画中的表现。例如，如果创建的图形元件包含动画，而该动画又可以在主时间轴中独立播放，则可将它重新定义为影片剪辑实例，具体操作步骤如下。

（1）在舞台中选择该图形元件实例，并打开其属性面板。

（2）单击 图形 ▼ 下拉按钮，弹出其下拉列表。该列表中包含 3 个选项，分别为图形、按钮和影片剪辑，这里选择影片剪辑，如图 5.4.2 所示。

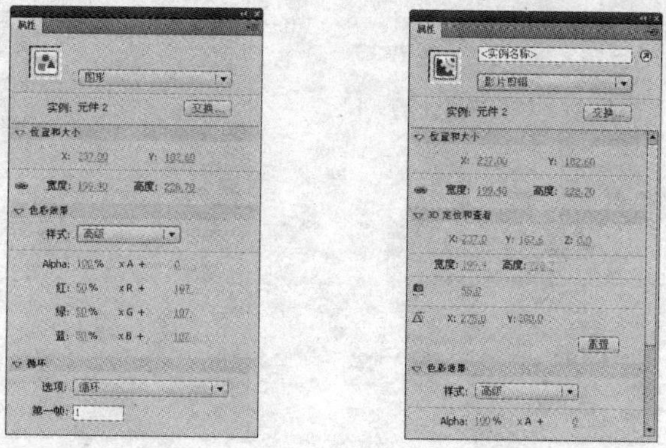

更改前　　　　　　更改后

图 5.4.2　更改实例的类型

5.4.3　修改实例的颜色和透明度

用户可以在属性面板中设置实例的颜色和透明度，具体操作步骤如下。

（1）在舞台中选择一个元件实例。

（2）打开该实例的属性面板，如图 5.4.3 所示。

（3）如果要设置实例的颜色和透明度，可在属性面板的 样式: 下拉列表中选择相应的选项进行设置，如图 5.4.4 所示。其各选项的含义介绍如下。

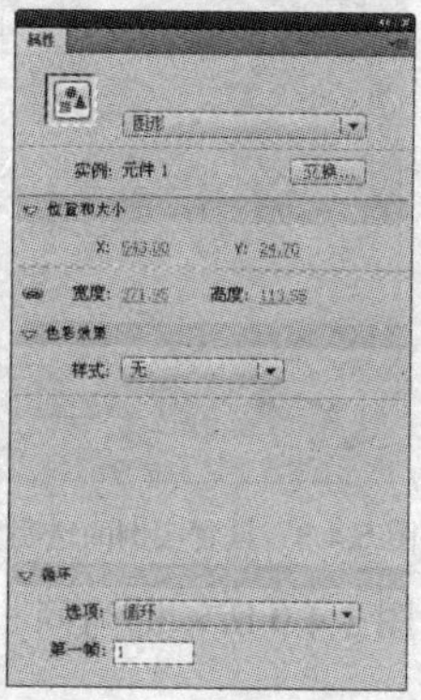

图 5.4.3　实例的属性面板

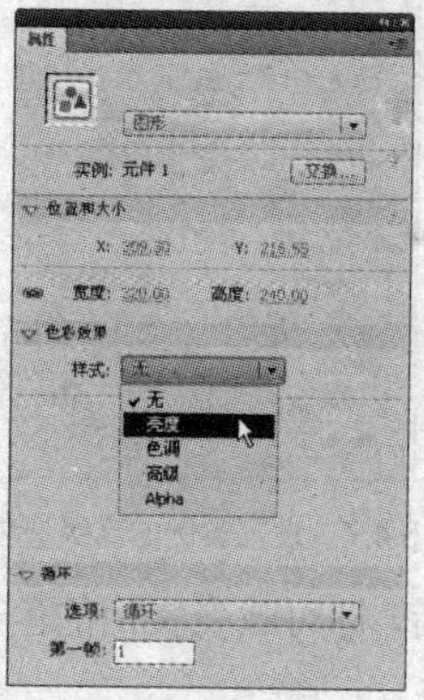

图 5.4.4　“样式”下拉列表

1）无：不设置颜色效果。

2）亮度：设置实例的亮度。可直接在文本框中输入数值或拖动滑杆上的滑块调整图像的亮度值。当该值为 100%时，图像为纯白色；当该值为－100%时，图像为黑色，如图 5.4.5 所示。

3）色调：设置实例的颜色。通过覆盖颜色更改实例的颜色，色调属性有“颜色”按钮 、“色彩数量”文本框 50 % 及 红:、绿:、蓝: 设置区等多个参数，用户可以单击“颜色”按钮 ，在打开的颜色列表中选择覆盖颜色，或者在 红:、绿:、蓝: 设置区中分别输入红、绿、蓝 3 种颜色的值获取覆盖颜色，如图 5.4.6 所示。

选中覆盖颜色后，用户可以在“色彩数量”文本框 50 % 中输入颜色的覆盖程度，当该值为 0 时，表示实例不被所选的颜色覆盖；当该值为 100%时，表示实例完全被所选颜色覆盖。在默认情况下，色调的色彩数量为 50%。

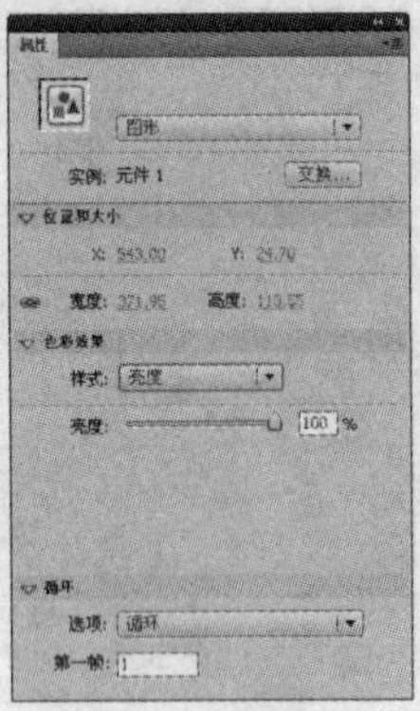

图 5.4.5　设置实例的亮度

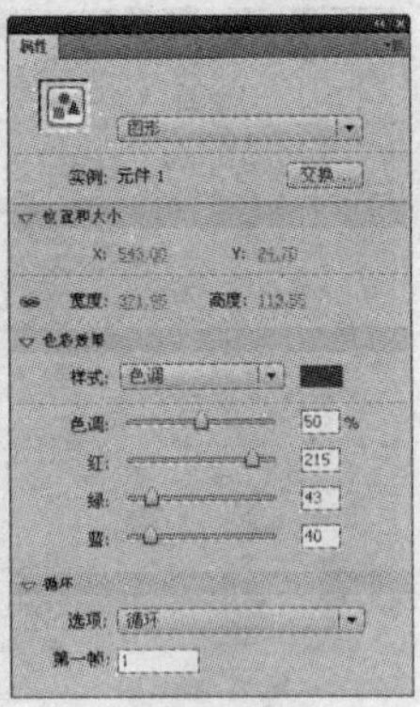

图 5.4.6　设置实例的色调

4）高级：单独设置实例的红、绿、蓝三原色和透明度，其属性面板如图 5.4.7 所示。用户可以在其中调节红、绿、蓝和 Alpha 的值，最终颜色的值是将当前红、绿、蓝和 Alpha 的值乘以左边的百分数，然后再加上右边的常数值。

5）Alpha：设置实例的透明度。通过拖曳 Alpha: 右侧的滑块或在其文本框 100 % 中输入数值，可以更改实例的透明程度。用户可以在其中输入一个 0～100%之间的数值。在默认情况下，Alpha 数量为 100%，即实例完全不透明，如图 5.4.8 所示。

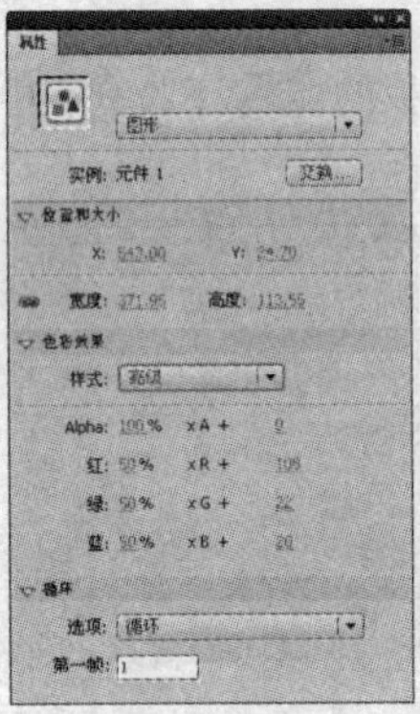

图 5.4.7　设置实例的高级选项

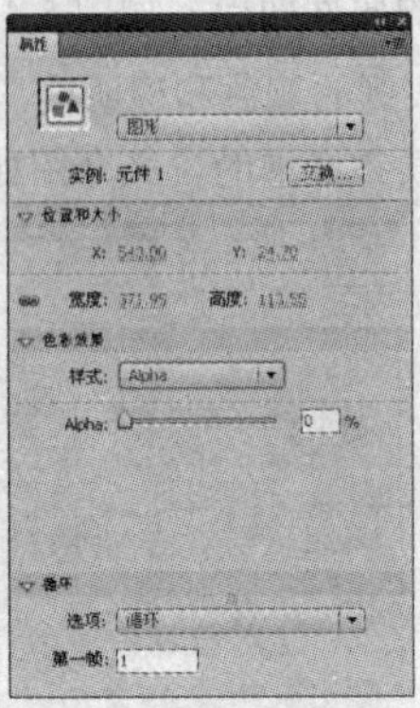

图 5.4.8　设置实例的透明度

（6）设置好参数后，即可改变实例的色彩效果，如图 5.4.9 所示即为同一个元件实例应用不同设置后的效果。

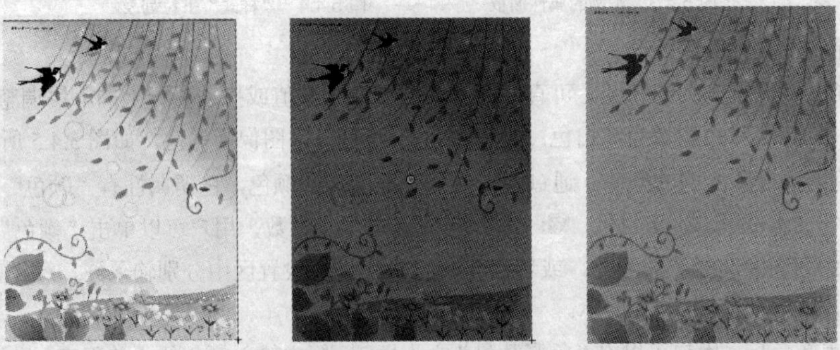

无　　亮度　　色调

图 5.4.9　实例的不同色彩效果

高级　　　　　　　　Alpha

图 5.4.9　实例的不同色彩效果（续）

5.4.4　使用其他元件替换实例

在 Flash CS4 中，用户可给实例更换元件，以改变显示效果，且该实例将保留原来的属性，具体操作步骤如下。

（1）选中舞台中创建的实例。

（2）在属性面板中的 样式: 下拉列表中选择 高级 选项，并调整其数值，效果如图 5.4.10 所示。

（3）单击该实例属性面板中的 交换... 按钮，在弹出的“交换元件”对话框中将当前的实例更改为其他元件的实例，如图 5.4.11 所示。

图 5.4.10　设置实例的高级选项

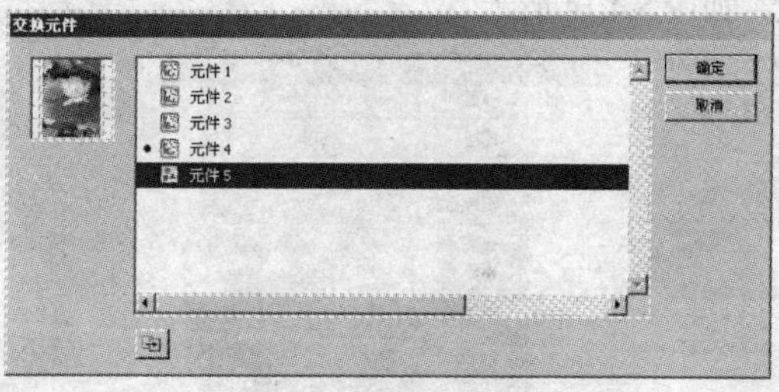

图 5.4.11　“交换元件”对话框

（4）在该对话框中的元件列表中用鼠标双击“元件 5”图标，此时，舞台中将显示替换后的实例，如图 5.4.12 所示。

图 5.4.12　替换实例效果

提示：虽然在舞台中该实例的元件被替换，但是在替换后实例的属性面板中仍然保留了原实例的属性。

5.4.5 修改图形元件实例的播放模式

如果用户创建的图形元件实例中包含着动画，可使用属性面板设置动画的播放模式。具体操作步骤如下。

（1）选中舞台中图形元件的实例，并打开该实例的属性面板。

（2）单击该实例属性面板中的 循环 下拉按钮，弹出其下拉列表，该列表包含 3 个选项，分别为循环、播放一次和单帧，其各选项含义介绍如下。

1）循环：动画播放结束后再从头播放。

2）播放一次：动画从头至尾只播放一次。

3）单帧：显示动画中的任意帧。

（3）在该列表中选择合适的选项，即可设置图形元件实例中动画的播放模式。

5.4.6 为实例添加滤镜和混合模式效果

单击属性面板中 混合: 选项右侧的下拉列表框，从弹出的下拉列表中可以选择实例的混合模式，如图 5.4.13 所示。

单击属性面板中 ▽ 滤镜 选项区下方的“添加滤镜”按钮，从弹出的下拉菜单中可以为实例添加滤镜特效，如图 5.4.14 所示。

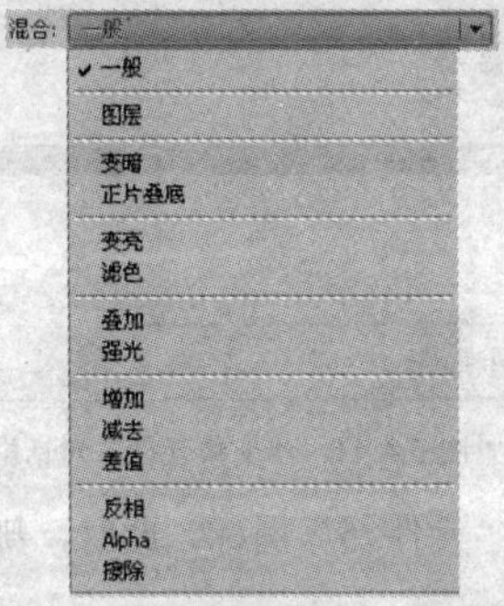

图 5.4.13 “混合模式”下拉列表

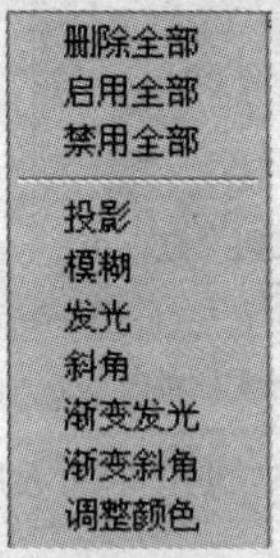

图 5.4.14 “滤镜”下拉菜单

注意：在 Flash CS4 中，滤镜只能应用于影片剪辑实例和按钮实例中。

5.4.7 分离实例

如果用户要对某个元件的实例进行修改，而不影响该元件，可以将该实例分离成图形后，再对其进行修改。其具体操作如下。

（1）使用选择工具选取实例。

（2）选择菜单栏中的 修改(M) → 分离(K) 命令，即可将该实例分离，如图 5.4.15 所示。

分离前

分离后

图 5.4.15　分离实例效果

5.5　上机实战——制作壁纸效果

本节将使用前面所学的内容制作壁纸效果，最终效果如图 5.5.1 所示。

图 5.5.1　最终效果图

操作步骤

（1）启动 Flash CS4 应用程序，新建一个 Flash 文档。

（2）选择 文件(F) → 导入(I) → 导入到库(L)... 命令，弹出如图 5.5.2 所示的“导入到库”对话框，然后按住“Ctrl”键选中两幅图片，将其导入到库面板中，效果如图 5.5.3 所示。

图 5.5.2　“导入到库”对话框

图 5.5.3　库面板

（3）双击库面板中的图片名称，分别将其更改为“人物”和“蝴蝶”，如图 5.5.4 所示。

（4）按“Ctrl+F8”键，弹出“创建新元件”对话框，设置其对话框参数如图 5.5.5 所示。设置好参数后，单击 确定 按钮，进入该元件的编辑窗口。

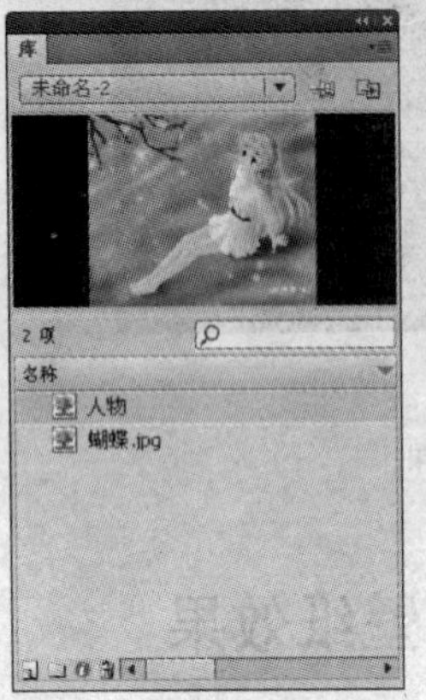

图 5.5.4　更改库中对象的名称

图 5.5.5　“创建新元件”对话框

（5）从库面板中将“蝴蝶”图片拖曳到舞台中，效果如图 5.5.6 所示。

（6）使用选择工具选中舞台中的图片，按“Ctrl+B”键将其分离，效果如图 5.5.7 所示。

图 5.5.6　拖入图片

图 5.5.7　分离图片

（7）单击工具箱中的“套索工具”按钮，抠出舞台中的蝴蝶图像。

（8）单击 场景 1 按钮，返回场景 1。

（9）从库面板中将人物图片拖曳到舞台中，并使用任意变形工具调整其与舞台相等的大小，如图 5.5.8 所示。

（10）从库面板中将创建的“蝴蝶”元件拖曳到舞台中，效果如图 5.5.9 所示。

图 5.5.8　拖入图片

图 5.5.9　拖入“蝴蝶”元件

（11）按住“Alt”键，在舞台中拖曳出一个“蝴蝶”实例副本，并对其进行变形，然后在属性面板中为实例应用色彩样式效果，如图 5.5.10 所示。

图 5.5.10　复制并调整实例的颜色

（12）重复步骤（11）的操作，在舞台中拖曳出 2 个实例副本，并在属性面板中修改实例的颜色，效果如图 5.5.11 所示。

图 5.5.11　复制并更改实例颜色效果

（13）按“Ctrl+Enter”键测试动画效果，最终效果如图 5.5.1 所示。

本 章 小 结

本章主要介绍了 Flash CS4 中元件与实例的应用，包括库面板、元件的类型、创建元件以及创建与编辑实例等知识。通过本章的学习，读者应该熟练掌握元件与实例的相关概念和基本操作方法，以提高工作效率。

操 作 练 习

一、填空题

1. 在 Flash 动画中出现的任何内容都是由_________组成的，所有的元件都存放在_______面板中。

2．所谓元件是指可重复使用的________、________或________等。

3．________元件用于创建可反复使用的图形，通常用于静态的图形或简单的动画。

4．________是一种特殊的对象，它只需要创建一次，即可在整个文件中重复使用。

5．Flash CS4 提供的库面板有两种：一种是________的库，另一种是________的库。

6．Flash CS4 中有两种类型的公用库，分别是________和________。

二、选择题

1．按（　）键，可以打开库面板。

（A）Ctrl+F8　　（B）F8

（C）Ctrl+F11　　（D）Ctrl+L

2．按（　）键，可以创建新的元件。

（A）Ctrl+F8　　（B）F8

（C）Ctrl+F11　　（D）Ctrl+L

3．Flash CS4 的内置公用库包括（　）。

（A）组件　　（B）按钮

（C）类　　（D）学习交互

4．（　）是 Flash CS4 最常用的元件类型。

（A）影片剪辑元件　　（B）按钮元件

（C）实例　　（D）图形元件

三、简答题

1．简述图形元件与影片元件的区别。

2．简述如何修改实例的颜色。

3．在 Flash CS4 中，如何对实例进行分离和替换操作？

四、上机操作题

1．利用本章所学的内容，制作一个按钮控制动画效果。

2．利用本章所学的内容，制作一个星光闪烁的影片剪辑。

第 6 章　动 画 制 作

Flash 动画采用矢量绘图技术，当动画画面无限放大时，画面质量不会损失，并且大大缩小了动画文件的大小。在制作动画的过程中，往往需要在一个 Flash 作品中综合应用不同类型的动画，因此，只有掌握了这些动画的制作方法，才能制作出更加形象、生动的 Flash 作品。

知识要点

- 逐帧动画
- 传统补间动画
- 补间形状动画
- 引导层动画
- 遮罩动画
- 骨骼动画

6.1　逐 帧 动 画

逐帧动画是 Flash 中最简单的动画，就像电影的底片一样，需要一帧帧的制作，并且每一帧都是相互独立的关键帧。由于逐帧动画各帧的内容不同，因此制作起来非常费时，并且生成的文件体积较大，但它具有较大的灵活性，适合表现细腻的动画。

6.1.1　外部导入方式创建逐帧动画

在 Flash CS4 中可以通过外部导入方式创建逐帧动画，允许导入的文件包括 gif 序列图像、swf 动画文件或者利用第三方软件（如 swish、swift 3D 等）产生的动画序列。下面以导入 gif 序列图像为例介绍逐帧动画的制作方法，其具体步骤如下。

（1）启动 Flash CS4 应用程序，新建一个文件。

（2）按“Ctrl+R”键，弹出“导入”对话框，如图 6.1.1 所示。

（3）选中一幅 gif 图像，然后单击 打开(O) 按钮，即可将其导入到舞台中，如图 6.1.2 所示。

图 6.1.1　“导入”对话框

图 6.1.2　导入 gif 序列图像

（4）按“Ctrl+J”键，弹出“文档属性”对话框，用户可以在此对话框中将舞台的大小调整为与导入的序列图像大小一致，如图 6.1.3 所示。

（5）设置好参数后，单击 确定 按钮，效果如图 6.1.4 所示。

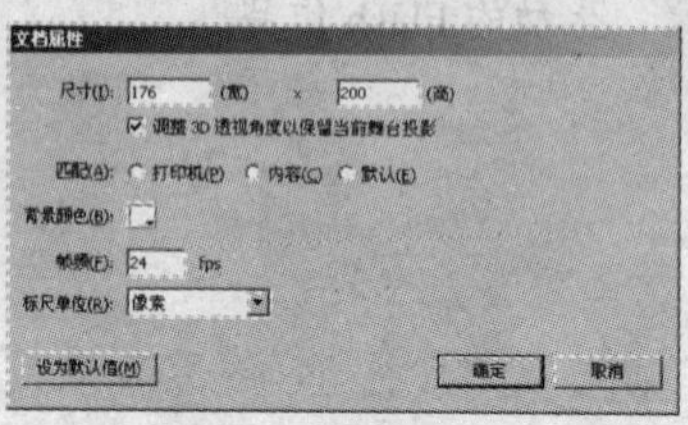

图 6.1.3 “文档属性”对话框

图 6.1.4 调整舞台大小效果

（6）按“Ctrl+Enter”键，即可预览创建的逐帧动画效果。

6.1.2 在 Flash 中制作逐帧动画

下面将通过制作一个实例，来讲解在 Flash 中制作逐帧动画方法，具体操作步骤如下。

（1）启动 Flash CS4 应用程序，新建一个 Flash 文档。

（2）选择菜单栏中的 窗口(W)→颜色(C) 命令，打开颜色面板，设置其面板参数如图 6.1.5 所示。

（3）单击工具箱中的“矩形工具”按钮，绘制一个与舞台大小相等的矩形，然后使用渐变变形工具调整渐变填充的角度和方向。

（4）使用钢笔工具在舞台中绘制一个山体轮廓，然后将其填充为黑色，效果如图 6.1.6 所示。

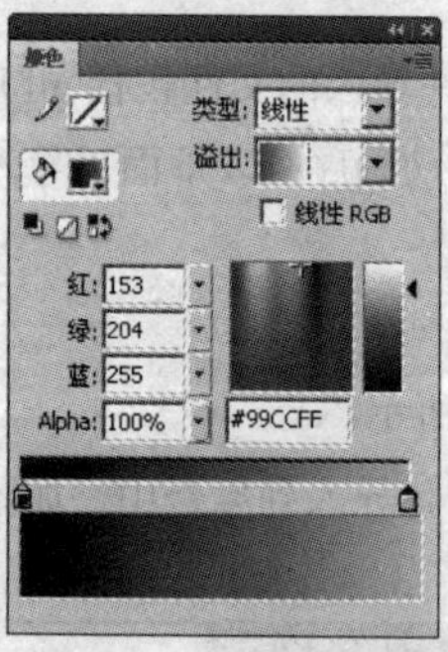

图 6.1.5 颜色面板

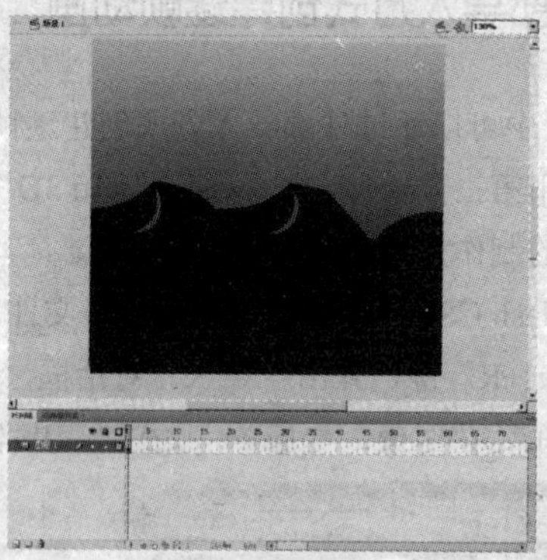

图 6.1.6 第 1 帧

（5）在图层 1 的第 5 帧处插入关键帧，然后将山图形的填充色更改为“#3399FF”，再将背景渐变色更改为“#666666”到“#3399FF”色的线性渐变，如图 6.1.7 所示。

（6）在图层 1 的第 10 帧处插入关键帧，然后将山图形的填充色更改为“#666600”，再将背景色中第 2 个色标的 Alpha 值设置为“20%”。

（7）使用钢笔工具在舞台中绘制一个椰子树顶部的的图形，并将其填充为绿色，效果如图 6.1.8 所示。

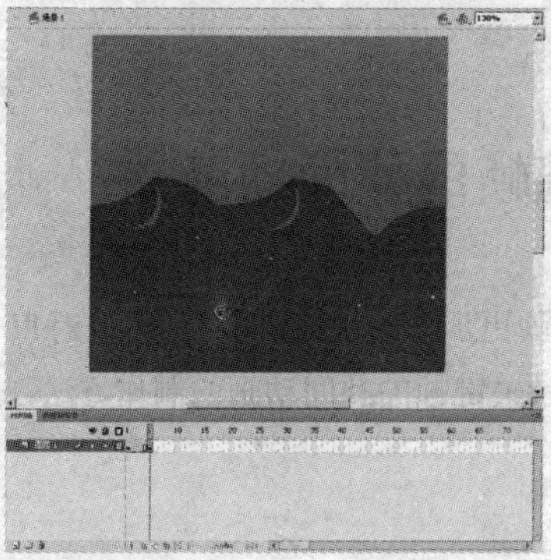

图 6.1.7 第 5 帧

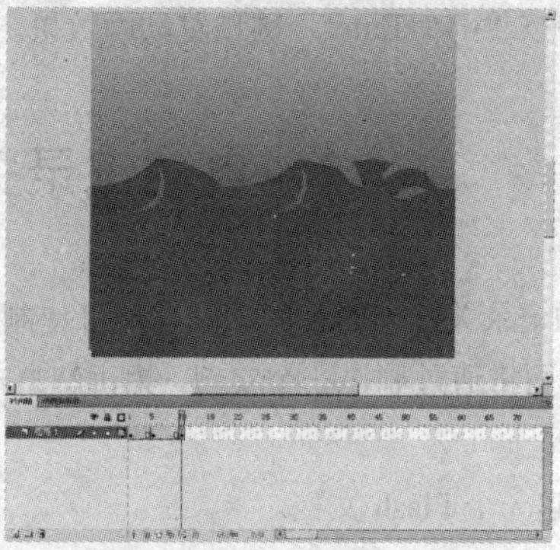

图 6.1.8 第 10 帧

（8）在图层 1 的第 15 帧处插入关键帧，然后删除舞台中的矩形图形，将舞台的背景色更改为“#99FFFF”，再使用绘图工具绘制在舞台中绘制如图 6.1.9 所示的图形对象。

（9）在图层 1 的第 20 帧处插入关键帧，然后使用绘图工具在舞台中绘制如图 6.1.10 所示的图形对象。

图 6.1.9 第 15 帧

图 6.1.10 第 20 帧

（10）在图层 1 的第 25 帧处插入关键帧，然后使用绘图工具在舞台中绘制如图 6.1.11 所示的图形对象。

（11）在图层 1 的第 30 帧处插入关键帧，使用绘图工具在舞台中绘制太阳升起的效果，如图 6.1.12 所示。

图 6.1.11 第 25 帧

图 6.1.12 第 30 帧

（12）在动画的每一帧中创建不同的内容后，当播放动画时，Flash 将会一帧一帧地显示每一帧中的内容，可按“Ctrl+Enter”键预览动画效果。

6.2　自动记录关键帧的补间动画

使用自动记录关键帧的补间动画功能可使制作动画更加方便快捷，同时还可以对每一帧中的对象进行编辑。下面将通过制作一个实例，来讲解自动记录关键帧的补间动画的制作方法，具体操作步骤如下。

（1）新建一个 Flash 文档。

（2）选中第 1 帧，按“Ctrl+R”键导入一幅素材，效果如图 6.2.1 所示。

（3）选中舞台中的图片，按“F8”键弹出“转换为元件”对话框，设置其对话框参数如图 6.2.2 所示。设置好参数后，单击 确定 按钮，即可将位图转换为元件。

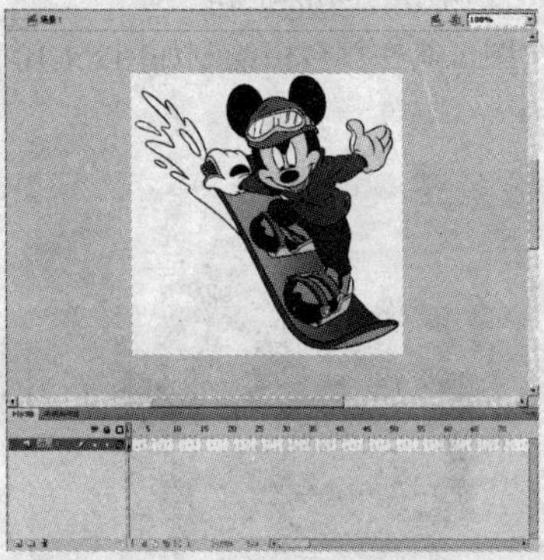

图 6.2.1　导入素材

图 6.2.2　将图片转换为元件

（4）选中第 20 帧，按“F6”键插入关键帧。

（5）在第 1 帧至第 20 帧之间的任意一帧上单击鼠标右键，从弹出的快捷菜单中选择 创建补间动画 命令，创建一段运动补间动画。

（6）选中第 1 帧，单击工具箱中的“任意变形工具”按钮，将实例的中心点移至如图 6.2.3 所示的位置，然后将实例缩小一定的距离，效果如图 6.2.4 所示。

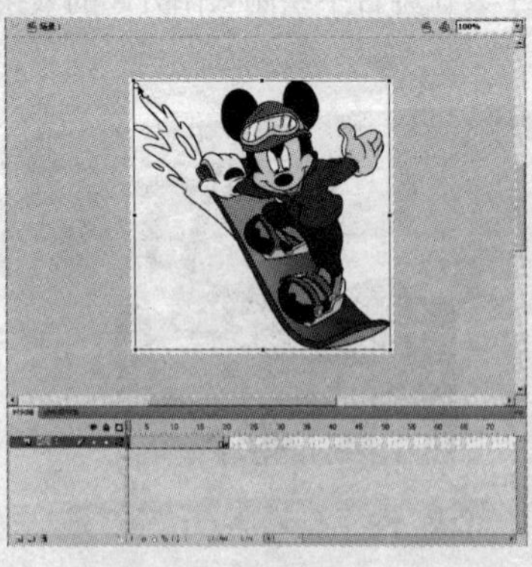

图 6.2.3　移动实例的中心点

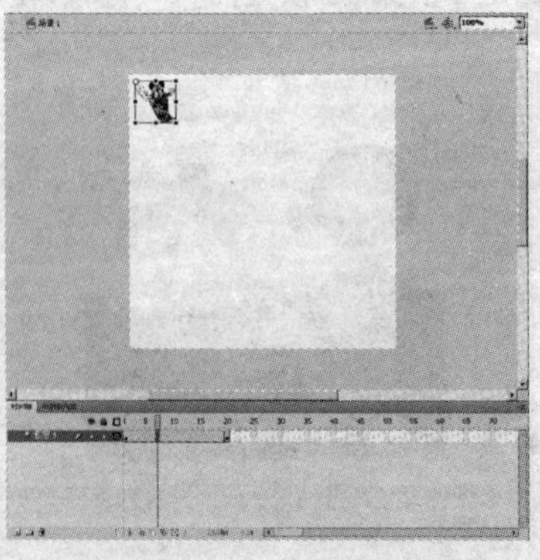

图 6.2.4　第 1 帧中的对象

（7）分别在图层 1 的第 5，10，15 帧上使用任意变形工具调整实例的大小及位置，效果如图 6.2.5 所示。

（8）使用选择工具将生成的路径调整为弧线，再使用部分选取工具，在舞台中调整路径上每个点的位置，效果如图 6.2.6 所示。

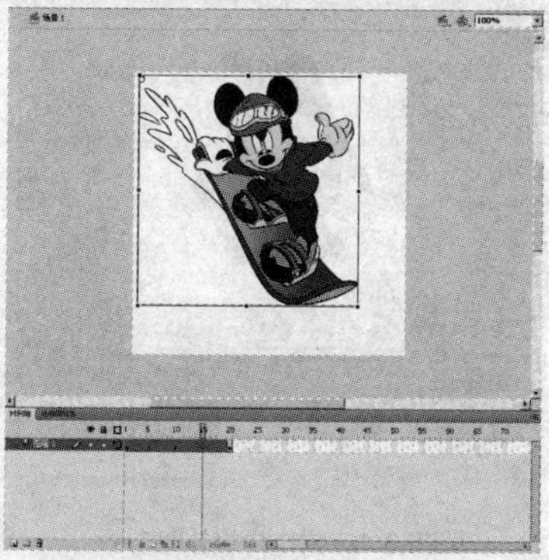

图 6.2.5　第 15 帧中的对象

图 6.2.6　调整路径上每个点的位置

（9）按“Ctrl+Enter”键即可测试动画效果。

6.3　传统补间动画

传统补间动画是根据同一对象在连续个关键帧中大小、位置、旋转、倾斜以及透明度属性的差别计算生成的，通常用于表现图形对象的移动、放大、旋转等变化。各关键帧之间用淡紫色背景的黑色箭头表示。

6.3.1　创建传统补间动画

下面通过一个实例来介绍传统补间动画的制作方法，操作步骤如下。

（1）选中图层 1 中的第 1 帧，在舞台中创建一个实例元件，如图 6.3.1 所示。

（2）选中图层 1 中的第 60 帧，按“F6”键插入关键帧，并在其属性面板中设置实例的“高级”选项，效果如图 6.3.2 所示。

图 6.3.1　创建实例元件

图 6.3.2　调整实例颜色

（3）选中第 60 帧上的实例，对舞台中的实例进行水平翻转，效果如图 6.3.3 所示。

（4）在第 1 帧至第 60 帧间的任意一帧上单击鼠标右键，从弹出的快捷菜单中选择创建传统补间命令，此时的时间轴面板如图 6.3.4 所示。

图 6.3.3　水平翻转实例

图 6.3.4　制作传统补间动画

（5）至此，该传统补间动画已制作完成，按“Ctrl+Enter”键即可预览动画效果。

6.3.2　传统补间动画属性设置

创建传统补间动画后，其属性面板显示如图 6.3.5 所示，在此面板中可以对创建的传统补间动画属性进行设置，各选项含义介绍如下。

（1）缓动：与形状补间动画中的缓动：意义相同，这里就不再赘述。

（2）旋转：用于设置对象是否旋转，在其下拉列表中有 4 个选项，分别为“无”“自动”“顺时针”和“逆时针”，如图 6.3.6 所示。

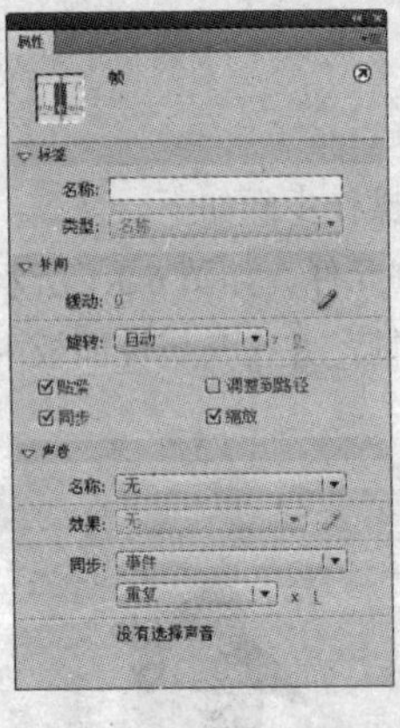

图 6.3.5　“传统补间动画”属性面板

图 6.3.6　“旋转”下拉列表

1）无：设置对象不旋转。

2）自动：设置对象以最小的角度进行旋转。

3）顺时针：设置对象沿顺时针方向进行旋转，在其后的文本框中可输入旋转的圈数。

4）逆时针：设置对象沿逆时针方向进行旋转，在其后的文本框中可输入旋转的圈数。

（3）☑贴紧：选中该复选框，使对象在沿路径运动时能够自动地捕捉路径。

（4）☑调整到路径：选中该复选框，使对象沿设定的路径运动。

（5）☑同步：选中该复选框，使动画循环播放。

（6）☑缩放：选中该复选框，允许对象在运动过程中改变大小。

6.4　补间形状动画

补间形状动画的工作原理是首先由用户制作好两个关键帧，然后再由 Flash 通过计算生成中间各帧，从而使动画从一个关键帧自然地过渡到另一个关键帧。

6.4.1　创建补间形状动画

形状补间动画的制作流程是：首先制作两个关键帧，然后在这两个关键帧之间添加形状补间。下面制作由星星变月亮的形状补间动画，其操作步骤如下。

（1）启动 Flash CS4 应用程序，新建一个文件。

（2）单击工具箱中的“多角星形工具”按钮，在舞台中绘制一个如图 6.4.1 所示的图形。

（3）选中第 30 帧，按“F6”键，插入关键帧，然后删除该帧上的星星图形。

（4）单击工具箱中的“椭圆工具”按钮，按住“Shift”键，在舞台中绘制两个叠加的圆形，然后使用选择工具选中上方的圆形，按“Delete”键删除选中的图形，效果如图 6.4.2 所示。

图 6.4.1　绘制星星

图 6.4.2　绘制月亮

（5）选中第 1 帧至第 30 帧中的任意一帧，单击鼠标右键，从弹出的快捷菜单中选择创建补间形状命令，即可创建形状补间动画，此时的时间轴面板如图 6.4.3 所示。

图 6.4.3　创建形状补间动画

（6）至此，该动画已制作完成，按“Ctrl+Enter”键预览动画，效果如图 6.4.4 所示。

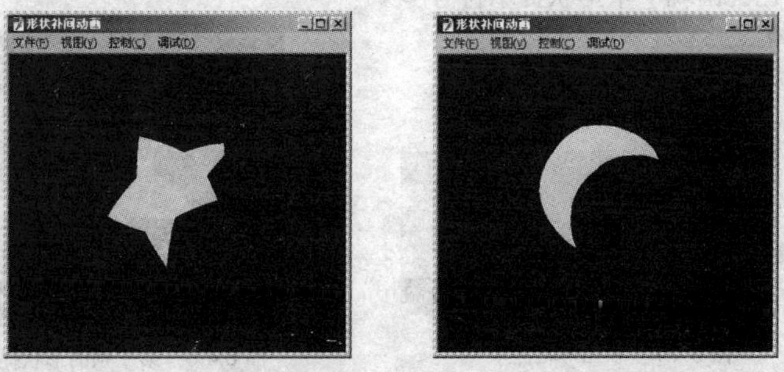

图 6.4.4　制作形状补间动画效果

6.4.2 补间形状动画属性设置

用户在创建形状补间动画的过程中，可利用属性面板设置变形过程的渐变属性，创建不同的动画效果，具体操作步骤如下。

（1）在形状补间动画的任意一个补间帧上单击，然后打开该帧的属性面板，如图 6.4.5 所示。该面板与运动补间动画的帧属性面板基本相同，其中不同选项的含义如下。

混合：用于设置变形过程中的混合模式。单击该选项右侧的 分布式 ▼ 按钮，弹出其下拉列表，该列表包含两个选项，如图 6.4.6 所示。

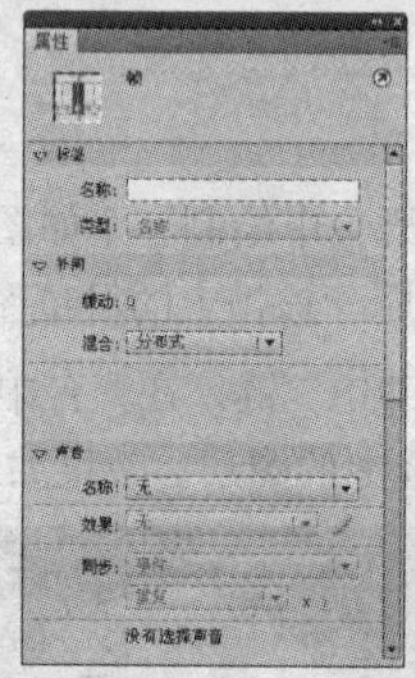

图 6.4.5 帧属性面板

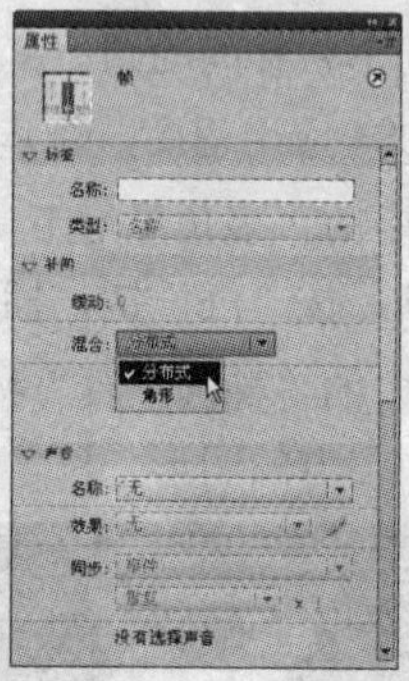

图 6.4.6 “混合”下拉列表

1）分布式：在该模式下创建形状补间动画时，中间形状较平滑且不规则。

2）角形：在该模式下创建形状补间动画时，中间形状将保留原始形状的角度和线条。该模式适用于原始形状中有尖角和直线的图形。

（2）在属性面板中设置好各项参数，即可使用这些参数控制动画的播放。

6.4.3 使用形状提示控制形状变化

如果要创建复杂的形状变化，可以使用形状提示。形状提示是由实心小圆圈和中间的英文字母组成的，用于识别起始形状和结束形状中相对应的点，最多可以使用由 a 至 z 26 个形状提示。使用形状提示的的具体操作方法如下。

（1）选中形状补间动画中的第 1 帧，然后选择菜单栏中的 修改(M) → 形状(P) → 添加形状提示(A) 命令，如图 6.4.7 所示。

（2）此时该帧中图形上就会增加一个带字母的形状提示符号，如图 6.4.8 所示。相应地，在第 30 帧中的图形上也会出现一个形状提示符号。

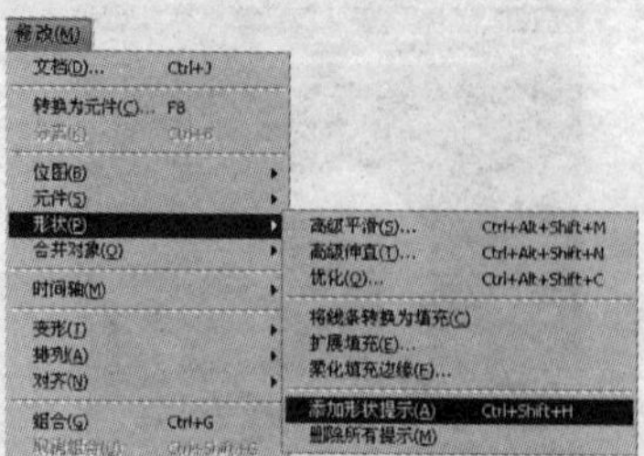

图 6.4.7 添加形状提示

图 6.4.8 第 1 帧的形状提示

（3）分别移动这两个形状提示符号，可控制该点在变形前后的位置，此时，第 1 帧上的形状提示符号将变为黄色ⓐ，第 30 帧上的形状提示符号将变为绿色ⓐ，如图 6.4.9 所示。

第 1 帧　　　　第 30 帧

图 6.4.9　调整形状提示的位置

（4）重复步骤（1）的操作，再添加一个形状提示，并调整其位置，如图 6.4.10 所示。

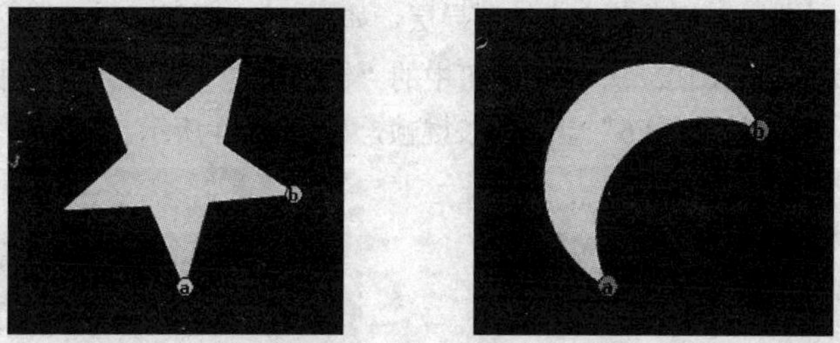

图 6.4.10　调整形状提示的位置

（5）至此，该动画的形状提示已添加完成，按“Ctrl+Enter”键，即可预览动画效果。

用户可在添加形状提示后查看该点，也可以将不需要的形状提示删除，具体操作步骤如下。

（1）在菜单栏中选择 视图(V) → 显示形状提示(A) 命令，可查看形状提示。

（2）单击选中形状提示后，将该形状提示符号拖出舞台可直接将其删除。

（3）在菜单栏中选择 修改(M) → 形状(P) → 删除所有提示(M) 命令，可将所有的形状提示删除。

6.5　引导层动画

Flash CS4 提供了一种简便方法来实现对象沿着复制路径移动的效果，这就是引导层，带引导层的动画又叫引导层动画。使用引导层动画可以实现如树叶飘落、小鸟飞翔、蝴蝶飞舞、星体运动以及及激光写字效果的制作。

引导层动画由引导层和被引导层组成，引导层用于放置对象运动的路径，被引导层用于放置运动的对象，制作引导线的过程实际就是对引导层和被引导层编辑的过程。下面将通过一个实例，来讲解引导动画的制作方法，具体操作步骤如下。

（1）新建一个 Flash 文档。

（2）选中图层 1 中的第 1 帧，按“Ctrl+R”键，在舞台中导入一幅背景素材，并调整其大小及位置，效果如图 6.5.1 所示。

（3）选中图层 1 中的第 20 帧，按“F5”键插入普通帧，然后单击时间轴面板中的“新建图层”按钮，新建图层 2。

（4）按“Ctrl+R”键，在舞台中导入一幅图片素材，并调整其大小及位置，然后按“F8”键将其转换为图形元件，如图 6.5.2 所示。

图 6.5.1　导入背景素材

图 6.5.2　将位图转换为元件

（5）在图层 2 上单击鼠标右键，从弹出的快捷菜单中选择**添加传统运动引导层**命令，在图层 2 上方创建一个引导层，图层 2 将自动变为被引导层，如图 6.5.3 所示。

（6）确认引导层为当前图层，单击工具箱中的“铅笔工具”按钮，在舞台中绘制一条路径，然后在被引导层的第 20 帧处按“F6”键插入关键帧，如图 6.5.4 所示。

图 6.5.3　创建运动引导层

图 6.5.4　绘制路径

（7）选中被引导层的第 1 帧，单击鼠标右键，从弹出的快捷菜单中选择**创建传统补间**命令，创建传统补间动画。

（8）按住鼠标左键将第 1 帧中的图形实例拖曳到引导线的一端，此时该实例将自动吸附到引导线上，将实例的中心控制点移动到路径的起点，如图 6.5.5 所示。

注意：被引导对象的中心必须位于引导线上，否则被引导对象将无法沿引导路径运动。

（9）选中被引导层中的第 20 帧，使用鼠标左键将实例拖曳到引导线的终点，如图 6.5.6 所示。

图 6.5.5　将实例移动至路径的起点

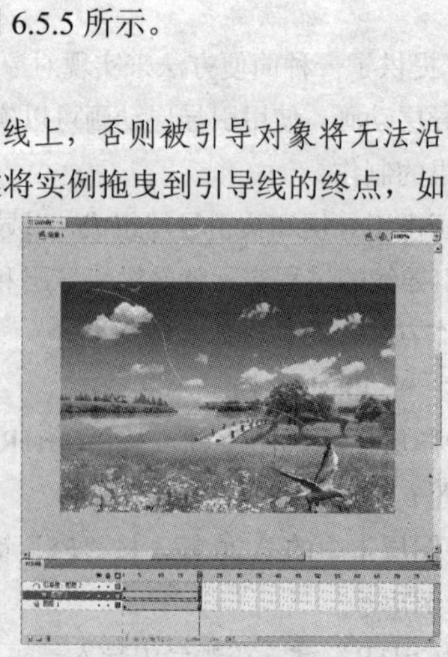

图 6.5.6　将实例移动至路径的终点

（10）至此，该动画已制作完成，按“Ctrl+Enter”键即可预览动画效果。

提示：如果用户创建的引导路径为闭合图形，应在该图形的某个位置留一个小口，以在开口的两个端点处放置图形运动的起始点和终止点。

6.6 遮罩动画

在Flash中利用遮罩动画可以制作放大镜、望远镜、万花筒以及水波等动画效果，遮罩动画中的图层由遮罩层和被遮罩层组成。遮罩层与被遮罩层中的内容密切相关，如果遮罩层中什么也没有，被遮罩层中的所有内容将不能显示；如果遮罩层被全部填满，被遮罩层中的所有内容都能显示；如果只有部分区域有内容，那么，被遮罩层中的内容将只在有内容的部分才能显示。

下面将通过一个实例，来讲解遮罩动画的制作方法，具体操作步骤如下。

（1）按“Ctrl+R”键，导入一幅如图6.6.1所示的图片，然后选中第30帧，按“F5”键插入帧。

（2）新建图层2，使用矩形工具在舞台中绘制一个如图6.6.2所示的矩形。

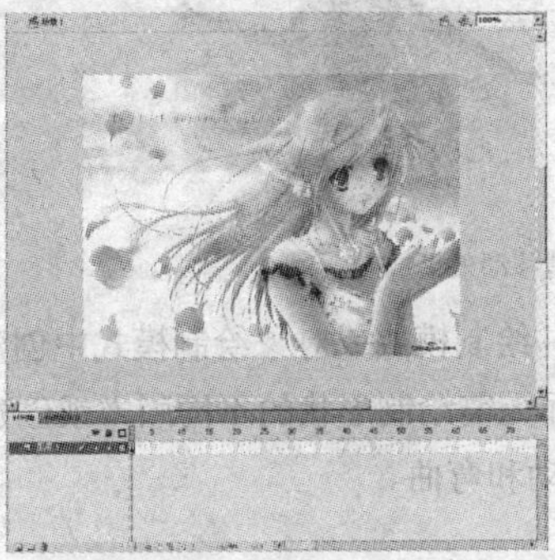

图6.6.1　导入图片

图6.6.2　绘制矩形

（3）选中图层2中的第30帧，按“F6”键插入关键帧。

（4）选中图层2中的第1帧，使用任意变形工具调整矩形的大小及位置，效果如图6.6.3所示。

（5）在图层2中的第1帧至第30帧间的任意一帧上单击鼠标右键，从弹出的快捷菜单中选择创建传统补间命令，创建一段运动动画。

（6）在时间轴面板中的图层2上单击鼠标右键，从弹出的快捷菜单中选择遮罩层命令，创建遮罩动画，效果如图6.6.4所示。

图6.6.3　调整矩形大小

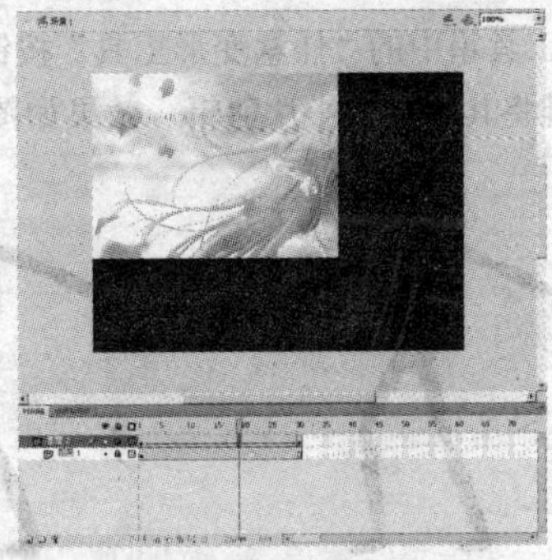

图6.6.4　创建遮罩动画

（7）按“Ctrl+Enter”键即可预览动画效果。

6.7 骨骼动画

反向运动（IK）是一种使用骨骼对对象进行动画处理的方式，这些骨骼按父子关系链接成线性或枝状的骨架。在创建反向运动动画时，可以向影片剪辑、图形和按钮实例添加 IK 骨骼，若要使用文本，必须先将其转换为元件。添加 IK 骨骼后，在一个骨骼移动时，与启动运动的骨骼相关的其他连接骨骼也会移动，使用反向运动进行动画处理时，只需指定对象的开始位置和结束位置即可。

在 Flash CS4 中，可以通过两种方法创建反向运动动画，一种是通过添加将每个实例与其他实例连接在一起的骨骼，用关节连接一系列的元件实例，骨骼允许元件实例链一起移动。例如，用户可能具有一组影片剪辑，其中的每个影片剪辑都表示人体的不同部分，通过将躯干、上臂、下臂和手链接在一起，可以创建逼真移动的胳膊，如图 6.7.1 所示。

图 6.7.1　创建胳膊移动效果

另一种是向形状对象的内部添加骨架。可以在合并绘制模式或对象绘制模式中创建形状。通过骨骼，可以移动形状的各个部分并对其进行动画处理，而无需绘制形状的不同版本或创建补间形状。例如，可能向简单的蛇图形添加骨骼，以使蛇逼真地移动和弯曲。

提示：骨骼链称为骨架。在父子层次结构中，骨架中的骨骼彼此相连。骨架可以是线性的或分支的。源于同一骨骼的骨架分支称为同级。骨骼之间的连接点称为关节。

下面通过一个实例来介绍向元件添加骨骼创建骨骼动画，其具体操作步骤如下。

（1）选择 文件(F) → 新建(N)... 命令，创建一个新的 Flash 文档。

（2）单击工具箱中的“椭圆工具”按钮，并选中附加选项中的“对象绘制”按钮，在舞台中绘制如图 6.7.2 所示的椭圆形。

（3）单击工具箱中的“矩形工具”按钮，在舞台中绘制一个矩形，效果如图 6.7.3 所示。

（4）单击工具箱中的“任意变形工具”按钮，调整各中心点的位置，然后分别选中绘制的图形，按“F8”键将其转换为影片剪辑，效果如图 6.7.4 所示。

图 6.7.2　绘制椭圆

图 6.7.3　绘制矩形

图 6.7.4　转换为影片剪辑

（5）单击工具箱中的“骨骼工具”按钮，在人物的右胳膊上添加骨骼，并结合选择工具和“Ctrl”

键调整骨骼的位置，效果如图 6.7.5 所示。

（6）在骨骼的终点处继续拖曳鼠标至手部的起始点，即可创建一个骨骼链，如图 6.7.6 所示。

（7）重复步骤（5）和（6）的操作，在舞台中添加头部、颈部、身体、左胳膊、左腿以及右腿的骨骼，效果如图 6.7.7 所示。

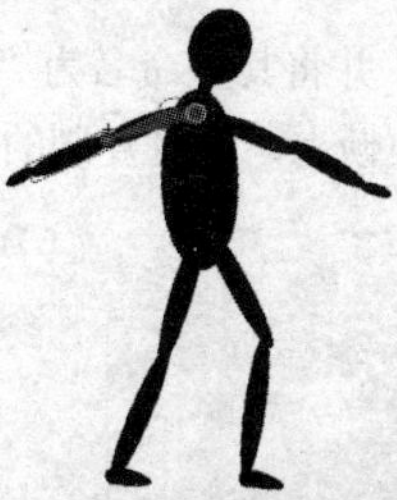

图 6.7.5　添加骨骼

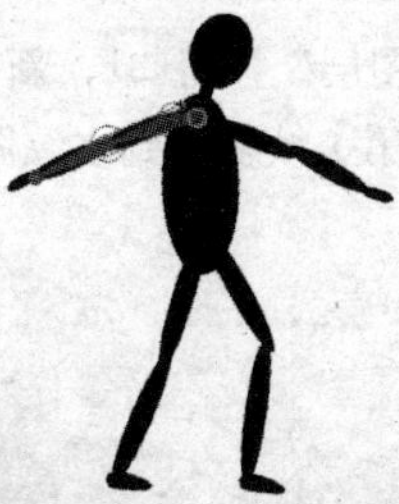

图 6.7.6　骨骼链

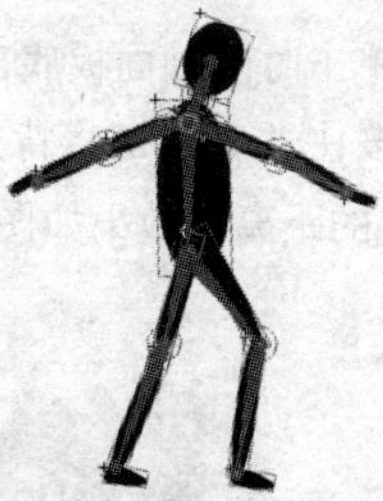

图 6.7.7　骨架效果

（8）在生成的骨骼图层上选中第 30 帧，按“F5”键插入帧，时间轴面板如图 6.7.8 所示。

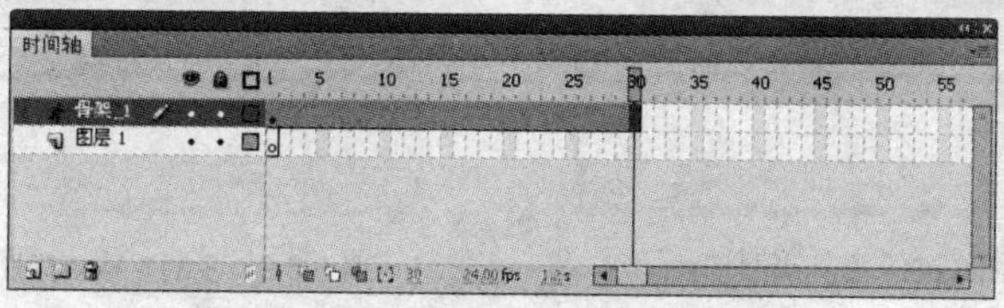

图 6.7.8　添加骨骼后的时间轴面板

（9）在时间轴面板中，分别使用选择工具调整第 1，5，10，15，20，25，30 帧中的骨骼形状，调整骨骼后的时间轴面板如图 6.7.9 所示。

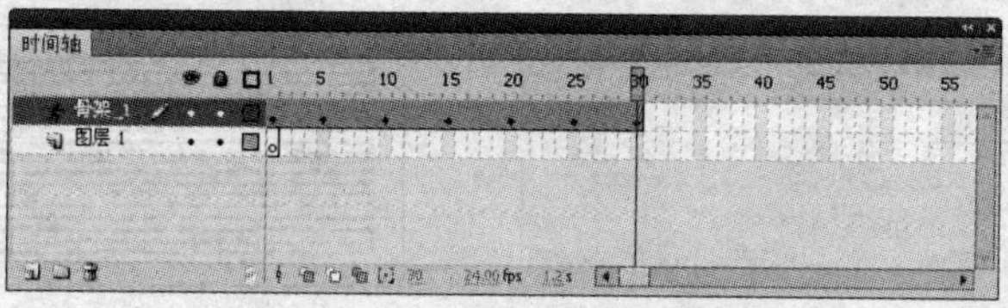

图 6.7.9　更改骨骼后的时间轴面板

（10）按“Ctrl+Enter”键即可测试动画效果。

6.8　上机实战——制作水波涟漪效果

本例将使用所学的知识制作水波涟漪效果，最终效果如图 6.8.1 所示。

图 6.8.1　最终效果图

操作步骤

（1）启动 Flash CS4 应用程序，新建一个 Flash 文档。

（2）将图层 1 重命名为背景图层，然后按“Ctrl+R”键导入一幅水波图片，效果如图 6.8.1 所示。

（3）选中图层 1 中的第 30 帧，按“F5”键插入帧。

（4）单击时间轴面板底部的“插入图层”按钮，新建图层 2，并将其重命名为“水纹”。

（5）按住“Alt”键将背景图层中的第 1 帧复制到水纹图层的第 1 帧上，并将复制的背景图层向上移动一定的距离，效果如图 6.8.2 所示。

图 6.8.1　导入背景图片

图 6.8.2　复制并移动背景图片

（6）按“Ctrl+F8”键，弹出“创建新元件”对话框，设置其对话框参数如图 6.8.3 所示。设置好参数后，单击 确定 按钮进入其编辑窗口。

（7）使用工具箱中的矩形工具和橡皮擦工具在舞台中绘制如图 6.8.4 所示的涟漪图形。

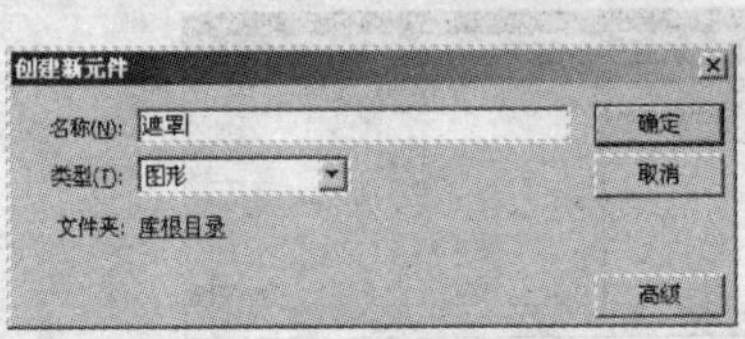

图 6.8.3　“创建新元件”对话框

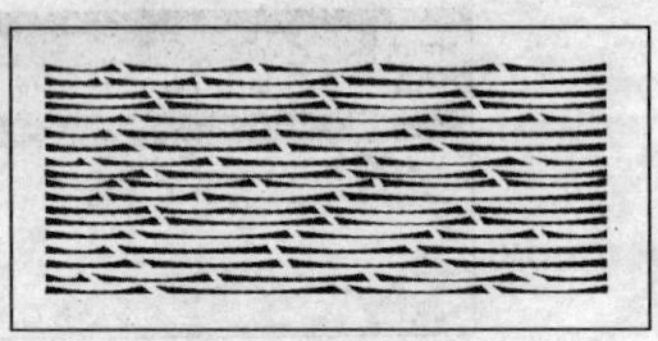

图 6.8.4　绘制涟漪图形

（8）单击图标，返回场景 1，然后新建一个名称为“遮罩”的图层。

（9）选择菜单栏中的 窗口(W) → 库(L) 命令，打开如图 6.8.5 所示的库面板。

（10）选中遮罩图层中的第 1 帧，从库面板中将“遮罩”元件拖曳到舞台中，并使用工具箱中的任意变形工具调整“遮罩”实例的大小及位置，效果如图 6.8.6 所示。

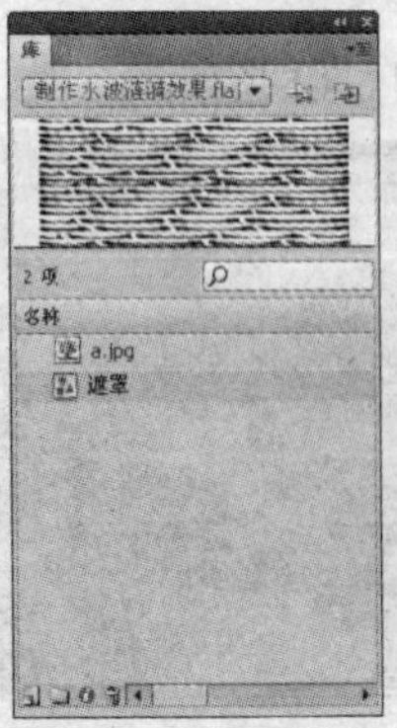

图 6.8.5　库面板

图 6.8.6　拖入“遮罩”元件到舞台中

（11）在遮罩图层的第 15 帧处插入关键帧，并使用任意变形工具调整“遮罩”实例的大小及位置，然后在遮罩图层的第 1 帧至第 15 帧间的任意一帧上单击鼠标右键，从弹出的快捷菜单中选择创建传统补间命令，创建一段变形动画，效果如图 6.8.7 所示。

（12）将遮罩图层的第 30 帧转换为关键帧，然后重复步骤（9）的操作，创建一段变形动画，效果如图 6.8.8 所示。

图 6.8.7　第一次水波涟漪效果

图 6.8.8　第 2 次水波涟漪效果

（13）在层控制区的遮罩图层上单击鼠标右键，从弹出的快捷菜单中选择遮罩层命令，将普通层转换为遮罩图层，效果如图 6.8.9 所示。

图 6.8.9　创建遮罩动画效果

（14）按“Ctrl+Enter”键即可预览动画，最终效果如图 6.8.1 所示。

本 章 小 结

本章主要介绍了 Flash CS4 中，制作动画的方法与技巧，通过本章的学习，读者应熟练掌握各种类型动画的作用及创建方法，并能灵活地将各种动画应用到 Flash 动画的创作中。

操 作 练 习

一、填空题

1．动画是由 组__________快速有序地播放所形成的。

2．在多种类型的动画中，__________动画是 Flash 中最简单的动画。

3．运动补间动画也叫__________动画，要创建运动补间动画，至少需要两个关键帧，并在两个关键帧之间创建补间关系。

4．引导层分为普通引导层和__________引导层两种类型。

5．使用__________，可以将起始对象上的某点与结束对象上的某点相关联，从而使对象的变形更加精确，更加有目的性。

6．在 Flash CS4 中，使用__________可以创建特殊效果，如聚光灯、过渡效果等。

二、选择题

1．形状补间动画不可以直接作用于（　）。

（A）群组　　（B）文本

（C）实例　　（D）位图

2．运动补间动画只可以作用于（　）。

（A）群组　　（B）文本

（C）元件　　（D）全错

3．在 Flash CS4 中，利用（　）动画可以使对象沿着绘制路径移动。

（A）引导　　（B）形状补间

（C）逐帧　　（D）遮罩

三、简答题

1．简述如何使用外部导入方式创建逐帧动画。

2．简述传统补间动画和补间形状动画的工作原理。

3．简述遮罩动画和引导动画的作用。

四、上机操作题

1．利用本章所学的内容，制作望远镜效果。

2．利用本章所学的骨骼动画，制作皮影效果。

第 7 章　应用声音与视频

在制作 Flash 动画时，如果将外部的声音或视频导入并应用到当前文档中，不但可以美化动画，还能增强动画的表现力和感染力。通过本章的学习，读者应学会声音与视频的导入方法与编辑技巧。

知识要点

- 使用声音
- 使用视频

7.1　使 用 声 音

在 Flash 动画中声音可以起到传递信息的作用。一个优秀的 Flash 动画作品，不但要有独特的动画角色、鲜明的色彩和丰富的故事情节，还应该拥有悦耳的声音效果。在 Flash CS4 中，不仅可以为按钮添加声音，还可以为动画添加背景音乐。在 Flash CS4 中，声音分成了两类：事件声音和音频流。下面分别进行介绍。

（1）事件声音。事件声音是指将声音与一个事件相关联，只有当该事件被触发时，才会播放的声音。如果事件没有被触发，尽管声音被添加在文档中，也仍然不能播放。事件声音的主要特点是它必须在完全下载之后才能开始播放，直到遇到明确的停止指令时停止。

（2）音频流。音频流允许用户一边下载一边播放，并且音频流的播放可以与动画同步。

Flash 本身没有声音制作功能，因此，用户必须使用其他音频编辑工具事先制作一段声音，然后将它导入到动画中。在 Flash CS4 中，允许导入多种格式的声音文档，例如 WAV，AIFF 和 MP3 等。如果系统中装有 QuickTime 4 或其他更高版本，还可以导入更多格式的声音文档，如表 7.1 所示。

表 7.1　可以导入的声音及其可用平台

可以导入的声音	可用平台
WAV	Windows 平台或 Macintosh 平台
AIFF	Windows 平台或 Macintosh 平台
MP3	Windows 平台或 Macintosh 平台
Sound Designer Ⅱ	仅限 Macintosh 平台
只含声音的 QuickTime 影片	Windows 平台或 Macintosh 平台
Sun AU	Windows 平台或 Macintosh 平台
System 7 声音	仅限 Macintosh 平台

7.1.1　导入声音

在 Flash CS4 中，可以导入 WAV、MP3 等格式的声音文件，但不能直接导入 MIDI 文件。如果系统上安装了 QuickTime 4 或更高版本的播放器，还可以导入 AIFF、Sun AU 等格式的声音文件。导入声音的具体操作步骤如下。

（1）新建一个 Flash 文档。

（2）选择菜单栏中的 文件(F) → 导入(I) → 导入到库(L)... 命令，弹出“导入”对话框，如图 7.1.1 所示。

（3）用户可在该对话框中选择要导入的声音文件，单击 打开(O) 按钮，即可将声音文件导入到 Flash 动画中。

（4）等声音导入后，就可以在库面板中看到刚导入的声音文件，以后可以像使用元件一样使用导入的声音对象，如图 7.1.2 所示。

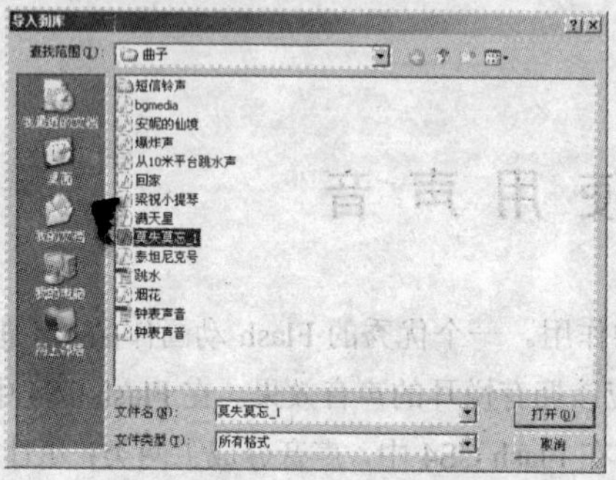

图 7.1.1 “导入”对话框

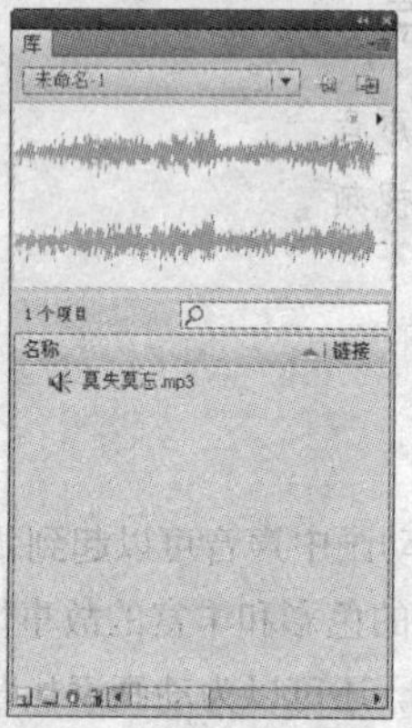

图 7.1.2 库面板

7.1.2 添加声音

下面通过一个具体实例来介绍为动画添加声音的方法，其具体操作步骤如下。

（1）创建好动画后，选择菜单栏中的 文件(F) → 导入(I) → 导入到库(L)... 命令，在弹出的“导入到库”对话框中选择声音文件。

（2）单击 打开(O) 按钮，即可将选中的声音文件导入到 Flash 内置的库面板中。

（3）单击时间轴面板下方的“插入图层”按钮，新建一个名称为“声音”的图层。

（4）在库面板中选中导入的声音文件，将其拖曳到舞台中，即可为动画添加声音，如图 7.1.3 所示。

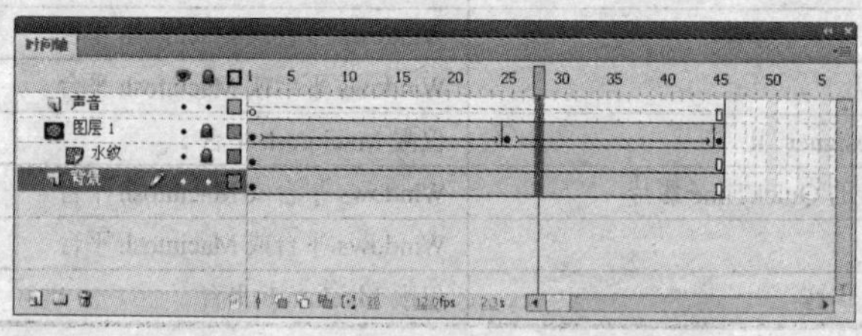

图 7.1.3 为动画添加声音

（5）按“Ctrl+Enter”键预览，则在播放动画的同时会播放声音文件。

7.1.3 为按钮添加声音

在 Flash CS4 中，用户可以为按钮元件添加声音，使按钮在不同状态下具有不同的音效。下面通过一个具体实例来介绍为按钮添加声音的方法，操作步骤如下。

（1）选择菜单栏中的 文件(F) → 导入(I) → 导入到库(L)... 命令，从弹出的“导入到库”对话框中选择声音文件。

（2）单击 打开(O) 按钮，即可将选中的声音文件导入到Flash中，导入后的声音文件被放置在库面板中。

（3）新建图层2，选择菜单栏中的 窗口(W) → 公用库(N) → 按钮 命令，打开按钮公用库，从中拖动一个系统预置按钮到工作区中，如图7.1.4所示。

（4）选中工作区中的按钮，双击鼠标左键，进入其编辑窗口，如图7.1.5所示。

图7.1.4 拖入按钮

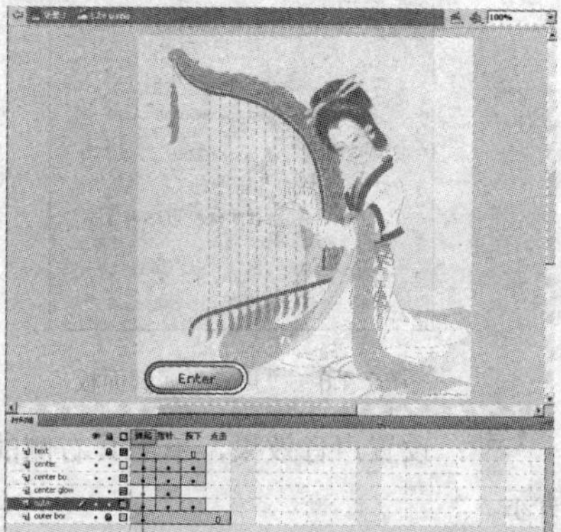

图7.1.5 进入按钮的编辑窗口

（5）单击时间轴面板中的“插入图层”按钮，插入一个名为“声音”的图层。

（6）选中“声音”层的 按下 帧，按“F6”键插入关键帧，并从库面板中拖动声音元件到舞台中，此时的时间轴面板如图7.1.6所示。

（7）单击图标，返回到场景1，按“Ctrl+Enter”键即可测试动画效果，如图7.1.7所示。

图7.1.6 拖入声音

图7.1.7 为按钮添加声音效果

7.1.4 设置声音属性

在Flash CS4中不仅可以使动画和音乐同步播放，还可以将声音独立于时间轴连续播放。可以通过属性面板对导入的声音属性进行设置，主要包括编辑音量大小、声音起始位置、声音长度以及声道切换等内容。选中导入的声音文件，此时，该声音的属性面板如图 7.1.8 所示。

“声音”属性面板中各选项的含义如下。

（1）名称:：用于显示导入的声音文件名称，当用户导入多个声音文件时，单击其右侧的 大海.mp3 ▼ 按钮，可从弹出的如图 7.1.9 所示的下拉列表中选择合适的声音。

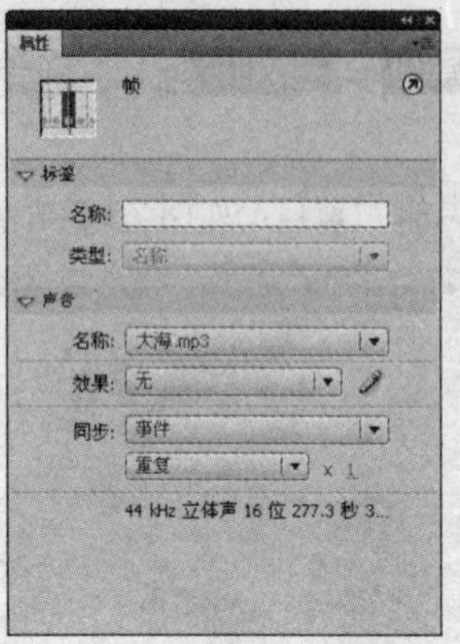

图 7.1.8 “声音”属性面板

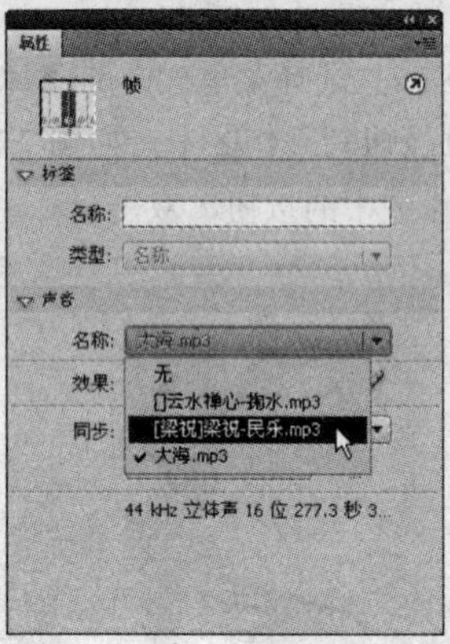

图 7.1.9 “名称”下拉列表

（2）效果:：设置声音效果，单击其右侧的 无 ▼ 按钮，弹出其下拉列表，如图 7.1.10 所示。

1）无：表示不对声音文件应用效果。选择此选项可以删除以前应用的效果。

2）左声道：表示只能在左声道播放声音。

3）右声道：表示只能在右声道播放声音。

4）向右淡出：表示播放时，会将声音从左声道切换到右声道。

5）向左淡出：表示播放时，会将声音从右声道切换到左声道。

6）淡入：表示在声音的持续时间内逐渐增加音量。

7）淡出：表示在声音的持续时间内逐渐减小音量。

8）自定义：表示允许用户自行创建声音效果。用户可以通过“编辑封套”对话框创建自己所需的声音淡入和淡出效果。

（3）✎：单击该按钮，即可对声音进行编辑。

（4）同步:：设置声音的同步，单击其右侧的 事件 ▼ 按钮，弹出其下拉列表，如图 7.1.11 所示。

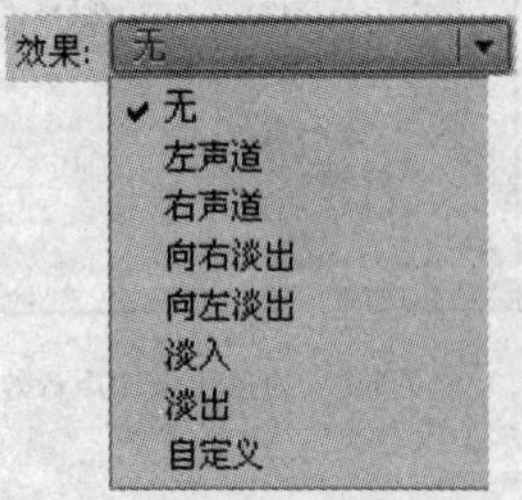

图 7.1.10 “声音效果”下拉列表

图 7.1.11 “声音同步”下拉列表

1）事件：该选项是 Flash CS4 内所有声音的默认选项。如果不将其改为其他选项，声音将会自动作为时间音频。事件音频与发生事件和关键帧同时开始，它独立于时间轴播放。如果事件音频比时间轴动画长，那么即使动画播放完毕，音频还会继续播放。当播放发布的 Flash 文件时，事件音频会和动画混合在一起。事件音频是最容易实现的，适用于背景音乐和其他不需要同步的音乐。

2）开始：该选项与事件选项的功能相似，但是两者之间有着重要的不同点。选中该选项后，在播放前软件先检测是否正在播放同一个音频文件，如果有就放弃此次播放，如果没有它才会同时播放。此选项适用于按钮，若同时有 3 个一样的按钮，鼠标移动时会播放相同的音频。

3）停止：该选项使选中的音频停止播放，可用于停止一些特定的音频。

4）数据流：用于播放流式音频。Flash 强制动画和音频流同步，其将随着动画的结束而停止播放。

（5）重复：设置音频的循环，单击此按钮，弹出其下拉列表，其中包括两个选项：重复和循环。当选择重复选项时，在其右侧的文本框中输入数值确定重复的次数；当选择循环选项时，音频将循环播放。

提示：在 Flash 中，音频可分为两种：事件音频和流式音频。事件音频必须完全下载后才能播放，除非明确停止，否则它将一直连续播放；流式音频则在前几帧下载了足够的数据后就开始播放，音频流可通过和时间轴同步以便在 Web 站点中播放。

7.2 使用视频

视频的主要特征是声音与动态画面同步，视频以其直观和生动的特点，在多媒体作品中得到愈来愈广泛的应用。Flash CS4 几乎支持所有常见的视频格式，但是需要一定的软件支持，如果用户装有 QuickTime 7、DirectX 9 或更高版本，则在导入嵌入视频时支持如表 7.2 所示的格式剪辑。

表 7.2　可以导入的视频文件类型及扩展名

文件类型	扩展名
音频视频交叉	.avi
数字视频	.dv
运动图像专家组	.bpg、.mpeg
QuickTime 影片	.mov
Windows Media 文件	.wmv、.asf

如果导入的视频文件是系统不支持的文件格式，那么 Flash 会显示一条警告信息，表示无法完成该操作。在有些情况下，Flash 只能导入文件中的视频，而无法导入音频，此时，也会显示警告信息，表示无法导入该文件的音频部分，但是仍然可以导入没有声音的视频。

7.2.1　使用回放组件加载外部视频

在 Flash CS4 中，导入视频的方式有多种，下面将以使用回放组件加载外部视频为例来介绍视频的导入方法与技巧。其具体操作步骤如下。

（1）选择菜单栏中的文件(F)→导入(I)→导入视频...命令，弹出“选择视频”对话框，如图 7.2.1 所示。

（2）单击文件路径:右侧的浏览...按钮，弹出如图 7.2.2 所示的“打开”对话框，在其中选择要导入的视频文件。

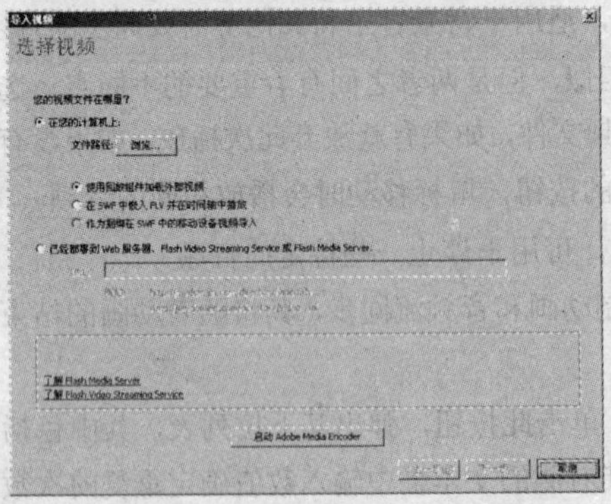

图 7.2.1 “选择视频”对话框

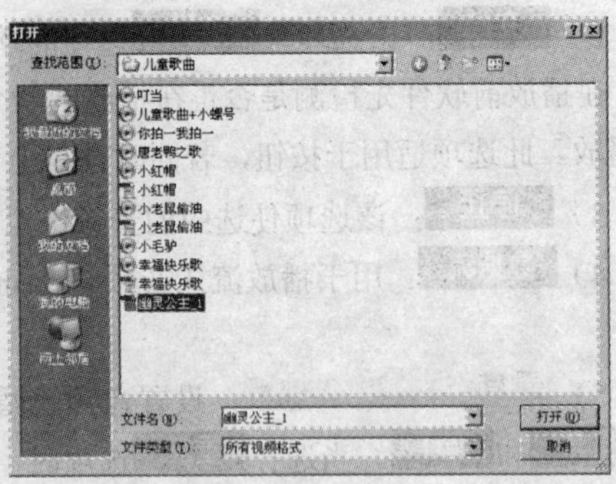

图 7.2.2 “打开”对话框

（3）单击 打开(O) 按钮，返回“选择视频”对话框，如图 7.2.3 所示。

（4）保持默认设置，单击 下一步> 按钮，弹出“外观”对话框，如图 7.2.4 所示。

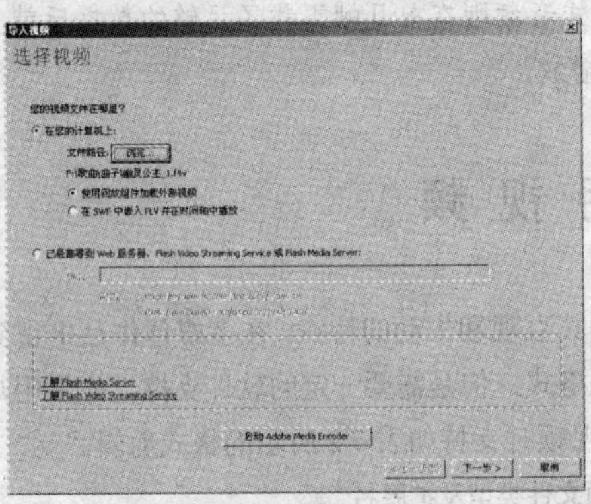

图 7.2.3 设置“选择视频”对话框

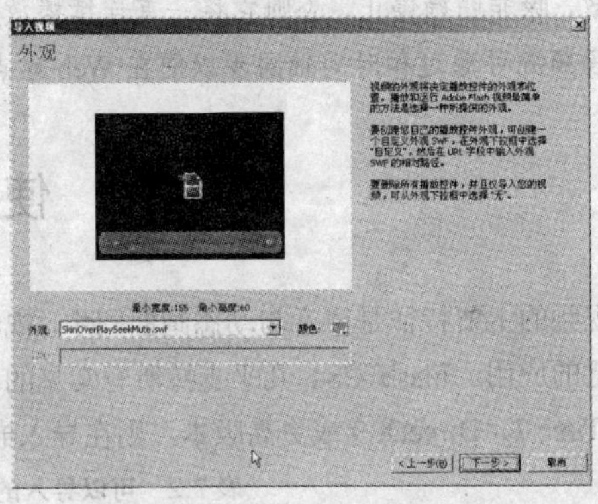

图 7.2.4 “外观”对话框

（5）单击 外观: 右侧的下拉按钮▼，弹出如图 7.2.5 所示的下拉列表，从中选择合适的选项设置播放插件的外观。

（6）设置好参数后，单击 下一步> 按钮，弹出“完成视频导入”对话框，如图 7.2.6 所示。

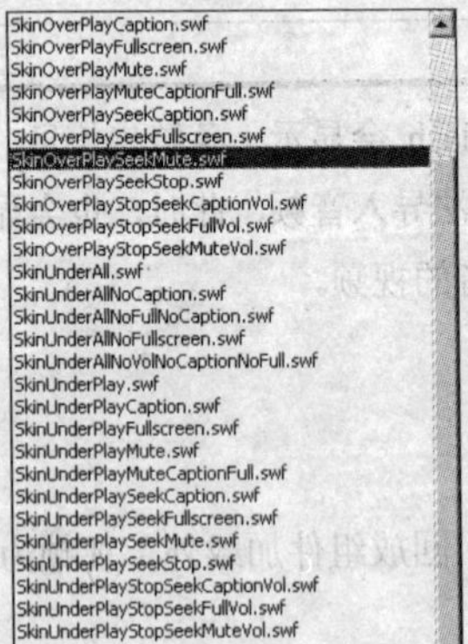

图 7.2.5 “外观”下拉列表

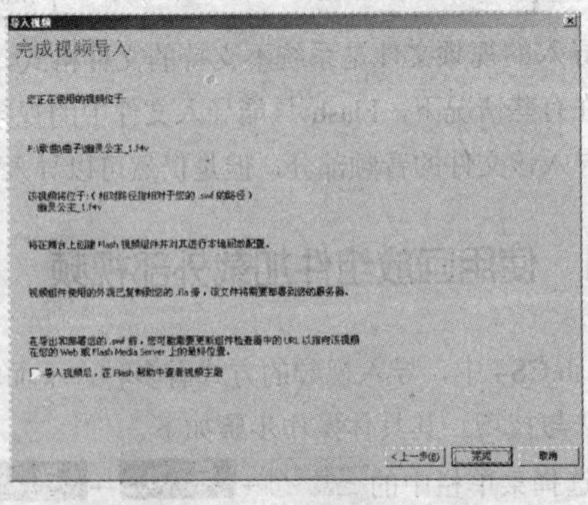

图 7.2.6 “完成视频导入”对话框

（7）单击 完成 按钮，弹出“获取元数据”进度条，如图 7.2.7 所示。

（8）稍等片刻，Flash CS4 完成编码后，即可将选中的视频文件导入到舞台中，效果如图 7.2.8 所示。

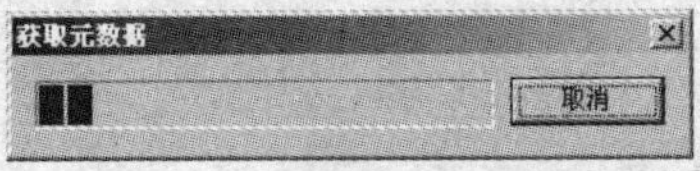

图 7.2.7 “获取元数据”进度条

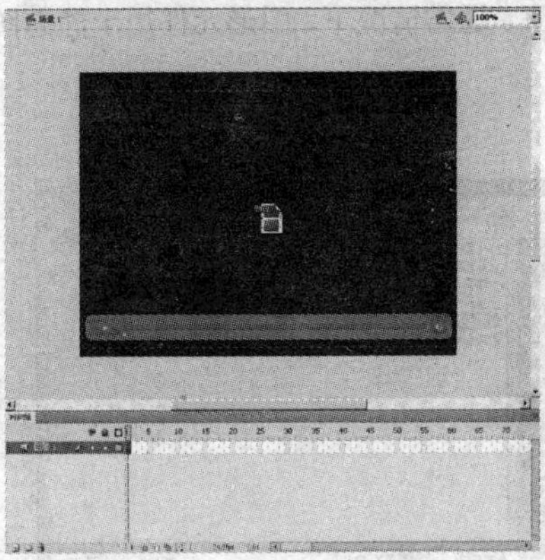

图 7.2.8 将视频导入到舞台中

（8）此时，按“Ctrl+Enter”键，即可在 Flash 播放器中预览导入的视频对象，效果如图 7.2.9 所示。

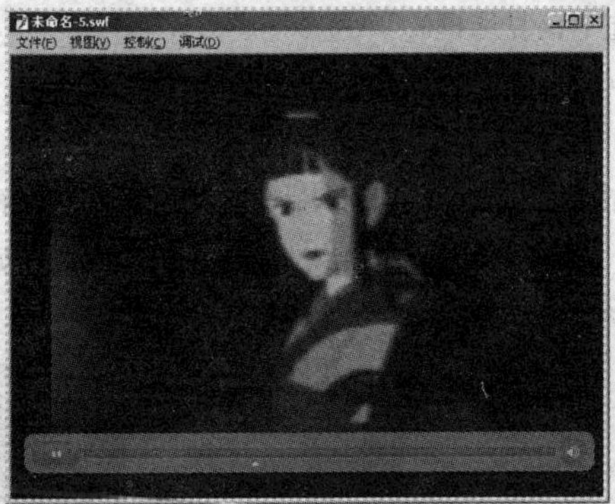

图 7.2.9 导入视频效果

7.2.2 把视频嵌入到 SWF 文件中

在 Flash CS4 文档中嵌入 FLV 视频的具体操作步骤如下。

（1）选择菜单栏中的 文件(F) → 导入(I) → 导入视频... 命令，弹出“选择视频”对话框。

（2）单击 文件路径: 右侧的 浏览... 按钮，在弹出的“打开”对话框中选择一个视频格式为 FLV 的文件，如图 7.2.10 所示。

（3）在“选择视频”对话框中选中 在 SWF 中嵌入 FLV 并在时间轴中播放 单选按钮，单击 下一步 > 按钮，弹出“嵌入”对话框，如图 7.2.11 所示。

（4）在“嵌入”对话框中的 符号类型: 下拉列表中可以选择将视频嵌入到 Flash 文件的元件类型。

1）嵌入的视频：选择此选项，会将导入的视频直接嵌入到主时间轴中。如果要使用在时间轴上的线性回放的视频剪辑，那么最合适的方法就是将该视频导入到时间轴中。

2）影片剪辑：选择此选项，会将导入的视频嵌入为影片剪辑，使用嵌入的视频时，最佳的方法是将视频放置在影片剪辑实例中，这样可以更好地控制该内容。视频的时间轴独立于主时间轴进行播放。

3）图形：选择此选项，会将导入的视频嵌入为图形元件，使用户无法使用 ActionScript 与该视频进行交互。通常情况下，图形元件用于静态图像以及用于创建一些绑定到主时间轴的可重用的动画片段。

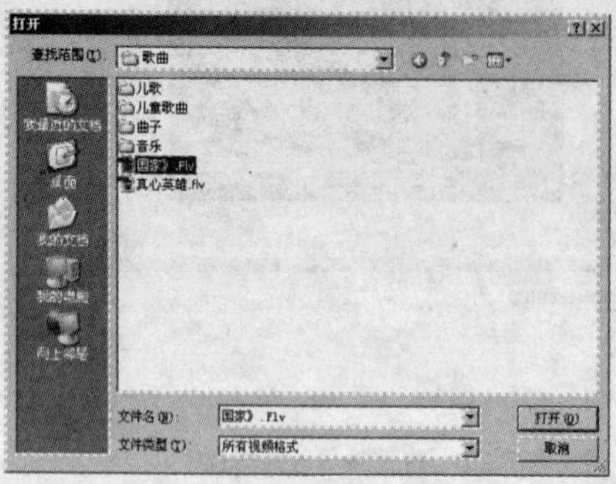

图 7.2.10 “打开”对话框

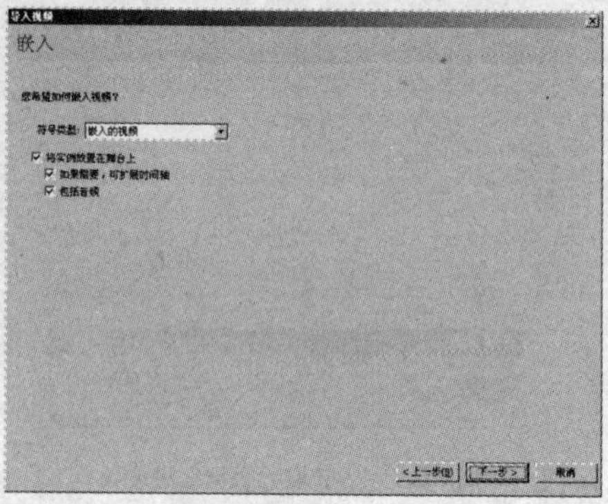

图 7.2.11 “嵌入”对话框

（5）在“嵌入”对话框中选中 ☑ 将实例放置在舞台上 复选框，可以将导入的视频放置在舞台上，若要仅导入到库中，可取消选中该复选框。

（6）在“嵌入”对话框中选中 ☑ 如果需要，可扩展时间轴 复选框，可以自动扩展时间轴以满足视频长度的要求。

（7）设置好参数后，单击 下一步 > 按钮，弹出“完成视频导入”对话框，如图 7.2.12 所示。

（8）单击 完成 按钮，即可将 FLV 视频嵌入到 Flash 文档中，如图 7.2.13 所示。

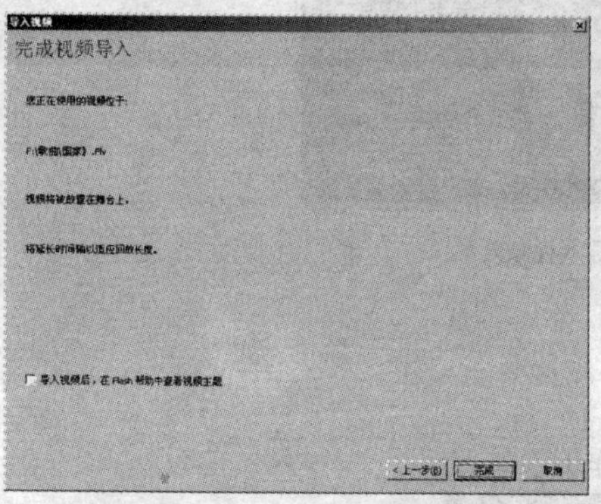

图 7.2.12 “完成视频导入”对话框

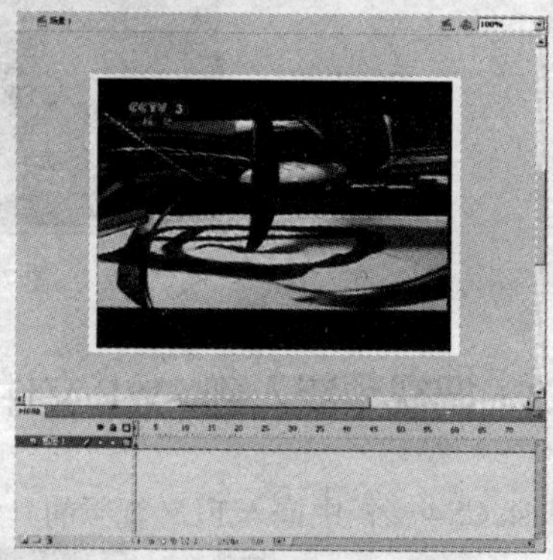

图 7.2.13 将 FLV 视频嵌入 Flash 文档效果

（10）按“Ctrl+Enter”键，弹出如图 7.2.14 所示的“导出 SWF 影片”进度条。

（11）稍等片刻，即可在 Flash 播放器中播放导入的视频对象，效果如图 7.2.15 所示。

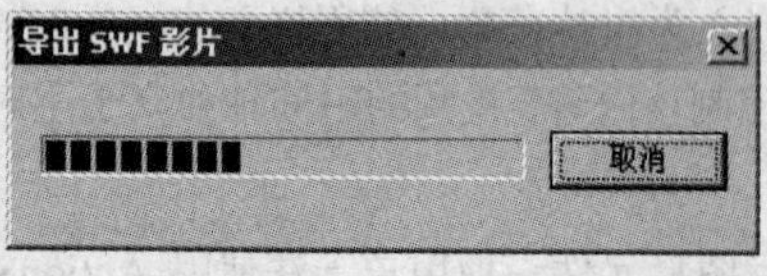

图 7.2.14 “导出 SWF 影片”进度条

图 7.2.15 嵌入 FLV 视频效果

7.2.3　设置视频属性

导入视频后的属性面板如图 7.2.16 所示，用户可在其属性面板中对导入的视频进行设置。

（1）<实例名称>：用于设置视频的实例名称。

（2）X: 50.00 和 Y: 54.40：用于设置视频在舞台中的位置。

（3）宽度: 和 高度:：用于设置视频的宽度和高度。

（4）：单击该按钮，可打开如图 7.2.17 所示的组件检查器面板，用户可对选择的组件进行参数设置。

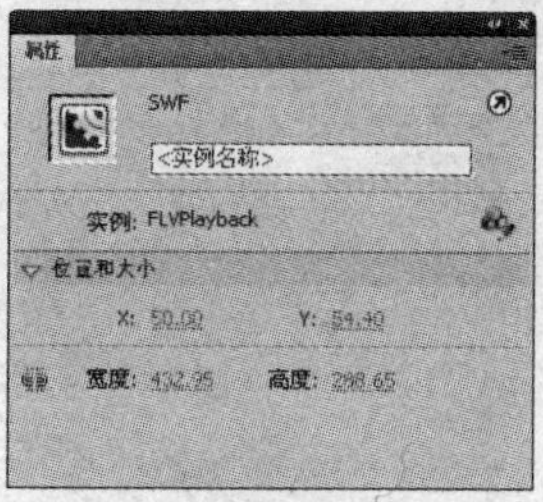

图 7.2.16　“视频”属性面板

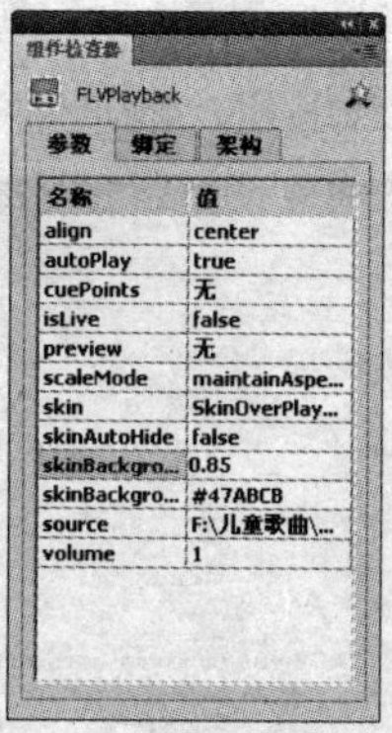

图 7.2.17　组件检查器面板

7.3　上机实战——制作雪景效果

本例将使用所学的知识制作雪景效果，最终效果如图 7.3.1 所示。

图 7.3.1　最终效果图

操作步骤

（1）启动 Flash CS4 应用程序，新建一个 Flash 文档。

（2）按“Ctrl+J”键，弹出“文档属性”对话框，设置其对话框参数如图 7.3.2 所示。

（3）选择菜单栏中的 文件(F) → 导入(I) → 导入视频... 命令，在弹出的“选择视频”对话框中单击 浏览... 按钮，弹出“打开”对话框，在其对话框中选择如图 7.3.3 所示的视频文件。

（4）单击 打开(O) 按钮，在“选择视频”对话框中选中 在 SWF 中嵌入 FLV 并在时间轴中播放 单选按钮，如图 7.3.4 所示。

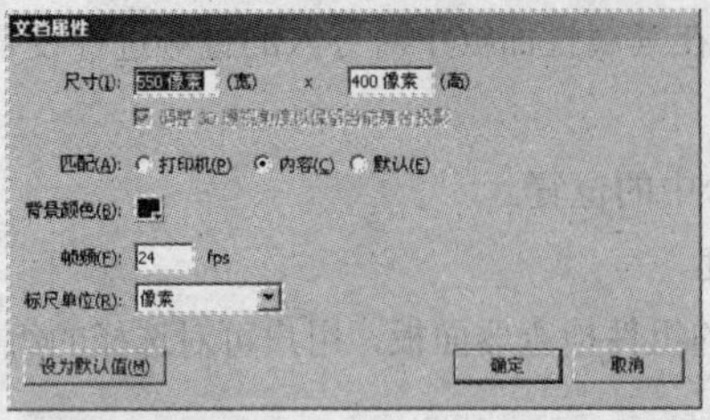

图 7.3.2 “文档属性”对话框

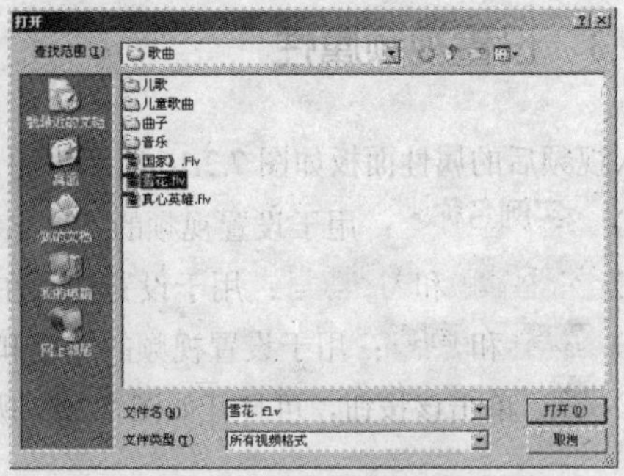

图 7.3.3 “打开”对话框

（5）单击 下一步> 按钮，弹出“嵌入”对话框，设置其对话框参数如图 7.3.5 所示。

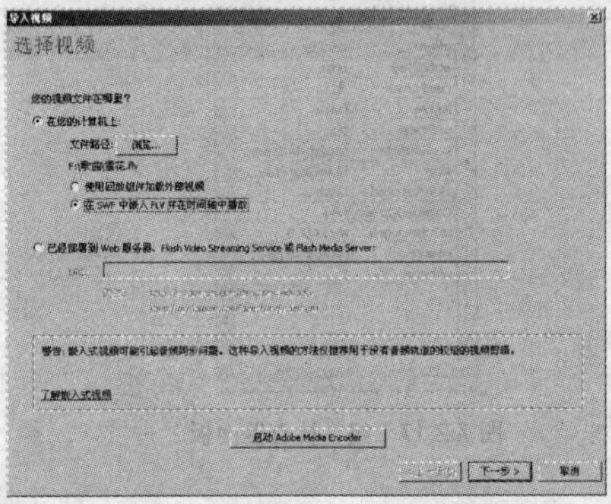

图 7.3.4 “选择视频”对话框

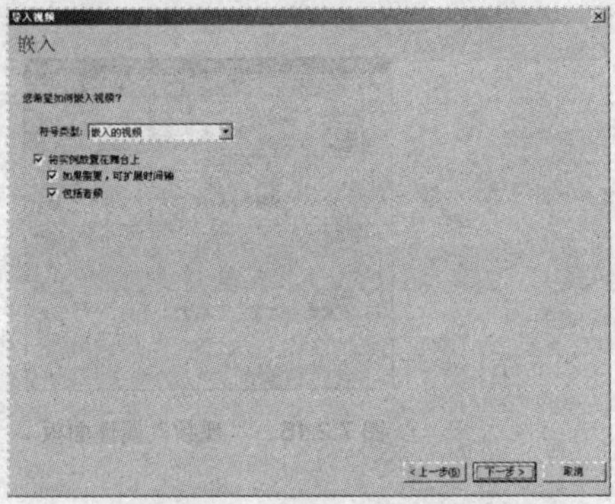

图 7.3.5 “嵌入”对话框

（6）设置好参数后，单击 下一步> 按钮，弹出“完成视频导入”对话框，如图 7.3.6 所示。

（7）单击 完成 按钮，即可将 FLV 视频嵌入到 Flash 文档中，如图 7.3.7 所示。

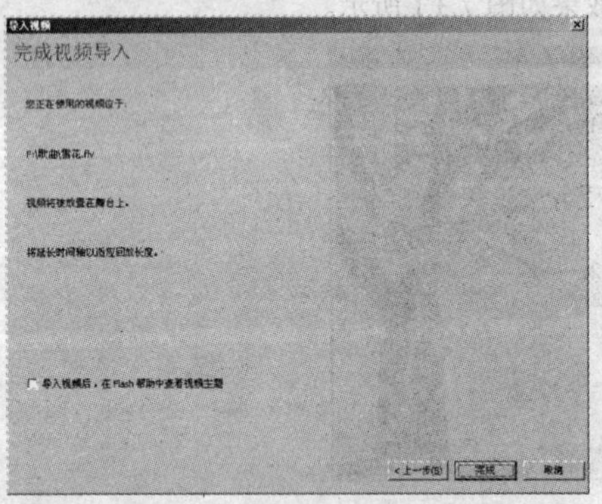

图 7.3.6 “完成视频导入”对话框

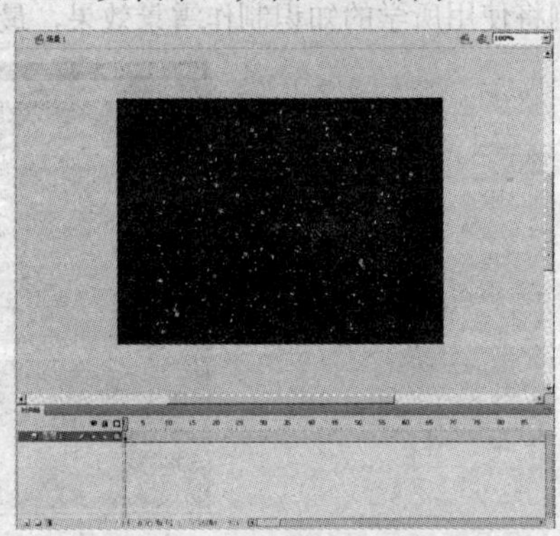

图 7.3.7 嵌入雪景视频效果

（8）单击工具箱中的“任意变形工具”按钮，调整视频文件的大小及位置，使视频文件覆盖整个舞台。

（9）单击时间轴面板下方的“新建图层”按钮，新建图层 2，然后在时间轴面板中将图层 2 拖曳至图层 1 的下方。

（10）选择菜单栏中的 文件(F) → 导入(I) → 导入到舞台(I)... 命令，在弹出的“导入”对话框中选择一幅雪景图片将其导入到舞台中，效果如图 7.3.8 所示。

（11）按“Ctrl+Enter”键，预览动画效果，最终效果如图 7.3.1 所示。

图 7.3.8　导入雪景图片

本 章 小 结

本章主要介绍了声音与视频的应用方法与技巧，包括导入声音、添加声音、为按钮添加声音、设置声音属性、使用回放组件加载外部视频、把视频嵌入到 SWF 文件中以及设置视频属性等知识。通过本章的学习，读者应学会声音和视频的导入方法与编辑技巧，以制作出声情并茂的动画效果。

操 作 练 习

一、填空题

1．在 Flash CS4 中，声音被分成了两类：_________和_________。

2．在 Flash CS4 中，可以导入 WAV、_________和_________格式的声音文件。

3．在 Flash CS4 中，可以导入 AVI 视频文件、_________和_________格式的视频文件。

4．在 Flash CS4 中，直接影响声音立体感效果的是_________和_________。

5．将声音导入到 Flash CS4 后，声音文件并没有被应用到动画中，只有将其添加到__________中才可以发挥作用。

二、选择题

1．在 Flash CS4 中，导入的音频被放置于（　）中。

（A）舞台　　　　（B）时间轴

（C）库　　　　（D）全选

2．声音的同步方式包括（　）几个选项。

（A）事件　　　　（B）开始

（C）停止　　　　（D）数据流

3．在 Flash CS4 中，使用“编辑封套”对话框可以更改声音的（　）。

（A）长度　　　　（B）音量

（C）效果　　　　（D）同步方式

4．在 Flash CS4 中，在导入视频文件之前若安装了（　）软件，可导入多种类型的视频文件。

（A）Quick Time　　（B）Flash

（C）DirectX　　（D）A 和 C

三、简答题

1．Flash CS4 支持哪些声音和视频格式？

2．简述如何把视频嵌入到 SWF 文件中。

四、上机操作题

1．在 Flash CS4 中，为创建的动画添加配音效果。

2．制作一个简单的网页，然后在网页中加载一段简短的视频。

第 8 章　应用 ActionScript 语言

使用 Flash 制作的动画之所以能引人注目，不仅因为它的画面美观、色彩绚丽、内容搞笑，更大程度上是由于利用了 ActionScript 语句对动画进行了编程，使制作的动画具有交互性，从而大大提高了用户的参与性。

知识要点

- ActionScript 简介
- ActionScript 的常用术语
- ActionScript 的基本语法
- ActionScript 的常用语句
- 数据与运算
- 函数
- 动画的跳转

8.1　ActionScript 简介

ActionScript 是 Flash 中不可缺少的重要组成部分之一，它由一些动作、运算符、对象等元素组成，可以对影片进行设置，在单击按钮或按下键盘键时触发脚本动作。

8.1.1　ActionScript 的概念

ActionScript 即动作脚本语言，简称 AS 语言，它是通过在动画的关键帧、按钮和影片剪辑实例上添加脚本语句，来控制动画中的对象，实现交互。简单的脚本语言可以实现场景的跳转、动态载入 SWF 文件等操作，高级的脚本语言可以实现复杂的交互性动画、游戏等，并且这些脚本语言会与 Flash 后台数据库进行交流，结合庞大的数据库系统和脚本语言，制作出交互性强、动画效果绚丽的 Flash 影片。

在前一章节的 Flash 动画中，制作的动画都是简单动画，都是按顺序播放动画中的场景和帧，而在交互动画中，用户可以使用键盘或鼠标与动画交互。例如，可以单击动画中的按钮，然后跳转到动画中的不同部分开始播放；可以拖动动画中的对象；可以在表单中输入信息等。使用动作脚本可以控制 Flash 动画中的元素，扩展 Flash 创作交互动画和网络应用的能力。

8.1.2　ActionScript 的特点

在 Flash CS4 中，ActionScript 具有以下特点。

（1）在制作交互式动画的过程中，ActionScript 根据自身的特点和语法规则，使用专门的术语，具体在后面进行介绍。

（2）动作脚本遵行逻辑顺序执行。Flash CS4 执行动作脚本语句，从第一句开始，然后按顺序执行，直至到达最后的语句或指令跳转到其他位置的语句。其中，把动作脚本送到某个位置而不是下一条语句的动作有 if，for，while，do…while，return，gotoAndPlay 和 gotoAndStop 动作。

8.1.3 ActionScript 的开发环境

要使用动作脚本编程就要打开动作面板，它是 Flash CS4 提供的专门用来编写脚本，即 ActionScript 程序的开发环境。选择择菜单栏中的窗口(W)→动作(A)命令，或按“F9”键即可打开动作面板，如图 8.1.1 所示。

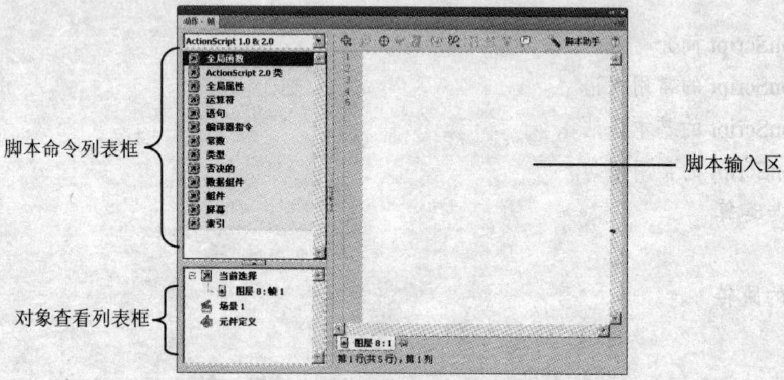

图 8.1.1 动作面板

（1）脚本命令列表框：分类列出了 Flash 中能用到的所有动作脚本命令。

（2）脚本导航器：可以查看动画中已经添加脚本的对象的具体信息。

（3）脚本输入区：可以直接在此添加、删除和修改脚本命令。

另外，动作面板还提供了一些辅助按钮，它们的功能如下。

（1）“将新项目添加到脚本中”按钮：单击该按钮，将弹出一个下拉菜单，用于显示 Flash CS4 中的所有动作。

（2）“查找”按钮：单击该按钮，将弹出如图 8.1.2 所示的“查找和替换”对话框，用于查找与替换代码。

（3）“插入目标路径”按钮：单击该按钮，将弹出如图 8.1.3 所示的“插入目标路径”对话框，用于显示当前文件中的所有影片剪辑实例。

（4）“自动套用格式”按钮：单击该按钮，Flash CS4 将按照内置的格式编排脚本。

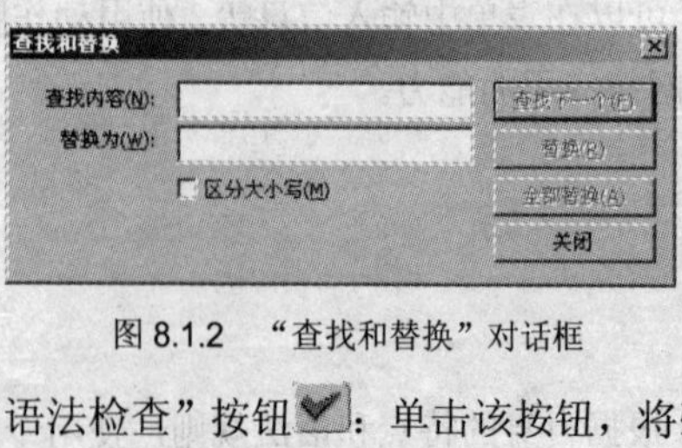

图 8.1.2 “查找和替换”对话框

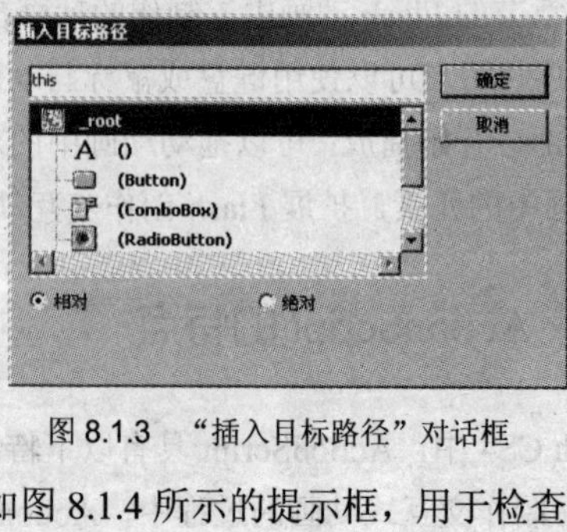

图 8.1.3 “插入目标路径”对话框

（5）“语法检查”按钮：单击该按钮，将弹出如图 8.1.4 所示的提示框，用于检查代码是否存在错误。如果存在，将在输出面板中列出；如果不存在，将弹出如图 8.1.5 所示的提示框。

图 8.1.4　存在错误时的提示框

图 8.1.5　不存在错误时的提示框

（6）“显示代码提示”按钮：单击该按钮，可以启动“显示代码提示”功能。

（7）“调试选项”按钮：单击该按钮，设置或删除断点。

（8）“应用块注释”按钮：快速输入块注释符号/**/。

（9）“应用行注释”按钮：快速输入行注释符号//。

（10）“删除注释”按钮：选中注释符号后，单击此按钮即可将其删除。

（11）“隐藏/显示工具箱”按钮：单击此按钮，可以将面板折叠成只剩标题栏的状态，如图 8.1.6 所示。再次单击该按钮，可以将折叠起来的面板展开。

（12）脚本助手按钮：单击该按钮，将动作面板切换至脚本助手模式，如图 8.1.7 所示。

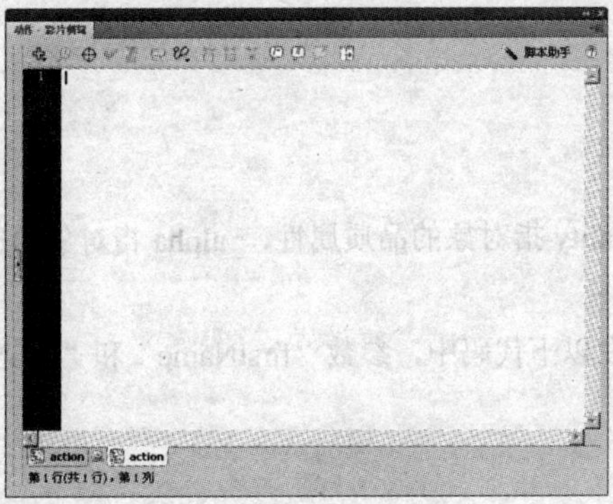

图 8.1.6　折叠动作面板

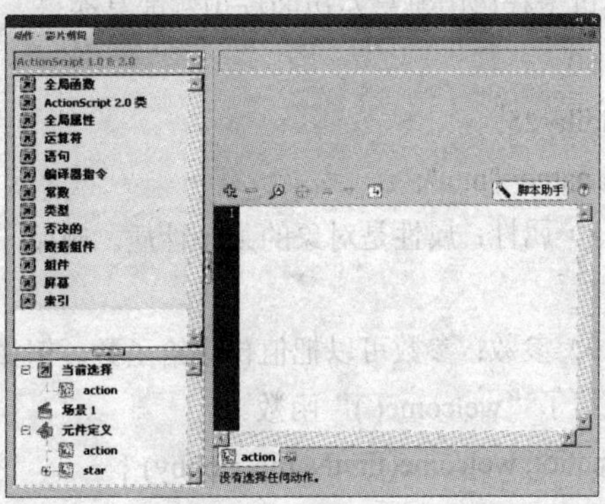

图 8.1.7　脚本助手模式下的动作面板

（13）“帮助”按钮：单击该按钮，打开帮助面板，提示相关的帮助信息。

8.2　ActionScript 的常用术语

ActionScript 是 Flash 专用的编程语言，通过它可以为 Flash 动画增加交互功能，它与其他脚本语言一样，也使用专门的术语。下面简单介绍 ActionScript 的一些常用术语。

（1）动作：动作是 ActionScript 语言的灵魂和编程的核心，用于指定动画在播放时要执行何种操作。例如，stop 动作用于停止动画的播放，play 动作用于开始动画的播放。

（2）对象：对象是属性和方法的集合，每个对象都拥有自己的名字和值，通过对象可以自由访问某种类型的信息。例如，用户通过 Date( )对象可以访问来自系统时钟的信息。

（3）事件：在很多情况下，动作是不能独立执行的，而是要满足一定的条件，即要有鼠标的经过、单击或离开以及键盘上某键的敲击等事件对其进行触发。例如，在以下代码中，“release”代表了“单击按钮并且放开”这个事件，该事件触发了“移动到第 10 帧并且停止”这个动作。

```
on(release) {
gotoAndStop(10);
}
```

（4）方法：方法是分配给某个对象的函数，在一个函数被分配给某对象之后，它可作为该对象的方法被调用。例如，在以下代码中，“clear”变成了“controller”对象的方法。

```
function Reset(){
x_pos = 0;
x_pos = 0;
}controller.clear = Reset;
controller.clear();
```

（5）类：类是一种数据类型，用于定义新的对象类型。如果要定义一个新的对象类，必须先创建一个构造器函数。

（6）常量：常量也叫做常数，是不能改变的元素。例如，常量 Key.TAB 总是用来代表键盘上的 Tab 键。

（7）变量：变量是一种可以保留任何数据类型值的标识符，它可以被创建、改变或者更新。例如，在以下代码中等号左边的标识符就是变量。

```
a=50;
width=25;
hername="mm";
```

（8）属性：属性是对象的某种性质。例如，_quality 指对象的品质属性，_alpha 指对象的透明度属性。

（9）参数：参数可以把值传递给函数。例如，在以下代码中，参数“firstName”和“hobby”把值传递给了“welcome( )”函数。

```
function welcome(firstName, hobby) {
welcomeText ="Hello," + firstName + "I see you enjoy " + hobby;
}
```

（10）实例：实例是属于某个类的对象，一个类可以产生若干个类的实例，且每个实例都包含该类的所有特性和方法。例如，所有的影片剪辑都是 MovieClip 类的实例，因此可以将_alpha 和_visible 等 MovieClip 类的方法或属性应用于任何影片剪辑实例。

（11）实例名称：实例名称是在脚本中指向影片剪辑实例的名称，该名称必须是唯一的。例如，在以下代码中将实例名称为“mm”的影片剪辑实例复制了 5 次。

```
do {
duplicateMovieClip("mm","mm"+i,i)
i=i+1;
}while(i<=5);
```

（12）数据类型：数据类型是一组值和对这些值进行运算的操作符，在 ActionScript 中包含有多种数据类型。例如，字符串、数字、布尔值、对象、影片剪辑、函数和空值等都是数据类型。

（13）表达式：表达式是能够产生值的任意语句。例如，3+2 就是一个表达式。

（14）构造器：构造器是用于定义类的函数。例如，要定义一个圆类，必须首先创建一个构造器函数 Circle( )，然后再在其中定义圆心的坐标和圆的半径。

```
function Circle(x, y, radius){
this.x = x;
```

```
this.y = y;
this.radius = radius;
}
```

（15）函数：函数是用于传送参数并能返回值的可重用代码块。例如，函数 getTimer( )用于返回当前动画已经播放的时间，函数 getVersion( )用于返回当前动画所用播放器的版本。

（16）标识符：标识符是用于识别变量、属性、对象、函数或方法的名称，它的第一个字符必须是字母、下划线或美元符号，其后的字符必须是字母、下划线、美元符号或数字。例如，miaomiao 是一个合法的标识符，而 1abcd 则不是合法的标识符。

（17）运算符：运算符是通过一个或多个值计算出新值的符号。例如，加法运算符用于把两个或多个值加到一起，产生一个新值。

（18）目标路径：目标路径是由变量、对象或实例名称等组成的表达结构，使用目标路径可以获取某个变量的值。

8.3 ActionScript 的基本语法

ActionScript 拥有自己的语法规则，用户必须遵守这些规则才能创建出正确的脚本。

（1）点语法。点“.”用于指明某个对象或影片剪辑的属性和方法，也可用于标识影片剪辑或变量的目标路径。点语法表达式以对象或影片剪辑的名称开始，后面跟着一个点，最后以要指定的属性、方法或者变量作为结束。例如，在以下代码中_x 指明 catMC 影片剪辑在 x 轴上的位置：

```
catMC._x;
```

（2）大括号。大括号“{}”用于将事件、类定义和函数等组合成语句块，例如：

```
on(release){
myDate = new Date();
currentMonth = myDate.getMonth();
}
```

（3）中括号。中括号“[ ]”用于定义、初始化数组以及获取数组中的项，例如：

```
My Array= [ ];
My Array = ["red","orange","yellow"];
My Array[0] ="red";
```

（4）小括号。小括号“( )”用于重置表达式运算符的优先级或者放置函数的相关参数，例如：

```
(a+3)*4;
function Line (x1,y1,x2,y2){…};
```

（5）分号。分号“;”用于表示语句的结束，例如：

```
var yourNum:Number = 50;
```

（6）注释。注释是用户使用简单易懂的句子对代码进行的注解，编译器不会对它进行求值运算。如果要添加注释，必须在注释前插入“//”符号，例如：

```
//定义 Line 函数
function Line (x1,y1,x2,y2){…};
```

（7）大小写。在 Flash CS4 中，所有的关键字、类名、外部脚本等均区分大小写。在编程时，应该遵守大小规则。例如，以下代码中的p没有区分大小写，因此，该行代码是无法进行编译的：

```
setproperty(ball,_xscale,scale);
```

8.4 ActionScript的常用语句

在制作动画的过程中，通常需要添加一些常用的ActionScript脚本语句，以实现非常强大的交互功能，下面介绍几种常见的语句。

1．stop

（1）功能：用于停止动画的播放。

（2）格式：stop();

（3）参数：没有参数。

（4）范例：以下代码将使动画停止播放。

```
on(release){
stop();
}
```

2．play

（1）功能：用于使动画从当前帧开始播放。

（2）格式：play();

（3）参数：没有参数。

（4）范例：以下代码将使动画从当前位置开始播放。

```
on(release){
play();
}
```

3．gotoAndPlay

（1）功能：用于使动画跳转到某一帧，并开始播放。

（2）格式：gotoAndPlay(场景,帧);

（3）参数：有场景和帧两个参数。其中，场景用于指定要转到场景的名称，如果在同一个场景中跳转，可以省略该参数；帧用于指定要转到的帧。

注意：对于有参数的动作，用户必须正确设置这些参数才能保证该动作的正确性。

（4）范例：以下代码将使动画从第15帧开始播放。

```
on (release) {
gotoAndPlay(15);
}
```

4．gotoAndStop

（1）功能：用于使动画跳转到某一帧，并停止播放。

（2）格式：gotoAndStop(场景,帧);

（3）参数：gotoAndStop 的参数与 gotoAndPlay 的相同，这里就不再赘述。

（4）范例：以下代码将使动画跳转到场景 2 的第 5 帧并停止播放。

```
on (release) {
gotoAndStop("场景 2", 5);
}
```

5．stopAllSounds

（1）功能：用于停止动画中的所有声音。

（2）格式：stopAllSounds();

（3）参数：没有参数。

（4）范例：以下代码将使当前在 Flash Player 中播放的所有声音停止。

```
on(release){
stopAllSounds ();
}
```

6．trace

（1）功能：用于获取影片剪辑的名称、位置、大小和透明度等属性。

（2）格式：trace(目标.属性);

（3）参数：有目标和属性两个参数，其中，目标用于设置影片剪辑实例的名称；属性用于设置实例的位置、大小和透明度等。

（4）范例：以下代码将获取影片剪辑实例 cs 的位置、透明度和大小属性。

```
trace(cs._x);
trace(cs._y);
trace(cs._alpha);
trace(cs.width);
trace(cs.height);
```

7．setProperty

（1）功能：用于设置影片剪辑的大小、旋转、位置、名称和透明度等属性。

（2）格式：setProperty(目标,属性,值);

（3）参数：有目标、属性和值 3 个参数，其中，值用于设置属性的值。

（4）范例：以下代码用于将影片剪辑实例 MMC 的透明度设置为 50%。

```
on(release){
setProperty("/MMC",_Alpha, "50");
}
```

8．removeMovieClip

（1）功能：用于删除影片剪辑。

（2）格式：removeMovieClip(目标);

（3）参数：有唯一参数——目标，指要删除影片剪辑实例的路径。

（4）范例：以下代码用于删除影片剪辑实例 MMCD。

```
on(release){
```

```
removeMovieClip("/MMCD");
}
```

9．getURL

（1）功能：用于将指定的 URL 加载到浏览器窗口，或者将变量数据发送给指定的 URL。

（2）格式：getURL(网页地址,窗口);

（3）参数：有网页地址和窗口两个参数，其中，网页地址用于设置链接网页的地址，可以用相对路径或绝对路径表示，如 http://www.sohu.com；窗口用于设置链接网页的打开方式，有_self，_blank，_parent 和_top 4 种方式可以选择。

（4）范例：以下代码用于在新窗口中打开 URL 为 www.sohu.com 的网页。

```
on(release){
getURL("http://www.sohu.com","_blank");
}
```

8.5 数据与运算

ActionScript 作为一种编程语言，它拥有自己的常量、变量、数据类型和运算符，并按一定的规则组合在一起，成为表达式，下面分别进行介绍。

8.5.1 常量

常量指在 ActionScript 中不可以改变的元素。例如，常量 BACKSPACE，ENTER，SHIFT，RETURN，SPACE 和 TAB 都是 Key 对象的属性，指代键盘上的按键。常量包括数值型、字符串型和逻辑型 3 种类型。

（1）数值型常量：该类常量是具体的数值，常用于表示参数的值。

（2）字符串型常量：该类常量是由若干个字符组成的，与数值型常量不同的是，必须在其两端添加引号。

（3）逻辑型常量：该类常量又叫做布尔型常量，用于表明一个条件是否成立，如果成立则为真，用非 0 值或 true 来表示；如果不成立则为假，用 0 或 flase 来表示。

以下代码中的 true 即为逻辑型常量。

```
onClipEvent(enterFrame) {
if (password==true) {
play();
}
}
```

8.5.2 变量

变量是相对于常量来说的，它是语句中可以改变的参数值。当首次定义一个变量时，最好给它赋一个已知值，这称为初始化变量。

1. 变量的类型

变量也包括数值型、字符串型和逻辑型 3 种类型。

（1）数值型变量：用于存储一些特定的数值。

（2）字符串型变量：用于存储一些特定的文本信息。

（3）逻辑型变量：用于判断指定的条件是否成立，有 true 和 flase 两种值。

2. 声明变量

根据作用范围的不同，还可以把变量分为全局变量和局部变量两类。全局变量指在整个动画中都有效的变量，在程序中，如果要声明一个全局变量，只要直接给该变量赋值或者使用 set 语句赋值即可。例如，以下代码中的 achang 就是一个全局变量。

```
achang=10;
set("achang",10);
```

局部变量的作用范围是它所在的代码块，用户可以使用 var 语句来声明一个局部变量。例如，以下代码中的 i 是一个局部的循环变量，它仅在函数 init()中有效。

```
function init(){
var i;
for(i=0;i<10;i++)
randomArray[i]=radom(100);
}
}
```

8.5.3 数据类型

数据类型指某个变量或 ActionScript 元素能够拥有的信息类型，在 ActionScript 中，常用的数据类型有数值、字符串和逻辑值 3 种。

（1）数值型。该类数据类型是一个具有数学意义的数，可以用+，-，*，/，%，++，--等算术运算符进行处理，例如：

```
total=300*price;
i=i+1;
```

用户还可以使用 Math 对象的方法来运算数值。例如，以下代码使用 sqrt（平方根）方法返回数字 100 的平方根。

```
Math.sqrt(100);
```

（2）字符串型。该类数据类型是字母、数字和标点符号等字符的序列。在 ActionScript 脚本中输入字符串的方式是将其放在单引号或双引号之间。例如，以下代码中的“L4”就是一个字符串。

```
favoriteBand = "L4";
```

可以用“+”运算符连接或合并两个字符串，并且在连接时，ActionScript 会精确地保留字符串两端的空格。例如，以下代码在执行后的结果为 c=“Hello Goodbye”。

```
a="Hello";
b=" Goodbye";                    //在字母 G 前有一个空格
c=a+b;
```

若要在字符串中包含引号，可在它前面放置一个反斜杠字符（\），这就是所谓的将字符转义。在ActionScript 脚本中，还有一些只能用特殊的转义序列才能表示的字符，如表 8.1 所示。

表 8.1　ActionScript 中的转义符

转义序列	字　符
\b	退格符（ASCII 8）
\f	换页符（ASCII 12）
\n	换行符（ASCII 10）
\r	回车符（ASCII 13）
\t	制表符（ASCII 9）
\"	双引号
\'	单引号
\\	反斜杠
\000 - \377	以八进制指定的字节
\x00 - \xFF	以十六进制指定的字节
\u0000 - \uFFFF	以十六进制指定的 16 位 Unicode 字符

（3）逻辑值型。该类数据类型可以是 true 或 false，有时，ActionScript 也把 true 和 false 转化为 1 和 0，用于表示条件的成立与否。例如，在以下代码中如果变量 Name 和变量 Password 的值都为 true，则播放影片剪辑。

```
onClipEvent(enterFrame) {
if ((Name==true)&&(Password==true)) {
play();
}
}
```

8.5.4　运算符

运算符指能够对一个或多个数据进行运算的符号，下面介绍运算符的优先级和结合率，以及各种类型的运算符。

1．运算符的优先级和结合律

当在同一语句中使用两个或多个运算符时，一些运算符会优先于其他运算符。例如，乘法总是优先于加法执行，而括号中的项目会优先于乘法。

即 number=12+5*2;

结果为 22。

而 number=(12+5)*2;

结果为 34。

当两个或更多个运算符优先级相同时，它们的结合律会确定它们的执行顺序。结合律可以是从左到右或者从右到左。例如，乘法运算符具有从左到右的结合律，因此，以下两个语句是等效的：

```
number=3*5*2;
number=(3*5)*2;
```

2．数值运算符

数值运算符用于对数值进行加、减、乘、除和其他运算。ActionScript 中的数值运算符如表 8.2 所示。

表 8.2 ActionScript 中的数值运算符

运算符	执行的运算
+	加
–	减
*	乘
/	除
%	求模
++	递增
--	递减

其中，递增运算符“++”应用在操作数的前面或后面，将执行不同的运算。例如，在以下代码中，age 首先递增，然后再与数字 20 进行比较。

```
if (++age>=20)
```

在以下代码中，age 在执行比较之后递增。

```
if (age++ >=20)
```

3．逻辑运算符

逻辑运算符用于比较两个逻辑值（true 或 false），然后返回一个逻辑值。ActionScript 中的逻辑运算符如表 8.3 所示。

表 8.3 ActionScript 中的逻辑运算符

<table>
<tr><th>运算符</th><th>执行的运算</th></tr>
<tr><td>&&</td><td>逻辑与</td></tr>
<tr><td>||</td><td>逻辑或</td></tr>
<tr><td>!</td><td>逻辑非</td></tr>
</table>

（1）对于逻辑与，只有当所有操作数的值都是 true 时，才能返回 true；而只要有一个或一个以上的值是 false，其返回结果将为 false。例如，在以下代码中只有当 x 大于 10，并且_framesloaded 大于 50 时，才能够播放动画。

```
if (i > 10 && _framesloaded > 50){
play();
}
```

（2）对于逻辑或，只要有一个操作数的值是 true，返回结果将为 true；如果所有操作数的值为 false，其返回结果将为 false。

（3）对于逻辑非，如果所有操作数的值为 false，其返回结果将为 true；如果所有操作数的值为 true，其返回结果将为 false。

4．比较运算符

比较运算符用于比较表达式的值，然后返回一个逻辑值（true 或 false），常用于循环语句和条件语句中。ActionScript 中的比较运算符如表 8.4 所示。

表 8.4 ActionScript 中的比较运算符

运算符	执行的运算
<	小于
>	大于
<=	小于或等于
>=	人丁或等丁

在以下代码中，如果变量 score 的值大于 100，则加载 winner.swf；否则加载 loser.swf。

```
if (score > 100){
loadMovieNum("winner.swf", 5);
}else{
loadMovieNum("loser.swf", 5);
}
```

5．按位运算符

按位运算符用于处理浮点数，将它们转换为 32 位整型。ActionScript 中的按位运算符如表 8.5 所示。

表 8.5　按位运算符

运算符	执行的运算
&	按位与
|	按位或
^	按位异或
~	按位非
<<	按位左移
>>	按位右移
>>>	右移，空位用 0 填补

6．等于运算符

等于运算符用于比较两个操作数的值是否相等，并返回一个逻辑值。ActionScript 中的等于运算符如表 8.6 所示。

表 8.6　等于运算符

运算符	执行的运算
==	等于
===	严格等于
!=	不等于
!==	严格不等于

严格等于（===）运算符与等于运算符相似，但是有一个很重要的差异：严格等于运算符不执行类型转换。如果两个操作数属于不同的类型，严格等于运算符会返回 false；严格不等于（!==）运算符会返回严格等于运算符的反值。

7．赋值运算符

赋值运算符用于为变量赋值。ActionScript 中的赋值运算符如表 8.7 所示。用户可以一次只为一个变量赋值，也可以一次为多个变量赋值。

表 8.7　赋值运算符

运算符	执行的运算
=	赋值
+=	相加并赋值
-=	相减并赋值
*=	相乘并赋值
%=	求余并赋值
/=	相除并赋值
<<=	按位左移并赋值
>>=	按位右移并赋值
>>>=	无符号按位右移并赋值
^=	按位异或并赋值
|=	按位或并赋值
&=	按位与并赋值

8．字符串运算符

字符串运算符“+”用于将两个字符串操作数连接起来，例如：

"Congratulations, " + "Bonna!"

结果为 Congratulations,Bonna!。

9．点运算符和数组访问运算符

点运算符“.”和数组访问运算符（[ ]）用于指明某个对象或影片剪辑的属性和方法，由于已在语法规则中做了介绍，这里就不再赘述。

8.5.5 表达式

表达式是用于为变量赋值的短语，由操作数和变量值组成，分为数值表达式、字符串表达式、关系表达式和逻辑表达式 4 种类型。

（1）数值表达式：是由数值、数值型变量和数值运算符等连接起来的式子，其运算结果是数值，例如：

8*(7%2)+int(13/6)

结果为 10。

（2）字符串表达式：是由字符串、字符串变量和字符串运算符等连接起来的式子，例如：

year+"年"+month+day+"日"

hour+":"+minutes+":"+seconds

（3）关系表达式：是由比较运算符把若干个数值或字符串连接起来的式子，其运算结果是逻辑值，例如：

5>4

结果为 true。

（4）逻辑表达式：是由逻辑运算符把关系表达式连接起来的式子，其运算结果是逻辑值，例如：

5>4 && 9<7

结果为 false。

8.6 函 数

在进行 ActionScript 编程时，使用函数的优点有很多，例如可以简化代码，增强代码的运行效率；减少冗长的代码在书写过程中造成的错误；有利于程序的模块化；让函数处理各种数据，返回不同的值等。

8.6.1 函数的分类

从用户使用的角度上，可以把函数分为预定义函数和自定义函数两种类型。其中，预定义函数是 Flash 系统提供的函数，自定义函数是用户根据需要定义的函数，

（1）预定义函数。Flash CS4 提供了多种预定义函数，使用它们可以向应用程序添加交互性、动画和其他效果，下面介绍几种常见的预定义函数。

1）trace：将消息发送到输出窗口。

2）comment：插入一条注释。

3）eval：获取某一变量的值，或者返回某一对象。

4）getTimer：获取计算机的系统时间。

5）int：把十进制数值强制转换成整数，即取整。

6）random：产生 0 到用户指定数值间的随机数。

7）substring：截取字符串的子串。

8）length：返回字符串的长度。

9）ord：将字符转换成 ASCII 码。

10）chr：将 ASCII 码转换成相应的字符。

11）mbsubstring：截取多字节字符串中的字串。

12）mblength：返回多字节字符串的长度。

13）mbchr：将操作数转换成相应的 ASCII 码多字节字符。

14）mbord：将多字节字符转换成相应的 ASCII 码数值。

15）getVersion：获取 Flash Player 的版本号。

（2）自定义函数。在 ActionScript 中可以使用 function 语句定义函数。例如，在以下代码中定义了一个 max 函数，并且 max 的返回值为 x 和 y 中较大的一个。

```
function max(x,y){
if(x>=y){
return x;
}else{
return y;
}}
```

还可以在表达式中直接使用 function 语句定义函数，而不必去定义一个带有函数名的函数。例如，在以下代码中，x 的结果是 3 的平方 9。

```
x=(function(){return(r*r);})(3);
```

8.6.2 函数的调用

在脚本中使用函数的过程称为函数的调用，用户可以在任一时间轴中调用函数。例如，以下代码将在主时间轴上调用影片剪辑 mc1 中的 jsq 函数。

```
_root.mc1.jsq();
```

在调用函数时，必须将需要的参数传递给函数，函数会用传递的值替换函数定义中的参数。例如，以下的函数将接受参数 x。

```
function jsq(x){
  return x+1;
}
```

jsq 函数的调用如下：

```
jsq(5);
```

此时，jsq 函数将会把值 5 赋给变量 x。

8.7 动画的跳转

在 Flash 中，使用脚本语言中的循环语句和条件语句，可以控制动画从一个位置跳转到其他位置。

8.7.1 循环语句的使用

在交互式动画中，使用循环语句可使动画按指定的次数重复执行。循环语句包括 for 语句、for in 语句、while 语句和 do while 语句。

（1）for 语句。for 语句用于重复执行的次数已知的循环中。for 循环使用内置计数器重复动作，在 for 语句中，计数器和递增计数器的语句都是该 for 语句的一部分，用户可以使用下面的基本格式编写 for 语句。

```
for (init; condition; update) {
  // 语句;
}
```

在使用 for 循环时，必须要为 for 语句提供 3 个表达式：一个为设置了初始值的变量，一个用于确定循环何时结束的条件语句，另一个是在每次循环中更改变量的表达式。例如，下面的代码循环 5 次，变量 i 的值从 0 开始以 4 结束，输出结果将是从 0 到 4 的 5 个数字，且每个数字各占一行。

```
var i:Number;
for (i = 0; i < 5; i++) {
    trace(i);
}
```

（2）for in 语句。该类型的语句仅和数组及对象一起使用，例如，下面的代码将循环访问一个通用对象的属性。

```
var myObj:Object = {x:20, y:30};
for (var i:String in myObj) {
    trace(i + ": " + myObj[i]);
}
```

此代码将在输出面板中输出以下信息：

```
x: 20
y: 30
```

（3）while 语句。该语句用于在某个条件成立时一直循环，直到条件不成立时退出。例如：下面的代码将数字显示到输出面板中。

```
var i:Number = 0;
while (i < 5) {
    trace(i);
    i++;
}
```

循环结束后，将会看到数字 0～4 显示在输出面板中。

（4）do while 语句。使用该语句可以创建与 while 循环类似的循环，但是，在 do while 循环中，是在代码块结束时计算表达式的值，因此该循环总是至少执行一次。例如，下面的代码显示了 do while 循环的一个简单示例，即使条件不满足也会生成输出结果。

```
var i:Number = 5;
do {
    trace(i);
    i++;
} while (i < 5);
//输出：5
```

8.7.2 条件语句的使用

在 Flash 中，使用条件语句可以控制当条件成立时执行某个操作。常用的条件语句包括 if 语句、if else 语句和 if else if 语句。

（1）if 语句。这是最简单的条件语句，用户可按以下规则书写 if 语句。

```
if（条件成立）
{
//将要执行的语句
}
```

（2）if else 语句。该语句是具有两个分支的条件语句。当满足设置条件的时候，执行一段程序，而当不满足条件时，则会执行另一段程序，用户可按以下规则书写该语句。

```
if（条件成立）
{
//条件成立时执行的语句
}
else
{
//条件成立时执行的语句
}
```

（3）if else if 语句。该语句是具有多个分支的条件语句，当满足某个条件的时候，执行其对应的程序。

```
if（条件 1 成立）
{
//条件 1 成立时执行的语句
}
else if（条件 2 成立）
{
//条件 2 成立时执行的语句
}
else if…
```

8.8　上机实战——制作爆炸特效

本节将使用前面所学的知识制作爆炸特效，最终效果如图 8.8.1 所示。

图 8.8.1　最终效果图

操作步骤

（1）启动 Flash CS4 应用程序，新建一个 Flash 文档。

（2）按“Ctrl+J”键，弹出“文档设置”对话框，设置其对话框参数如图 8.8.2 所示。设置好参数后，单击 确定 按钮，关闭该对话框。

（3）按“Ctrl+F8”键，弹出“创建新元件”对话框，设置其对话框参数如图 8.8.3 所示。设置好参数后，单击 确定 按钮，进入该元件的编辑窗口。

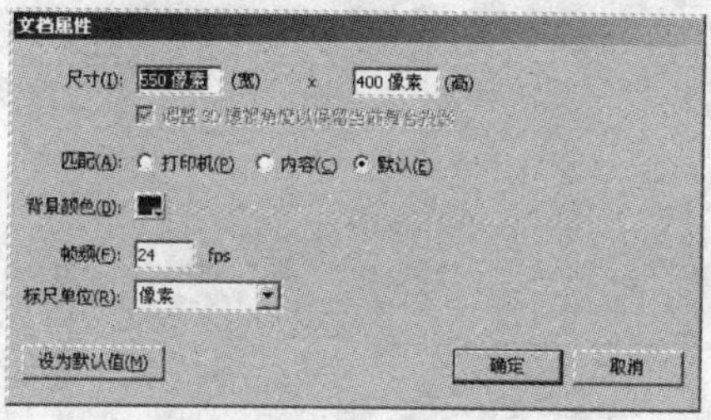

图 8.8.2　“文档设置”对话框

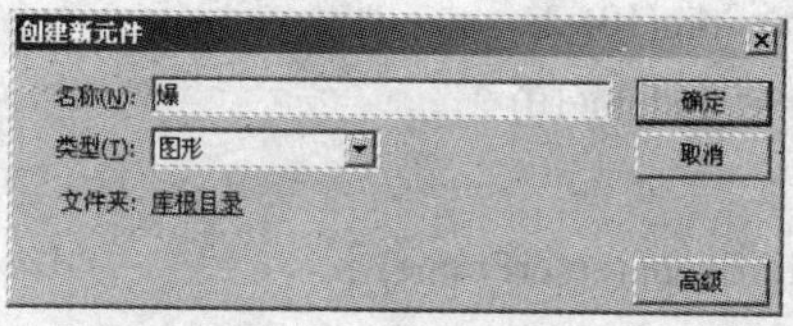

图 8.8.3　“创建新元件”对话框

（4）单击工具箱中的“文本工具”按钮 T，设置其属性面板参数如图 8.8.4 所示。

（5）设置好参数后，在舞台中输入文本“爆”，效果如图 8.8.5 所示。

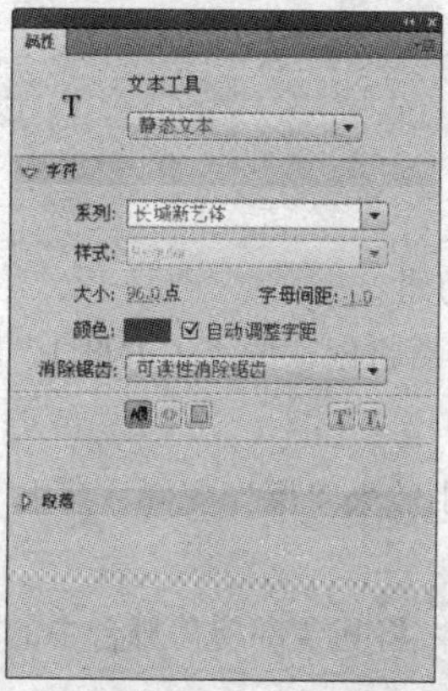

图 8.8.4　设置文本属性

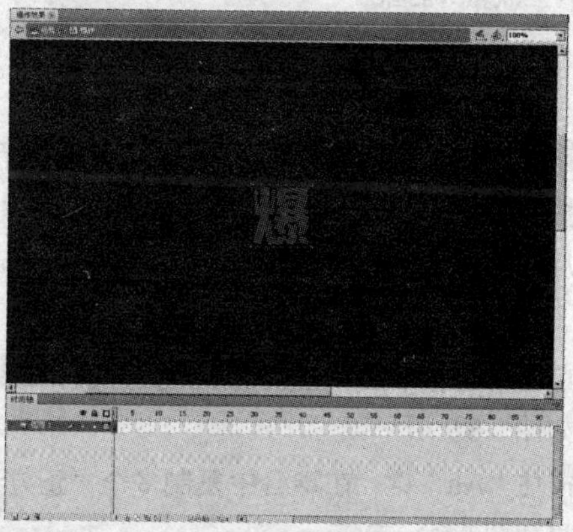

图 8.8.5　输入文本效果

（6）按“Ctrl+B”键，将文本分离，效果如图 8.8.6 所示。

（7）按“Ctrl+F8”键，创建一个名为“正方形”的影片剪辑。

（8）单击工具箱中的“矩形工具”按钮，按住“Shift”键，在舞台中绘制一个白色正方形，效果如图 8.8.7 所示。

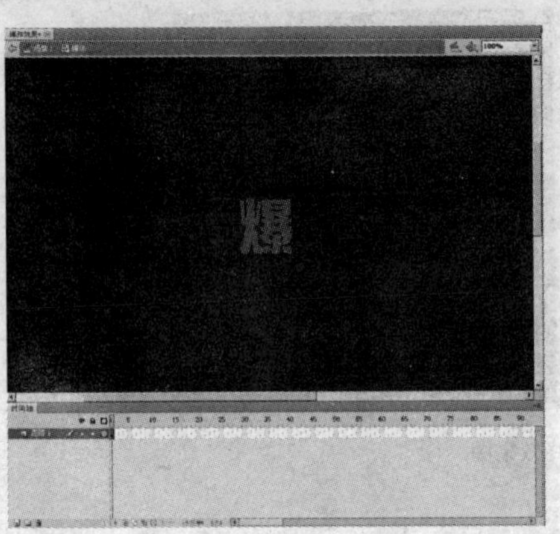

图 8.8.6　分离文本效果

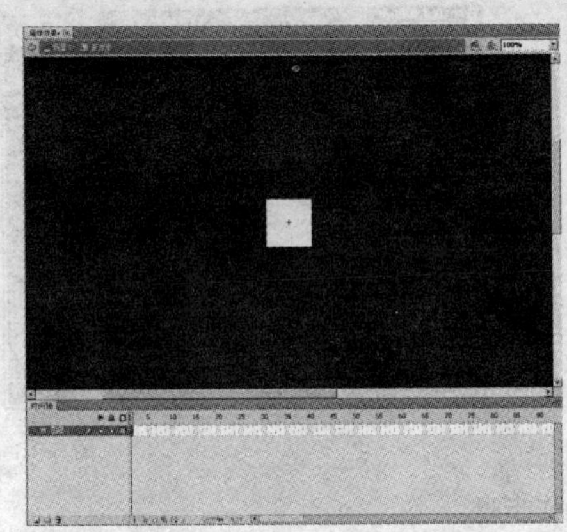

图 8.8.7　绘制正方形

（9）按“Ctrl+F8”键，新建一个名称为“正方形 1”的影片剪辑，然后按“Ctrl+L”键从打开的库面板中将“正方形”影片剪辑拖曳到舞台的中心位置。

（10）在舞台中的“正方形”影片剪辑上单击鼠标右键，从弹出的快捷菜单中选择 动作 命令，打开动作面板，在其中输入以下脚本语句：

```
onClipEvent (load) {
x = random(10)-2;
y = random(10)-2;
scale = random(10)-2
}
onClipEvent (enterFrame) {
_x = _x+x;
_y = _y+y;
_alpha = _alpha-2;
_xscale = _xscale+scale;
_yscale = _yscale+scale;
}
```

（11）输入脚本语句后的动作面板如图 8.8.8 所示。

（12）按“Ctrl+F8”键，新建一个名称为“爆炸”的影片剪辑。

（13）从库面板中将“爆”元件拖曳到舞台的中心位置，然后将创建的“正方形 1”影片剪辑拖曳到舞台中。

（14）单击工具箱中的“任意变形工具”按钮，在舞台中放大“爆”实例、缩小“正方形 1”实例，效果如图 8.8.9 所示。

（15）按住“Alt”键，在舞台中复制多个“正方形 1”实例，将其全部覆盖舞台中的文本，再删除文本，效果如图 8.8.10 所示。

（16）单击 场景 1 按钮，返回主场景。然后从库面板中将“爆”元件拖曳到舞台的中心位置。

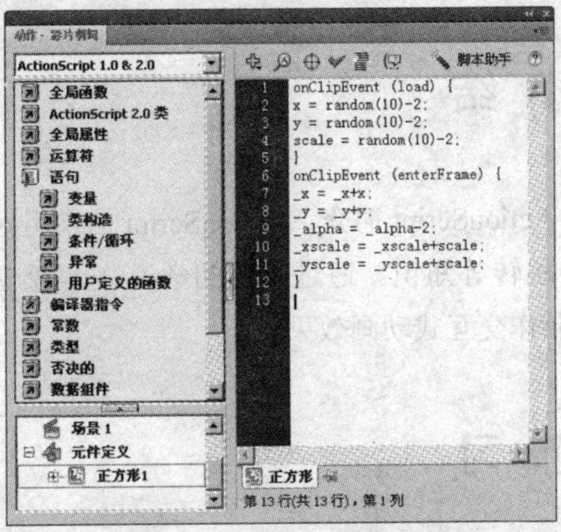

图 8.8.8　动作面板

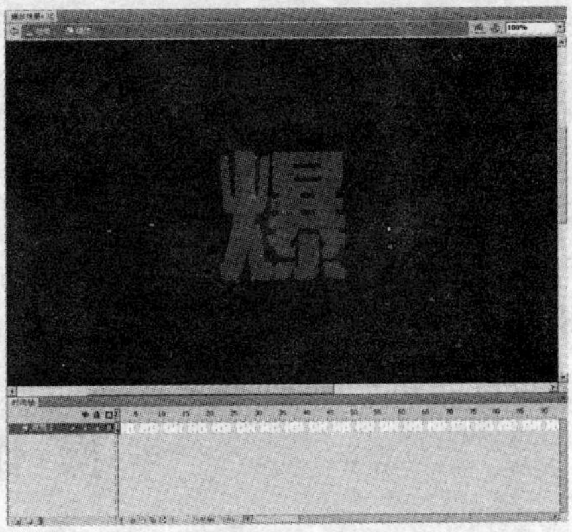

图 8.8.9　调整实例大小效果

（17）选中图层 1 中的第 4 帧，按“F5”键插入帧。

（18）新建图层 2，在第 4 帧处插入关键帧，然后从库面板中将“爆炸”影片剪辑拖曳到舞台中，并与“爆”实例相重合，然后在图层 2 的第 40 帧处插入帧，效果如图 8.8.11 所示。

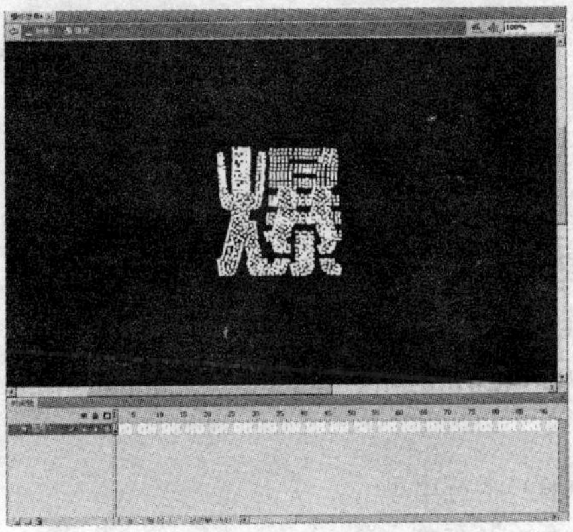

图 8.8.10　复制“正方形 1”实例

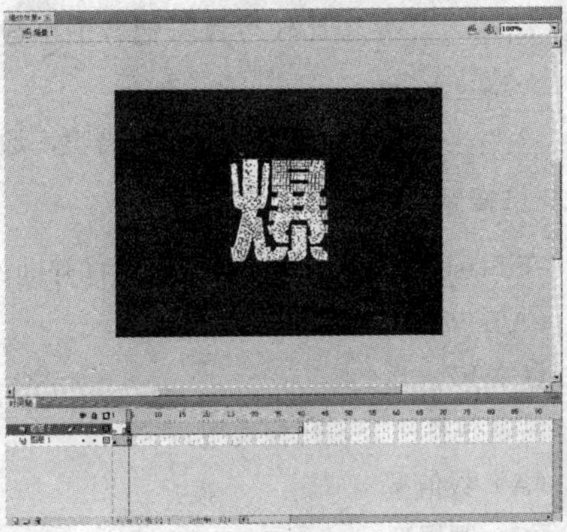

图 8.8.11　将“爆”和“爆炸”实例拖曳到舞台中

（19）按“Ctrl+R”键，在舞台中导入一幅如图 8.8.12 所示的位图，然后按“Ctrl+B”键将其分离，再使用套索工具选取白色的区域，按“Delete”键将其删除，效果如图 8.8.13 所示。

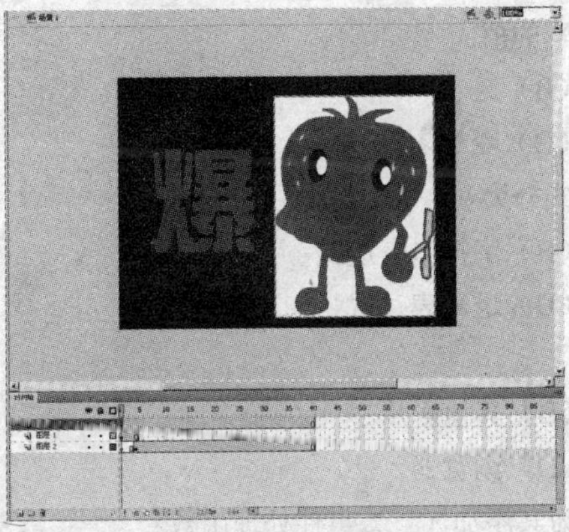

图 8.8.12　导入位图

图 8.8.13　删除白色区域

（20）按“Ctrl+Enter”键，测试动画效果，最终效果如图 8.8.1 所示。

本 章 小 结

本章主要介绍了 ActionScript 语言的应用，包括 ActionScript 简介，ActionScript 的常用术语、基本语法及常用语句，数据与运算，函数以及动画的跳转等知识。通过本章的学习，读者应熟练掌握 ActionScript 语言的语法规则与用法，并能使用它们制作交互式动画效果。

操 作 练 习

一、填空题

1．在 Flash CS4 中，_________是编写 ActionScript 的场所。

2．ActionScript 即_________，简称 AS 语言。

3．_________用于描述一个变量或 ActionScript 元素能够拥有的信息类型。

4．_________是由比较运算符把若干个数值或字符串连接起来的式子，其运算结果是逻辑值_________或_________。

5．_________是 Flash 专用的编程语言，通过它可以为 Flash 动画增加交互功能。

二、选择题

1．在 Flash CS4 中，按（　）键可打开动作面板。

（A）F5　　（B）F9

（C）F7　　（D）Ctrl+F7

2．常量包括（　）几种类型。

（A）数值型　　（B）字符串型

（C）逻辑型　　（D）关系型

3．在 Flash CS4 中，可以向（　）添加 ActionScript。

（A）帧　　（B）影片剪辑

（C）按钮　　（D）图像

4．基本数据类型指（　）等，它们都有一个不变的值。

（A）字符串　　（B）数字

（C）布尔数　　（D）变量

5．按照运算符和运算结果的不同，可以将表达式分为（　）。

（A）数值表达式　　（B）字符串表达式

（C）关系表达式　　（D）逻辑表达式

6．在 Flash CS4 中，事件的默认目标为（　）。

（A）当前影片　　（B）其他影片

（C）外部应用程序　　（D）浏览器

7．若要为一个按钮添加动作脚本语句，必须先为其添加（　）事件处理函数。

（A）`play`　　（B）`getURL`

（C）`onClipEvent`　　（D）`on`

三、简答题

1．简述 ActionScript 的特点及语法规则。

2．简述变量的类型以及作用范围。

四、上机操作题

1．制作一个可以通过单击按钮来控制声音播放与停止的动画。

2．利用本章所学的知识，制作一个倒计时程序界面。

第9章 应用组件

组件是供用户在动画中重复使用的复杂元素，它实际上也是一段影片剪辑，用户不需要了解或编写动作脚本就可以在动画中直接应用。在Flash CS4中，使用组件可以很方便地创建单选按钮、下拉列表、下拉菜单等界面控件。

知识要点

- 组件简介
- 常用组件的应用
- 编辑组件

9.1 组件面板简介

组件是复杂的电影剪辑元件，拥有一套完整的参数和ActionScript方法，组件运行期间，用户可以设置这些参数和方法。选择菜单栏中的 窗口(W) → 组件(X) 命令，打开组件面板，如图9.1.1所示。单击组件面板中左侧的▶图标，将打开一个组，如图9.1.2所示。其中，每个组件都有一组独特的动作脚本方法、属性和事件，用于运行时设置参数和其他选项。

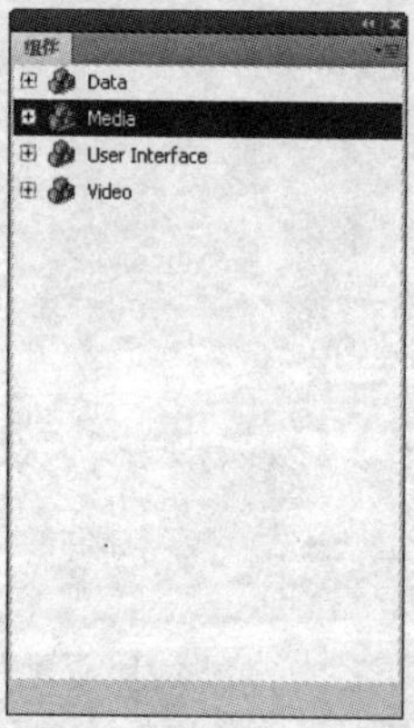

图9.1.1 组件面板

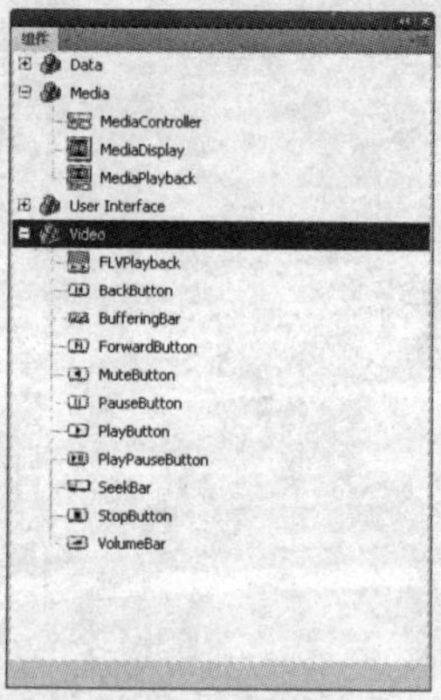

图9.1.2 展开组

注意：在制作动画的过程中，每种类型的Flash组件只需要在动画中添加一次即可。

9.1.1 组件的类型

Flash CS4自带了Data组件、User Interface组件、Media组件和Video组件，用户不仅可以使用这些自带组件，还可以自己创建组件或者下载他人创建的组件。

（1）Data组件：该类组件用于加载和处理数据，其功能如表9.1所示。

表 9.1　Data 组件的功能

组件名称	功　能
DataHolder	保存数据，并可作为组件之间的连接器
DataSet	创建数据驱动的应用程序
RDBMSResolver	翻译 Web 服务、JavaBean、servlet 或 ASP 页中可接收并分析的 XML
WebServiceConnector	提供对 Web 服务方法调用的无脚本访问
XMLConnector	使用 HTTP GET 或 POST 方法来读写 XML 文档
XUpdateResolver	将 DeltaPacket 翻译为 XUpdate

（2）User Interface 组件：该类组件用于创建具有交互功能的元素，其功能如表 9.2 所示。

表 9.2　User Interface 组件的功能

组件名称	功　能
Accordion	创建复杂的菜单
Alert	创建提示框
Button	创建按钮
CheckBox	创建复选框
ComboBox	创建下拉菜单
DataGrid	显示载入到组件中的数据
DateChooser	创建日历
DateField	创建一个不可编辑的文本字段，并带有日历图标
Label	创建一个不可编辑的单行文本字段
List	创建下拉列表
Loader	创建载入动画或 JPEG 图像的区域
Menu	创建应用程序菜单
MenuBar	创建水平方向上的菜单栏
NumericStepper	创建可单击的箭头，通过单击可增加或减少数值
ProgressBar	创建进度条
RadioButton	创建一组单选按钮
ScrollPane	创建滚动窗格
TextArea	创建一个可随意编辑的多行文本字段
TextInput	创建一个可随意编辑的单行文本字段
Tree	创建可折叠目录
UIScrollBar	创建滚动条
Window	创建可随意拖动的窗口

（3）Media 组件：该类组件用于控制媒体流的播放和显示，其功能如表 9.3 所示。

表 9.3　Media 组件的功能

组件名称	功　能
MediaController	播放媒体流
MediaDisplay	显示媒体流
MediaPlayback	是 MediaController 组件和 MediaDisplay 组件的结合体

（4）Video 组件：该类组件用于创建视频播放器并定义其外观，其功能如表 9.4 所示。

表 9.4　Video 组件的功能

组件名称	功　能
FLVPlayback	创建一个 Flash 播放器
BackButton	创建一个缓冲条
ForwardButton	创建前进按钮
MuteButton	创建静音按钮
PauseButton	创建暂停按钮
PlayButton	创建播放按钮
PlayPauseButton	创建播放暂停按钮
SeekBar	创建音量轨道
StopButton	创建停止按钮
VolumeBar	创建音量控制按钮

9.1.2 添加组件的方法

在 Flash CS4 中，通常使用组件面板和库面板来添加组件，下面分别对其进行介绍。

1．使用组件面板添加组件

使用组件面板添加组件的具体操作步骤如下。

（1）选择菜单栏中的窗口(W)→组件(X)命令，在打开的组件面板中选择如图 9.1.3 所示的组件。

（2）将选中的“Label”组件拖曳到舞台中或双击选择的组件，效果如图 9.1.4 所示。

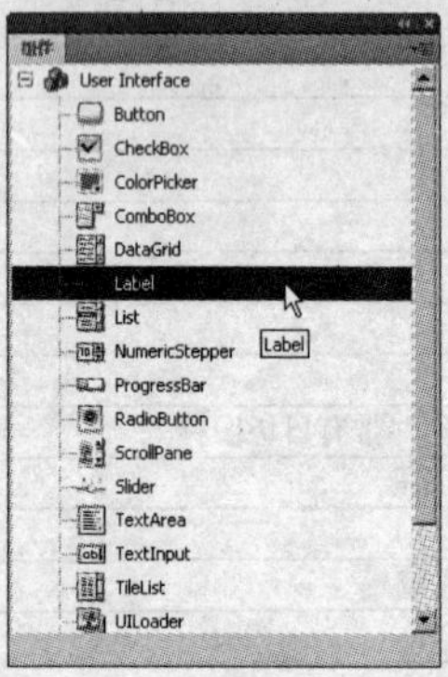

图 9.1.3 选择需要的组件

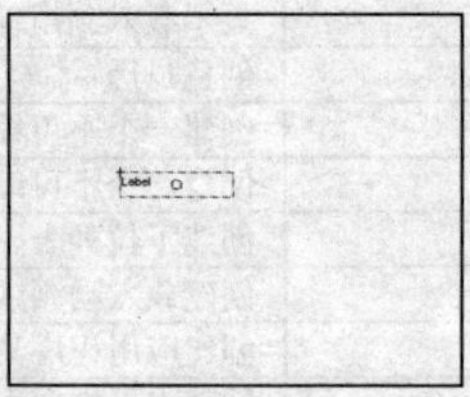

图 9.1.4 将组件拖入舞台

（3）选中舞台中的“Label”组件，在其属性面板中单击“组件检查器面板”按钮，打开“组件检查器”面板，设置其面板参数如图 9.1.5 所示。

（4）在舞台中复制一个“Label”组件，设置“组件检查器”面板参数如图 9.1.6 所示。

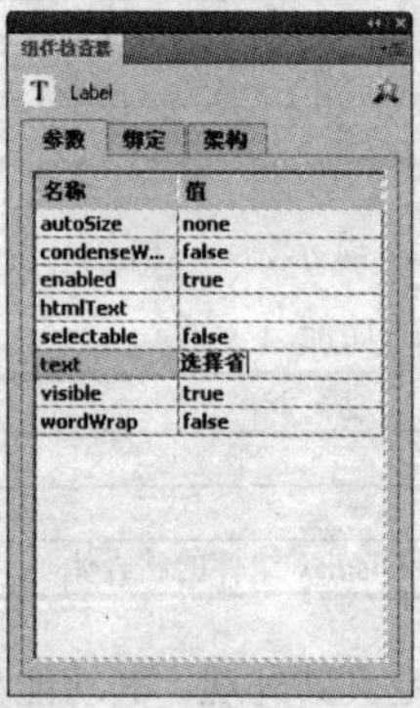

图 9.1.5 输入“选择省”

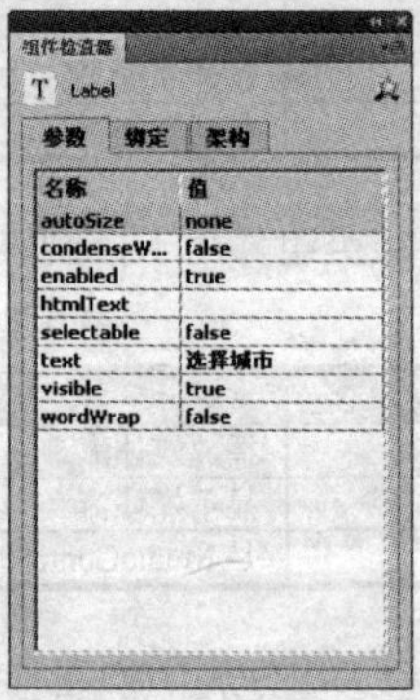

图 9.1.6 输入“选择城市”

（5）设置参数后，舞台中组件的效果如图 9.1.7 所示。

（6）重复步骤（2）～（4）的操作，在舞台中添加两个“ComboBox”组件，如图 9.1.8 所示。

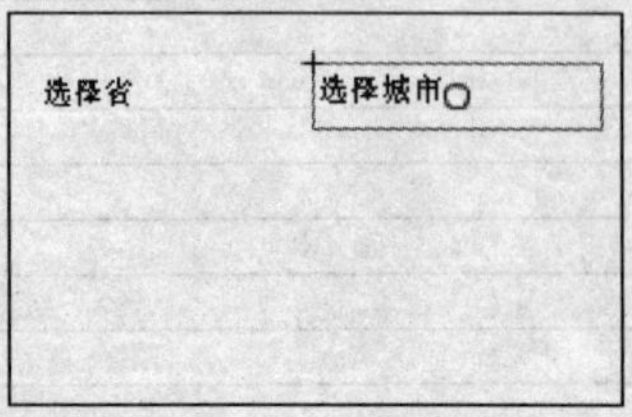

图 9.1.7 设置“Label”组件参数效果

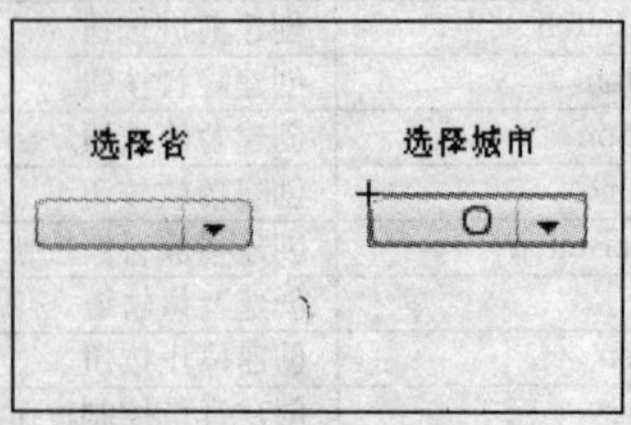

图 9.1.8 拖入两个“ComboBox”组件

（7）选中第 1 个“ComboBox”组件，在“组件检查器”面板中单击“dataProvider”文本框或单击其右侧的按钮，弹出一个“值”对话框（见图 9.1.9），单击按钮，弹出一个树型菜单，在“Label”文本框中输入“北京”，在“data”文本框中输入“1”，继续单击按钮，在“Label”文本框和“data”文本框中添加不同的城市和序号，如图 9.1.10 所示。

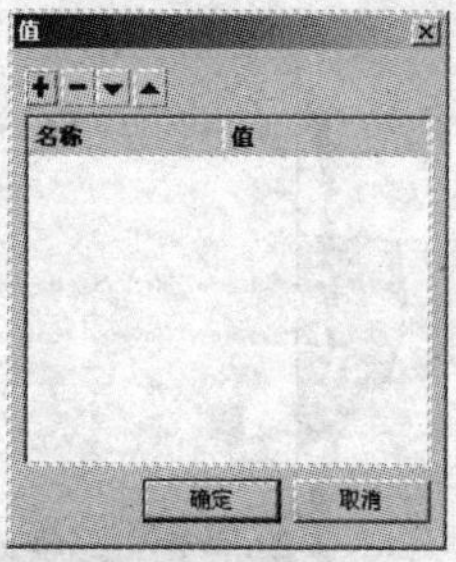

图 9.1.9　“值”对话框

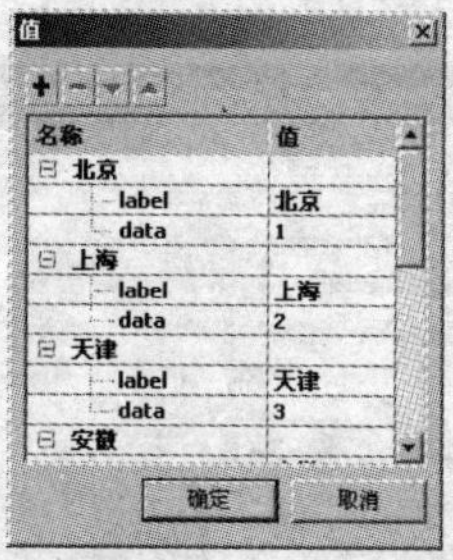

图 9.1.10　输入“值”

（8）添加完毕后单击 确定 按钮，效果如图 9.1.11 所示。

（9）选择第 2 个“ComboBox”组件，重复步骤（7）和（8）的操作，在“值”对话框中输入相应的参数，效果如图 9.1.12 所示。

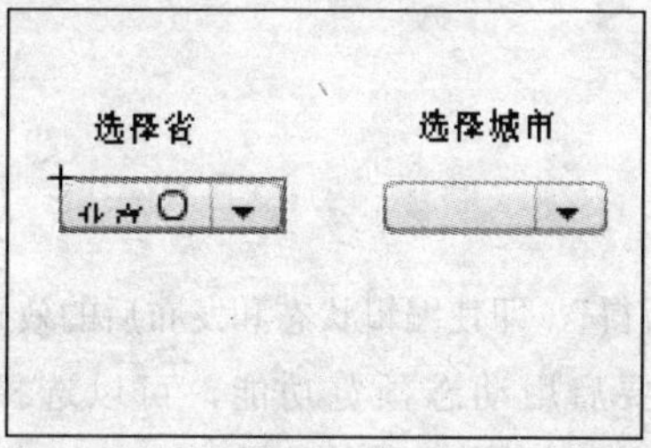

图 9.1.11　设置第 1 个“ComboBox”组件参数

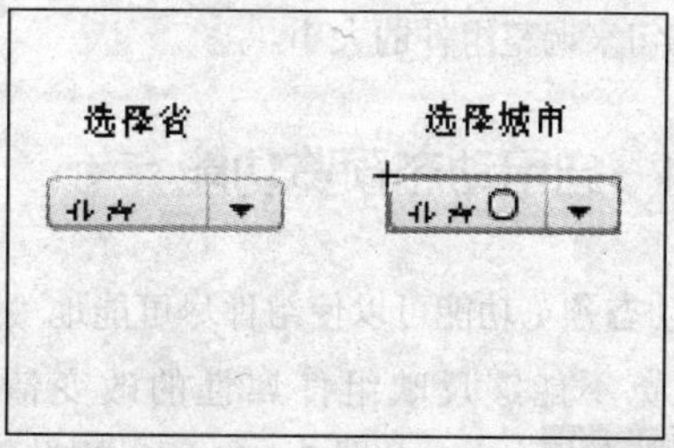

图 9.1.12　设置第 2 个“ComboBox”组件参数

（10）按“Ctrl+Enter”键即可测试影片，效果如图 9.1.13 所示。

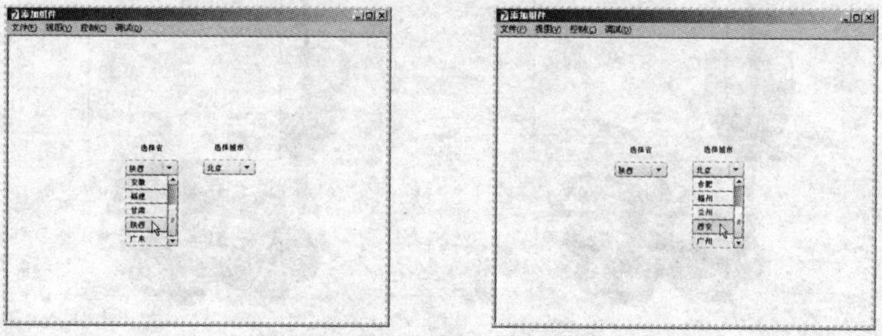

图 9.1.13　添加组件效果

2．使用库面板添加组件

当用户将组件添加到 Flash 文档中后，该组件将在库面板中显示为编译剪辑元件，用户可以从库面板中将其拖曳到舞台中，以创建该组件的若干实例。

9.1.3　更改组件实例大小

添加组件实例后，可以使用多种方法设置组件的大小，下面介绍几种常用的方法。

（1）使用属性面板设置组件大小。添加组件后，在属性面板中的宽度:和高度:文本框中输入相应的数值，可更改组件的大小，如图 9.1.14 所示。

（2）使用任意变形工具调整组件的大小。在舞台中选中要调整的组件实例，然后单击工具箱中的“任意变形工具”按钮，拖曳鼠标即可调整组件的大小，如图 9.1.15 所示。

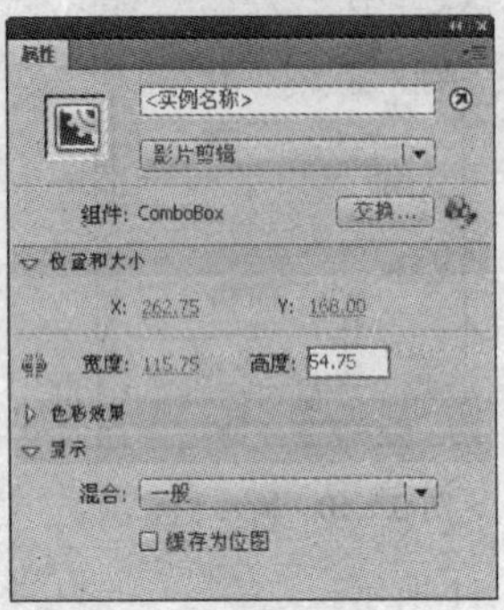

图 9.1.14　输入数值调整大小

图 9.1.15　拖动组件调整大小

（3）使用 setSize()语句调整组件的大小。在 ActionScript 脚本中，从任意组件实例中都可以调用 setSize()语句来调整组件的大小。

9.1.4　启用动态预览功能

启用动态预览功能可以使组件尽可能地“所见即所得”，即使编辑状态和发布后的效果一样。但是动态预览不能够反映组件属性的改变情况。若要启用动态预览功能，可以选择控制(O)→启用动态预览(W)命令，如图 9.1.16 所示的为启用动态预览功能前、后的效果。

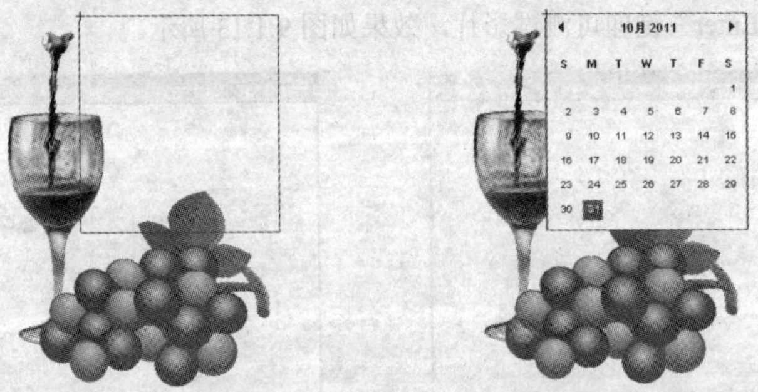

图 9.1.16　启用动态预览功能前、后的效果

9.1.5　删除组件实例

对于 Flash 文档中没有用到的组件实例，用户可以将它们删除。删除组件实例的方法有以下几种。

（1）选中组件实例，单击库面板底部的“删除”按钮，如图 9.1.17 所示。

（2）选中组件实例，单击库面板右上角的“菜单选项”按钮，在弹出的快捷菜单中选择删除命令。

（3）选中组件实例，在弹出的快捷菜单中选择剪切或删除命令。

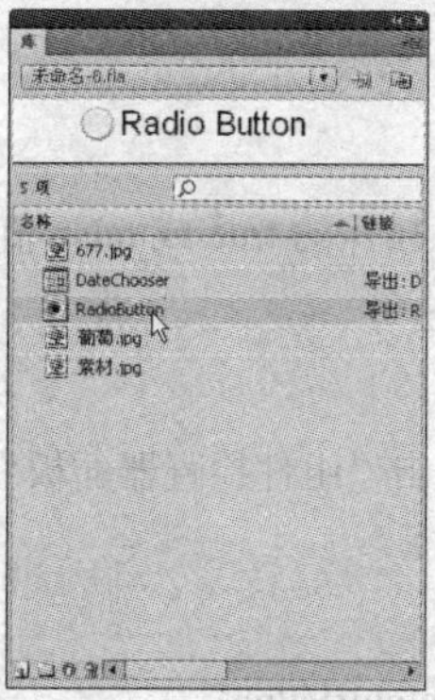

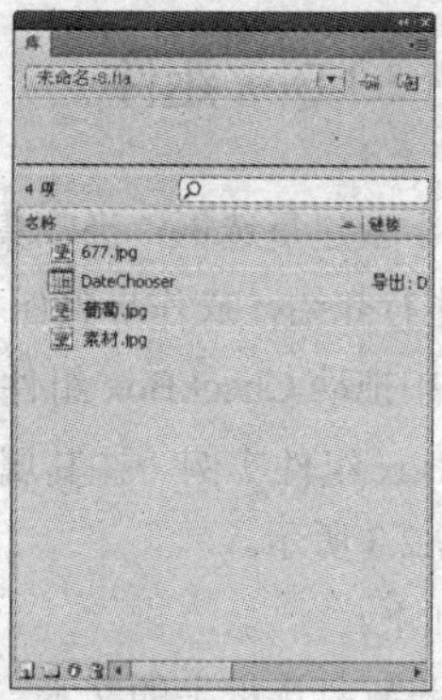

图 9.1.17　删除 MuteButton 元件前、后的效果

（4）选中组件实例，然后按“Delete”键直接删除。

9.2　常用组件的应用

Flash CS4 自带了几十种组件，通过它们可以实现非常强大的交互功能。下面介绍几种常用组件的使用方法与技巧。

9.2.1　应用 Label 组件

Label 组件用于创建不可编辑的单行文本字段。下面通过一个实例来进行介绍，操作步骤如下。

（1）从组件面板中拖动 Label 组件到舞台中。

（2）选中 Label 组件实例，在其属性面板中单击“组件检查器面板”按钮，打开“组件检查器”面板，如图 9.2.1 所示。

对其中各项说明如下。

1）autoSize：用于设置标签的大小和对齐方式。

2）html：用于设置标签是否采用 HTML 格式，这里设置为“true”或“false”。

3）text：用于设置标签的文本，这里设置为“葡萄”。

（3）重复步骤（1）和（2）的操作，再拖入一个 Label 组件，并设置其“text”值为“葡萄酒”。

（4）按“Ctrl+Enter”键，测试效果，如图 9.2.2 所示。

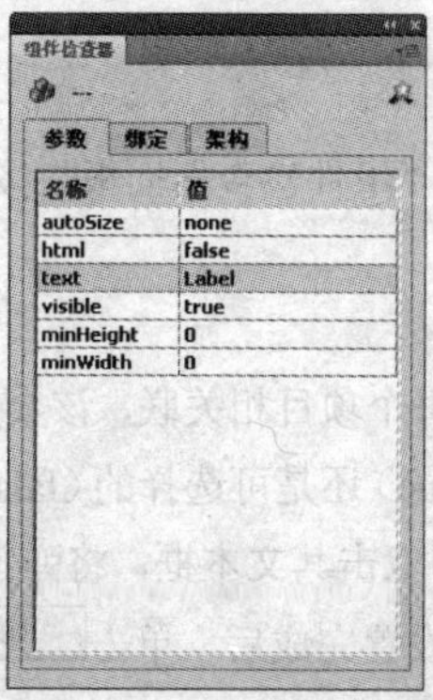

图 9.2.1　“组件检查器”面板

图 9.2.2　Label 组件效果

9.2.2 应用 CheckBox 组件

CheckBox 组件用于创建复选框，当收集一组非相互排斥的 true 或 false 值时，可以使用复选框。下面通过一个实例来进行介绍，操作步骤如下。

（1）从组件面板中拖动 CheckBox 组件到舞台中。

（2）选中 CheckBox 组件实例，在其属性面板中单击“组件检查器面板”按钮，打开“组件检查器”面板，如图 9.2.3 所示。

对其中各项说明如下。

1）label：用于设置复选框上的文本，默认值为 defaultValue。

2）labelPlacement：用于设置复选框文本相对于图标的方向，默认值是 right。

3）selected：用于设置复选框的初始状态是选中（true）还是取消选中（false）。

（3）重复步骤（1）和（2）的操作，再拖入一个 CheckBox 组件，并设置它们的“label”值分别为“葡萄”和“葡萄酒”。

（4）按“Ctrl+Enter”键，测试效果，如图 9.2.4 所示。

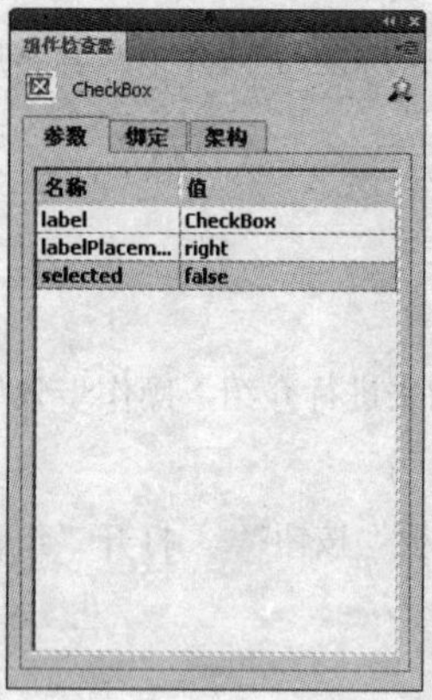

图 9.2.3 “组件检查器”面板

图 9.2.4 CheckBox 组件效果

9.2.3 应用 ComboBox 组件

ComboBox 组件用于创建下拉菜单，在其中提供了多个选项，用户可以选择其中的一个或多个。下面通过一个实例来进行介绍，操作步骤如下。

（1）从组件面板中拖动 ComboBox 组件到舞台中。

（2）选中 ComboBox 组件实例，在其属性面板中单击“组件检查器面板”按钮，打开“组件检查器”面板，如图 9.2.5 所示。

对其中各项说明如下。

1）data：用于将一个数据值与 ComboBox 组件中的每个项目相关联，该数据参数是一个数组。

2）editable：用于设置 ComboBox 组件是可编辑的（true）还是可选择的（false），默认值为 false。

3）labels：用一个文本值数组填充 ComboBox 组件。双击其文本框，将弹出“值”对话框，在其中添加“葡萄”和“葡萄酒”2 个值，如图 9.2.6 所示。设置完成后，单击确定按钮。

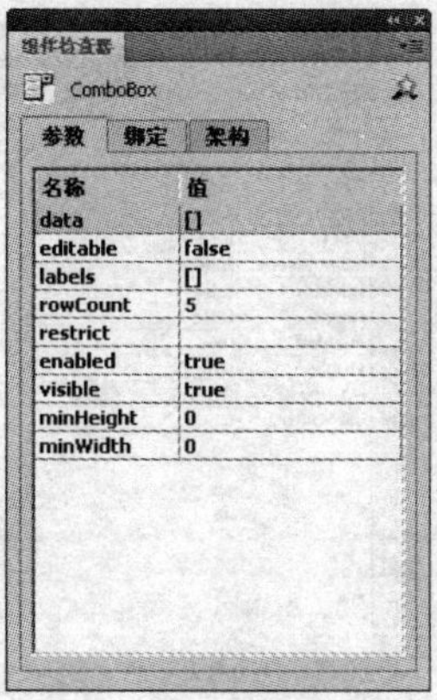

图 9.2.5 “组件检查器”面板

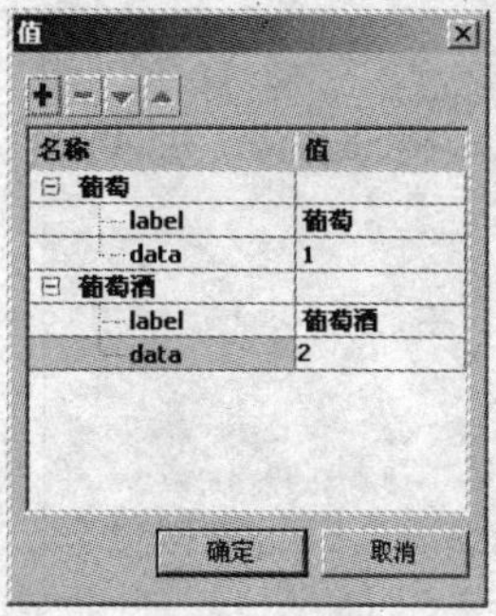

图 9.2.6 添加 2 个值

4）rowCount：用于设置在不使用滚动条的情况下一次最多可以显示的项目数，默认值为 5。

（3）按“Ctrl+Enter”键，测试效果，如图 9.2.7 所示。

图 9.2.7 ComboBox 组件效果

9.2.4 应用 Button 组件

Button 组件用于创建按钮，相对于其他组件而言，Button 组件的功能和参数设置比较简单。下面通过一个实例来进行介绍，操作步骤如下。

（1）从组件面板中拖动 Button 组件到舞台中。

（2）选中 Button 组件实例，在属性面板的“实例名称”文本框中输入字符“Button1”，如图 9.2.8 所示。

（3）单击面板中的“组件检查器面板”按钮，打开“组件检查器”面板，如图 9.2.9 所示。对其中各项说明如下。

1）icon：用于为按钮添加自定义图标。

2）label：用于设置按钮上的文本，默认值是 Button，这里设置为“单击”。

3）labelPlacement：用于设置按钮文本相对于图标的方向，其参数可以是 left，right，top 或者 bottom，默认值是 right。

4）selected：用于设置按钮的状态是按下（true）还是释放（false），默认值为 false。

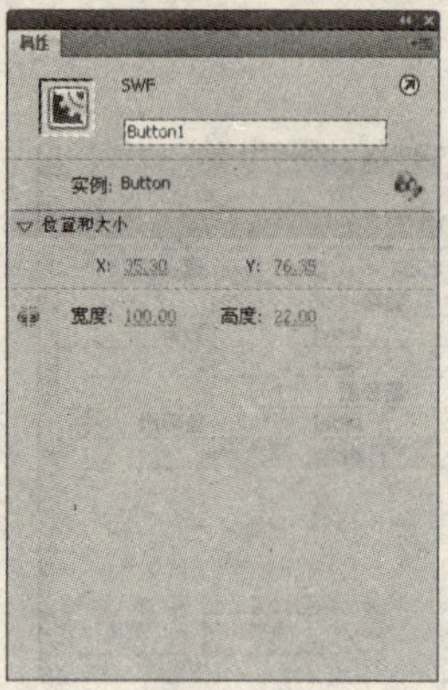

图 9.2.8 “Button 组件”属性面板

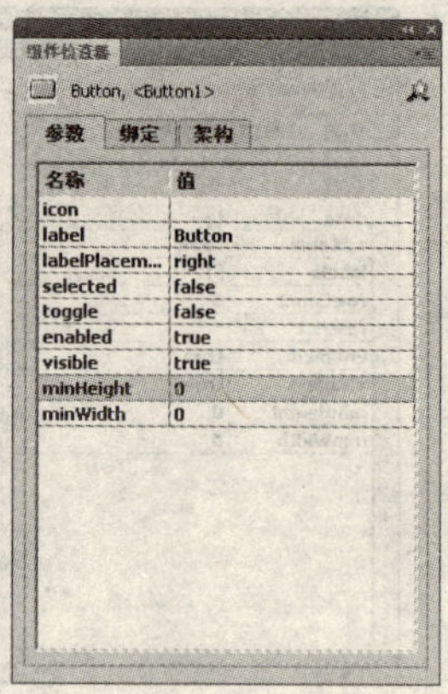

图 9.2.9 “组件检查器”面板

5）toggle：用于将按钮转变为切换开关，默认值为 false，这里设置为“true”。

（4）单击时间轴面板中的“插入图层”按钮，新建图层 2。

（5）选中图层 2 第 1 帧，单击鼠标右键，从弹出的快捷菜单中选择动作命令，在打开的动作面板中输入以下脚本语句：

```
function clicked(){
    trace("绘制的葡萄和葡萄酒效果！");
}
Button1.addEventListener("click", clicked);
```

（7）按“Ctrl+Enter”键，测试效果，如图 9.2.10 所示。

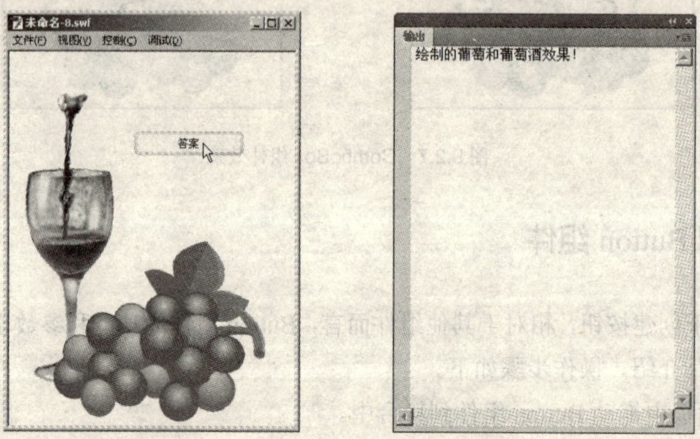

单击按钮前　　单击按钮后

图 9.2.10 Button 组件效果

9.2.5 应用 ScrollPane 组件

ScrollPane 组件是一个滚动窗格，可以在其中显示影片剪辑、JPEG 文件和 SWF 文件等。下面通过显示 JPEG 文件实例来介绍 ScrollPane 组件的添加方法，操作步骤如下。

（1）在库面板中选中舞台中导入的图片，单击鼠标右键，从弹出的快捷菜单中选择属性...命令，如图 9.2.11 所示。

（2）弹出“位图属性”对话框，选中对话框中的 ☑ 为运行时共享导出(O) 复选框，将激活 URL(U): 文本框，将对话框中右上角的图片路径复制到该文本框中，如图 9.2.12 所示。其他设置为默认值，单击 确定 按钮。

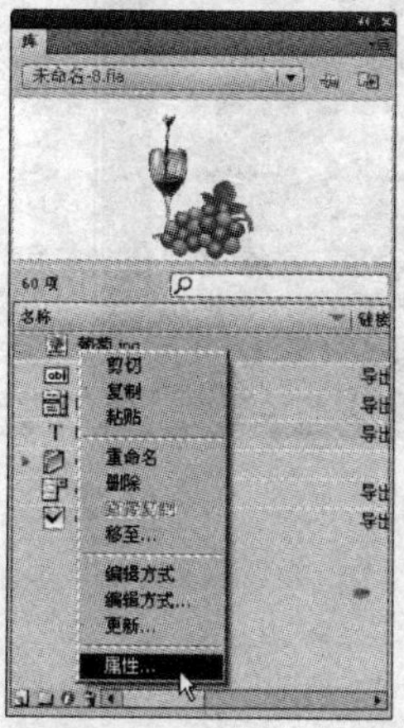

图 9.2.11　库面板

图 9.2.12　“位图属性”对话框

（3）从组件面板中拖动 ScrollPane 组件到舞台中。

（4）选中 ScrollPane 组件实例，在其属性面板中单击“组件检查器面板”按钮，打开“组件检查器”面板，如图 9.2.13 所示。

对其中各项说明如下。

1）contentPath：用于设置要加载到滚动窗格中的内容，可以是影片剪辑的链接标识符，也可以是 JPEG 文件、SWF 文件等的绝对或相对路径。此处输入“位图属性”对话框中的 URL(U): 路径，如图 9.2.14 所示。

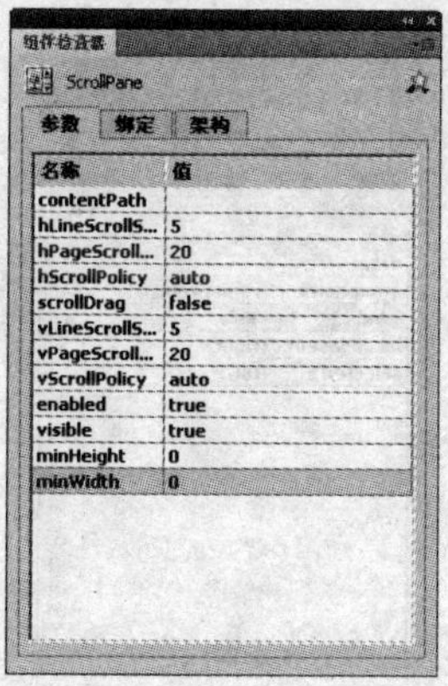

图 9.2.13　“组件检查器”面板

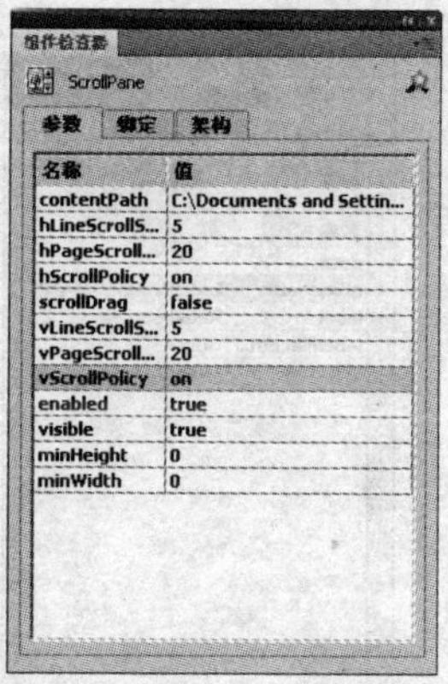

图 9.2.14　设置“contentPath”参数

2）hLineScrollSize：用于设置每次单击箭头按钮时水平滚动条移动多少个单位，默认值为 5。

3）hScrollPolicy：用于设置是否显示水平滚动条，该值可以为 on，off 或 auto，默认值为 auto。

4）scrollDrag：用于设置用户在滚动窗格中拖动内容时，该内容是否发生滚动，默认值为 false。

5）vLineScrollSize：用于设置每次单击箭头按钮时垂直滚动条移动多少个单位，默认值为 5。

6）vScrollPolicy：用于设置是否显示垂直滚动条，该值可以为 on，off 或 auto，默认值为 auto。

（3）按“Ctrl+Enter”键，测试效果，如图 9.2.15 所示。

图 9.2.15　ScrollPane 组件效果

9.2.6　应用 RadioButton 组件

RadioButton 组件用于创建一组单选按钮。下面通过一个实例来进行介绍，操作步骤如下。

（1）从组件面板中拖动 RadioButton 组件到舞台中。

（2）选中 RadioButton 组件实例，在其属性面板中单击“组件检查器面板”按钮，打开“组件检查器”面板，如图 9.2.16 所示。

对其中各项说明如下。

1）data：用于设置与每个单选按钮相关联的值，该数据参数是一个数组，没有默认值。

2）groupName：用于设置单选按钮的组名称，默认值为 radioGroup。

3）label：用于设置按钮上的文本，默认值为 Radio Button，这里设置为“葡萄”，如图 9.2.17 所示。

图 9.2.16　“组件检查器”面板

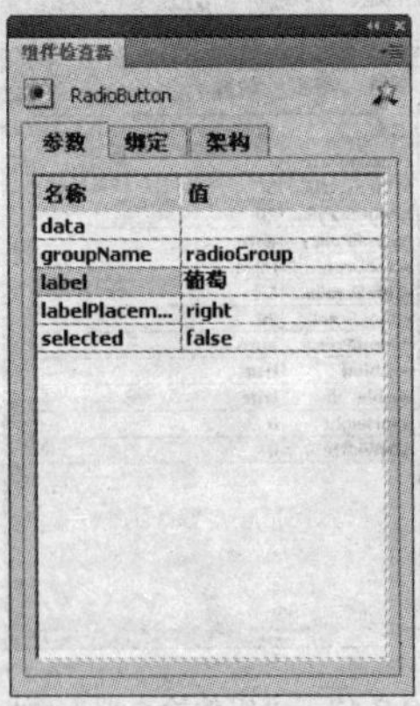

图 9.2.17　输入 label 值

4）labelPlacement：用于设置按钮文本相对于图标的方向，该参数可以是 left，right，top 或 bottom，默认值是 right。

5）selected：用于设置单选按钮是否处于选中状态。被选中的单选按钮会显示一个圆点。一个组内只有一个单选按钮可以有被选中的值（true）；如果组内有多个单选按钮被设置为 true，则会选中最后的单选按钮，默认值为 false。

（3）重复步骤（1）和（2）的操作，另外拖入两个 RadioButton 组件，并设置它们的“label”值分别为“葡萄酒”和“全选”。

（4）按“Ctrl+Enter”键，测试效果，如图 9.2.18 所示。

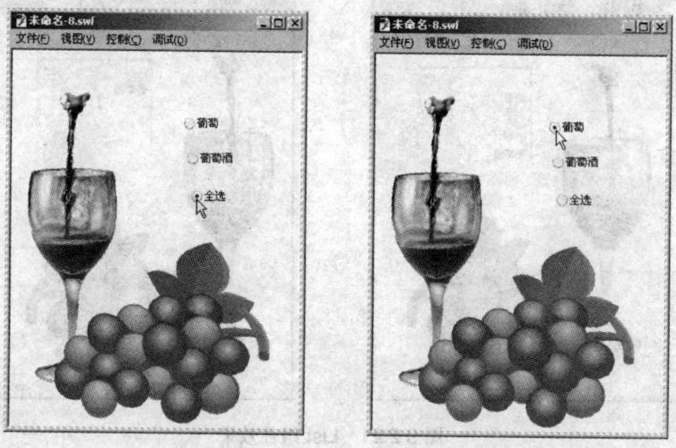

图 9.2.18　RadioButton 组件效果

9.2.7　应用 List 组件

List 组件用于创建下拉列表，在其中可以显示图形，也可以包含其他组件。下面通过一个实例来进行介绍，操作步骤如下。

（1）从组件面板中拖动 List 组件到舞台中。

（2）选中 List 组件实例，在其属性面板中单击“组件检查器面板”按钮，打开“组件检查器”面板，如图 9.2.19 所示。

对其中各项说明如下。

1）data：用于设置填充列表数据的值数组，默认值为[ ]，即为空数组。

2）labels：用于设置填充列表标签的文本值数组，默认值为[ ]，即为空数组。双击其文本框，将弹出“值”对话框，在其中添加“葡萄”和“葡萄酒”2 个值，如图 9.2.20 所示。设置完成后，单击确定按钮。

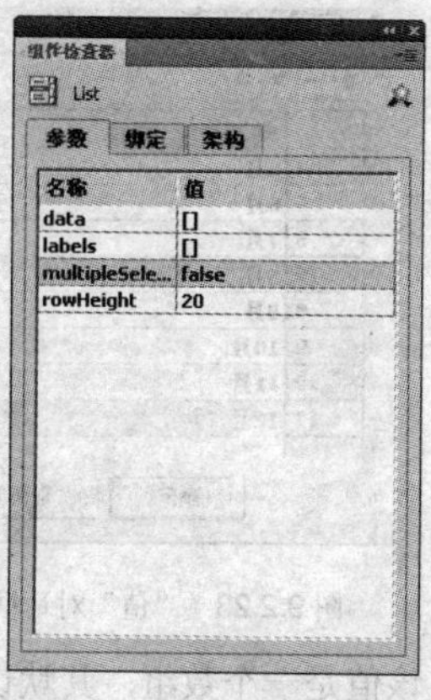

图 9.2.19　“组件检查器”面板

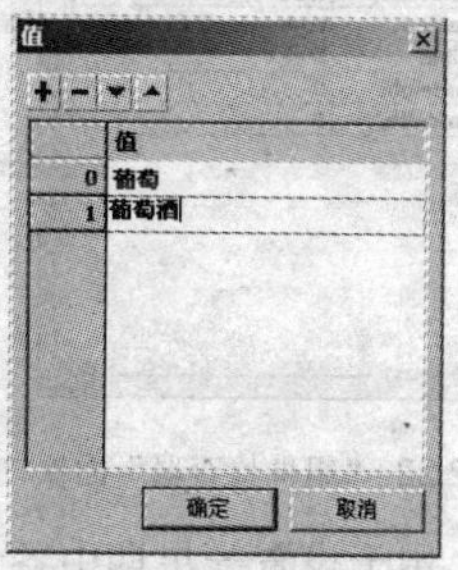

图 9.2.20　添加 2 个值

3）multipleSelection：用于设置是否可以选择多个值，默认值为 false。

4）rowHeight：用于设置每行的高度，以像素为单位，默认值是 20，这里设置为“50”。

（3）按“Ctrl+Enter”键，测试效果，如图 9.2.21 所示。

图 9.2.21　List 组件效果

9.2.8　应用 DateChooser 组件

DateChooser 组件是一个允许用户选择日期的日历，它包含一些按钮，这些按钮允许用户在月份之间来回滚动并单击某个日期将其选中。下面通过一个实例来进行介绍，操作步骤如下：

（1）从组件面板中拖动 List 组件到舞台中。

（2）选中 List 组件实例，在其属性面板中单击“组件检查器面板”按钮，打开“组件检查器”面板，如图 9.2.22 所示。

对其中各项说明如下。

1）monthNames：用于设置月份的名称，该值是一个数组，其默认值为[January，February，March，April，May，June，July，August，September，October，November，December]。双击其文本框，将弹出“值”对话框，设置其对话框参数如图 9.2.23 所示。设置完成后，单击确定按钮。

图 9.2.22 “组件检查器”面板

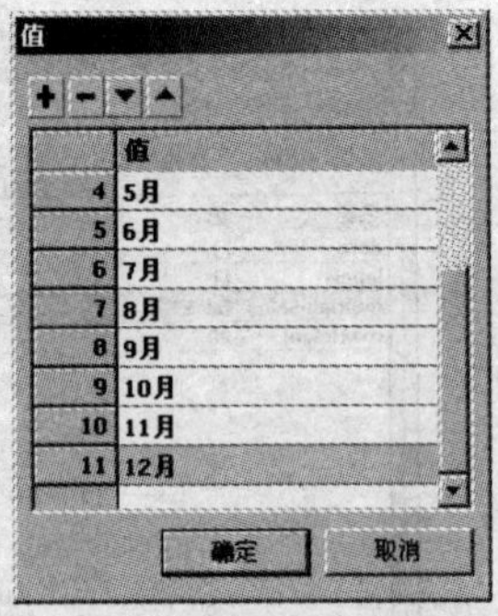

图 9.2.23　“值”对话框

2）dayNames：用于设置一星期中各天的名称，该值是一个数组，其默认值为[S，M，T，W，T，F，S]。

3）disabledDays：用于设置一星期中哪天或哪些天被禁用，该值是一个数组，其默认值为[ ]，即空数组。

4）firstDayOfWeek：用于设置一星期中的哪天显示在日历的第一列中。

5）showToday：用于设置是否需要突出显示当前日期，默认值为 true。

（3）按“Ctrl+Enter”键，预览动画效果，如图 9.2.24 所示。

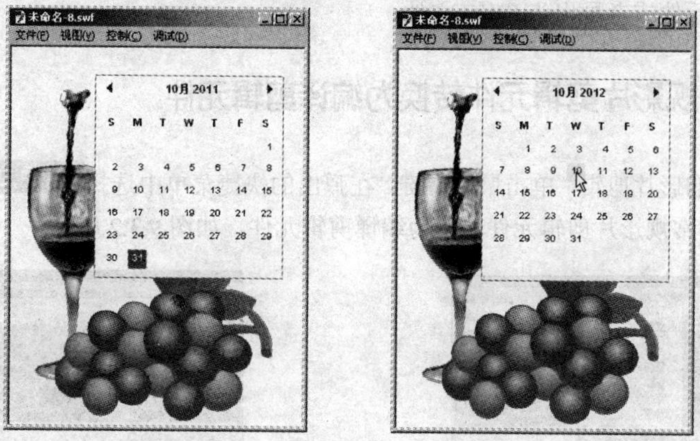

图 9.2.24　DateChooser 组件效果

9.2.9　应用 Window 组件

Window 组件用于创建可随意拖动的窗口，无论何时需要向用户提供信息或最优先的选择，都可以在应用程序中使用该组件创建一个窗口。下面通过一个实例来进行介绍，操作步骤如下。

（1）从组件面板中拖动 Window 组件到舞台中。

（2）选中 Window 组件实例，在其属性面板中单击“组件检查器面板”按钮，打开“组件检查器”面板，如图 9.2.25 所示。

对其中各项说明如下。

1）closeButton：用于设置是否显示关闭按钮，这里设置为“true”。

2）contentPath：用于设置链接图片的路径及名称。

3）title：用于设置窗口的标题，这里设置为“葡萄和葡萄酒图片”。

（3）按“Ctrl+Enter”键，测试效果，如图 9.2.26 所示。

图 9.2.25 “组件检查器”面板

图 9.2.26　Window 组件效果

9.3 编 辑 组 件

编译剪辑元件与常规影片剪辑元件相比，其显示和发布的速度更快，用户可以将常规影片剪辑元件转换为编译剪辑元件或者导出为 SWC 文件。

9.3.1 将常规影片剪辑元件转换为编译剪辑元件

选中库面板中的影片剪辑，单击鼠标右键，在弹出的快捷菜单中选择 转换为编译剪辑 命令，如图 9.3.1 所示，可将常规影片剪辑元件转换为编译剪辑元件，如图 9.3.2 所示。

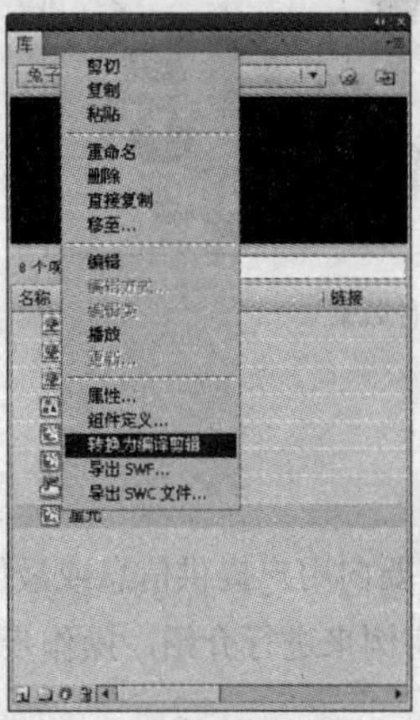

图 9.3.1 选择“转换为编译剪辑”命令

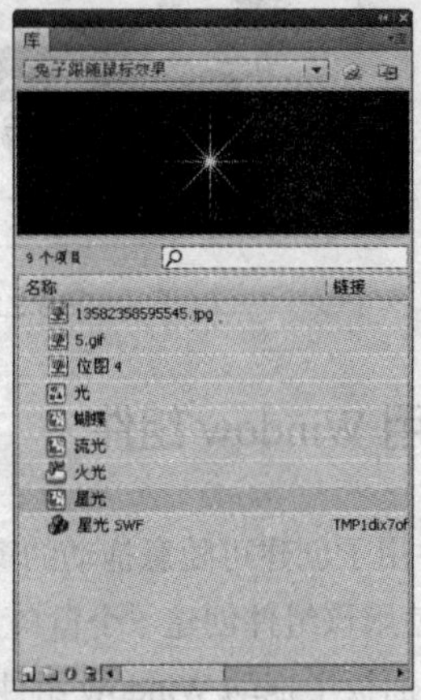

图 9.3.2 转换为编译剪辑元件

9.3.2 导出 SWC 文件

选中库面板中的影片剪辑元件，单击鼠标右键，在弹出的快捷菜单中选择 导出 SWC 文件... 命令，如图 9.3.3 所示，弹出“导出文件”对话框，如图 9.3.4 所示，在“文件名”下拉列表中输入文件的名称，然后单击 保存(S) 按钮进行保存。

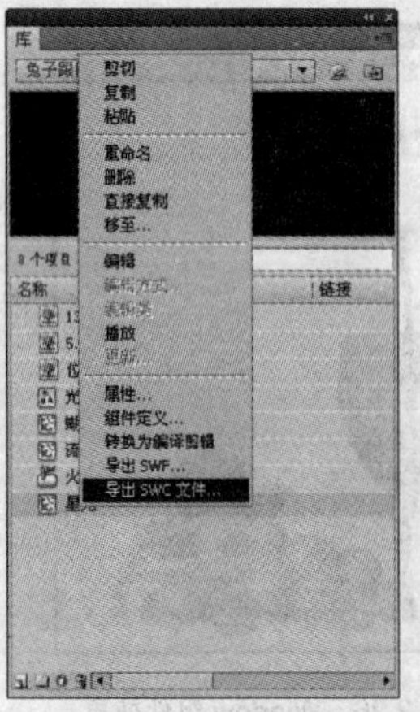

图 9.3.3 选择“导出 SWC 文件”命令

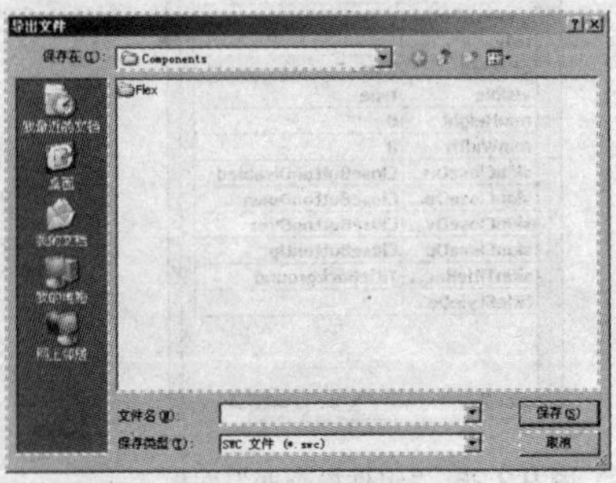

图 9.3.4 “导出文件”对话框

9.4 上机实战——制作观赏字画效果

本节将使用前面所学的知识制作观赏字画效果，最终效果如图9.4.1所示。

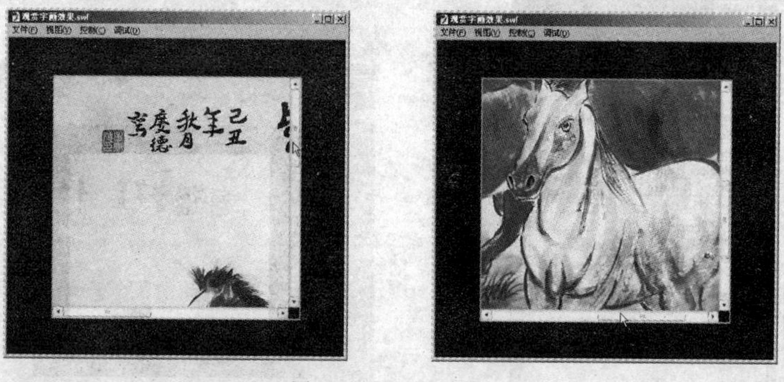

图9.4.1 最终效果图

操作步骤

(1) 启动Flash CS4应用程序，新建一个Flash文档。

(2) 按“Ctrl+J”键，弹出“文档属性”对话框，设置其对话框参数如图9.4.2所示。设置好参数后，单击 确定 按钮。

(3) 选择菜单栏中的 窗口(W) → 组件(X) 命令，从打开的组件面板中拖动ScrollPane组件到舞台中，如图9.4.3所示。

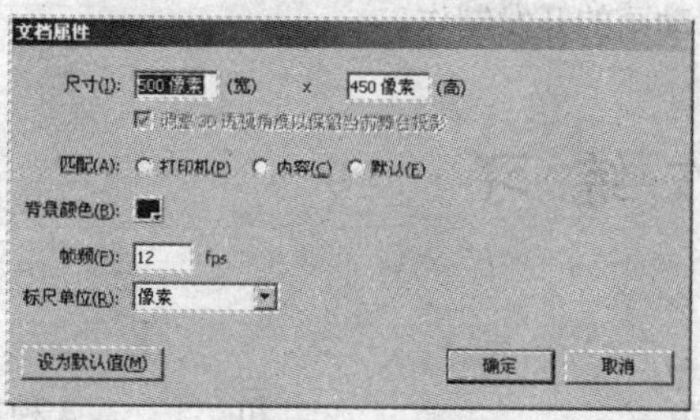

图9.4.2 “文档属性”对话框

图9.4.3 拖入ScrollPane组件

(4) 单击工具箱中的“任意变形工具”按钮，调整组件实例的大小，效果如图9.4.4所示。

(5) 按“Ctrl+K”键，打开对齐面板，如图9.4.5所示。

(6) 单击对齐面板中的“水平中齐”按钮和“垂直中齐”按钮，将舞台中的组件实例对齐于舞台中心。

图9.4.4 调整组件实例的大小

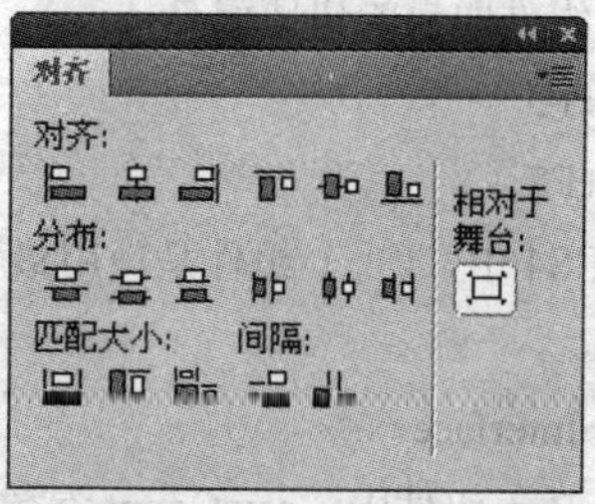

图9.4.5 对齐面板

（7）选中 ScrollPane 组件实例，在其属性面板中单击“组件检查器面板”按钮，打开“组件检查器”面板，在“contentPath”文本框中加载滚动窗格中的内容，如图 9.4.6 所示。

（8）在舞台中的任意位置单击鼠标左键，即可将图片加载到滚动窗口中，效果如图 9.4.7 所示。

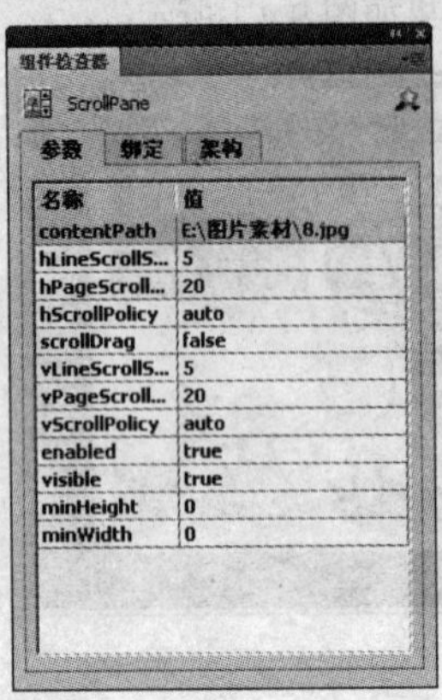

图 9.4.6　设置“contentPath”参数

图 9.4.7　加载图片

（9）按“Ctrl+Enter”键预览动画，最终效果如图 9.4.1 所示。

本 章 小 结

本章主要介绍了 Flash CS4 中组件的添加与应用技巧。通过本章的学习，读者应熟练掌握组件的功能与添加技巧，并能熟练应用组件进行 Flash 动画的开发制作。

操 作 练 习

一、填空题

1．在 Flash CS4 中，组件分为用户界面组件、________、________和________4 种类型。

2．________是带有参数的影片剪辑，用户可以通过设置参数修改其外观和行为。

3．________组件用于创建按钮，是任何表单或 Web 的基础。

4．利用________可以将媒体导入到应用程序中。

5．用户可以在________和________中设置组件的参数。

二、选择题

1．用于打开组件面板的快捷键是（　）。

（A）Ctrl+F5　　（B）Ctrl+F6

（C）Ctrl+F7　　（D）Ctrl+L

2．在 Flash CS4 中，（　）组件是使用最为频繁的一类组件。

（A）Data　　（B）Media

（C）User Interface　　（D）Video

3．在 ComboBox 组件中，rowCount 参数的默认值是（　）。

(A) 5　　(B) 4

(C) 6　　(D) 7

4. ScrollPane组件用于创建滚动窗口，使用它可以在一个可滚动区域中显示（　）。

(A) 影片剪辑　　(B) JPEG图像

(C) 动画　　(D) 其他组件

三、简答题

1. 简述 Flash CS4 中组件的类型及功能。
2. 简述如何将创建的组件导出为 SWC 文件。

四、上机操作题

1. 练习添加和设置常用组件的属性，并比较各种组件的作用。
2. 利用本章所学的内容，制作一个人员调查反馈表。

第 10 章　发 布 影 片

用户在完成 Flash 动画的制作之后，需要将其转换为能够脱离制作环境而应用于各个领域的文件。此时，可先对制作的动画进行优化，测试其符合下载要求后，再将其导出为其他格式的文件；也可以将 Flash 动画发布到 Flash 网站上，供 Flash 爱好者或其他人观看。

知识要点

- Flash 作品的测试与优化
- Flash 作品的输出
- 发布作品

10.1　Flash 作品的测试与优化

当用户要将制作好的动画输出时，必须先对动画进行优化，并对它的性能进行测试，当符合一定的要求后，才能将它输出与发布。

10.1.1　Flash 作品的测试

在 Flash CS4 中，测试动画的目的有以下 3 种。

（1）检查动画是否可以正常播放。

（2）检查动画是否按照设计思路达到预期的效果。

（3）检查在网络环境下能否正常下载和观看 Flash 动画。

1．在影片编辑环境中测试

若要对动画进行简单测试时，直接在影片编辑环境下按“Enter”键即可进行测试，但影片中的影片剪辑元件、按钮元件以及脚本语言均不能得到测试。在影片编辑模式下测试影片得到的动画速度比输出或优化后的影片慢，因此影片编辑环境不是用户的首选测试环境。但在编辑环境下通过设置，可以对按钮元件以及简单的帧动作进行测试。

若要在影片编辑环境下测试按钮元件，只需选择菜单栏中的 控制(O) → 启用简单按钮(T) 命令或按“Ctrl+Alt+B”键。此时按钮将实现与最终动画中一样的响应，包括这个按钮所附加的脚本语言，如图 10.1.1 所示。

若要在影片编辑环境下测试简单的帧动作，例如 play，stop，gotoplay 等，则需要选择菜单栏中的 控制(O) → 启用简单帧动作(I) 命令或按“Ctrl+Alt+F”键。

2．在影片测试环境中测试

要测试一个动画的全部内容，可选择菜单栏中的 控制(O) → 测试影片(T) → 测试(T) 命令，或按“Ctrl+Enter”键，即可进入测试环境。虽然此时仍在 Flash 中，但界面已经改变，如图 10.1.2 所示。

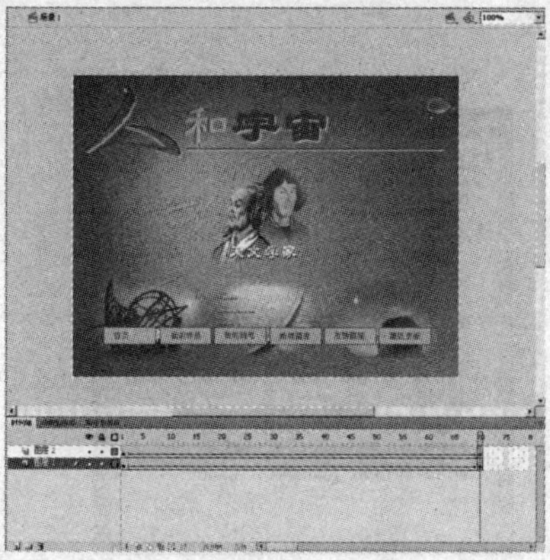

图 10.1.1　在影片编辑环境中测试按钮元件

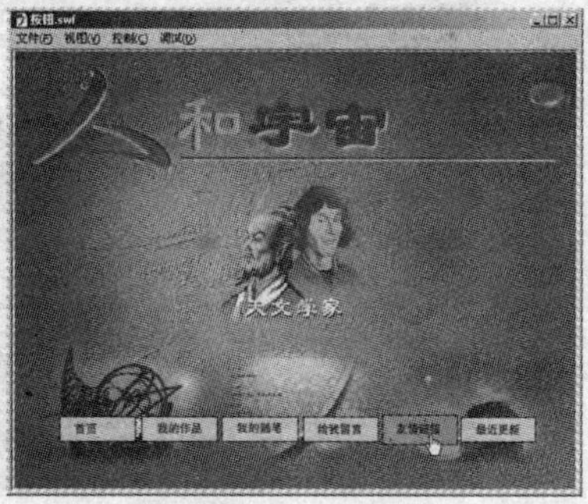

图 10.1.2　在影片测试环境中测试动画的全部内容

由图中可以看出，在影片编辑环境中的插入(I)、修改(M)、文本(T)与命令(C)菜单在测试环境中不存在，而在测试环境中出现的调试(D)菜单，是影片编辑环境中没有的。另外，即使是在两个环境下都有的菜单栏，它们的命令也有所不同，下面介绍一些重要的命令功能。

（1）下载设置命令。选择视图(V)→下载设置(D)命令，将弹出如图 10.1.3 所示的子菜单，用户可在其中选择合适的下载速度，即调制解调器的速度，以决定 Flash 的模拟下载速度，通常使用 56Kb/s。

（2）模拟下载命令。选择视图(V)→模拟下载(S)命令，可启动或关闭模拟下载功能。启动模拟下载功能后，动画播放情况便是根据用户设置的传输速率，在网络上的实际播放情况。

（3）带宽设置和数据流图表命令。选择视图(V)→带宽设置(B)命令，再选择视图(V)→数据流图表(T)命令，打开带宽剖面图，在带宽剖面图中包含了两部分的内容，分别为影片的相关信息以及时间轴中的每一帧中包含对象的文件大小，并以图表的形式显示出来，如图 10.1.4 所示。

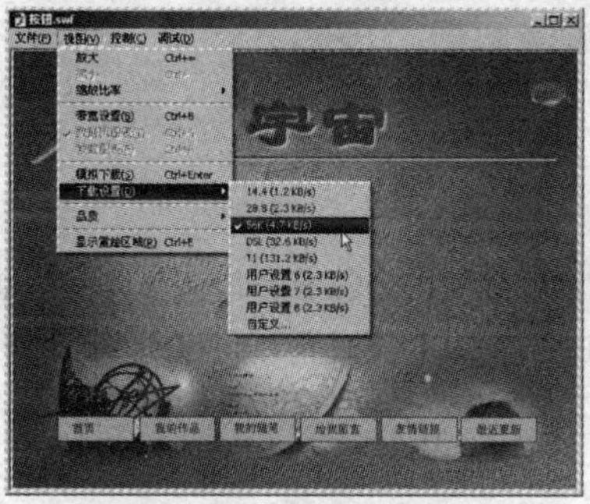

图 10.1.3　选择模拟下载速度

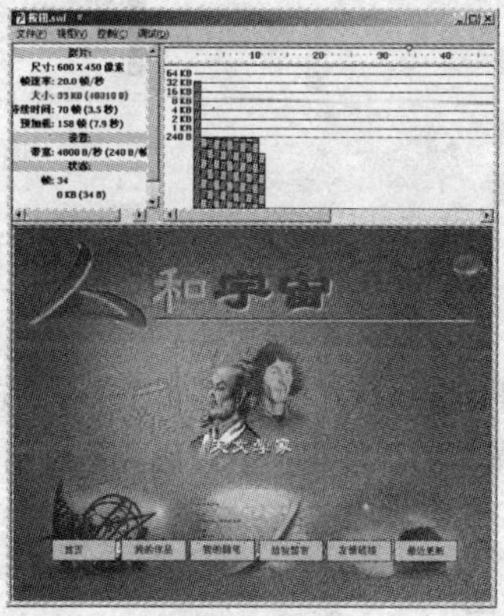

图 10.1.4　带宽设置和数据流图表

提示：在带宽剖面图中，交替显示的深灰色和浅灰色色块表示动画中的每一帧，色块面积大小表示该帧的字节大小，如果色块有部分出现在红线的上方，则表示动画播放到此处时有可能暂停。

（4）帧数图表命令。选择视图(V)→帧数图表(F)命令，可以查看哪个帧需要比较多的时间传输，如图 10.1.5 所示。

（5）列出对象命令。选择调试(D)→列出对象(O)命令，将在“输出”面板中显示某一特定帧中的所有对象的完整统计信息，如图 10.1.6 所示。

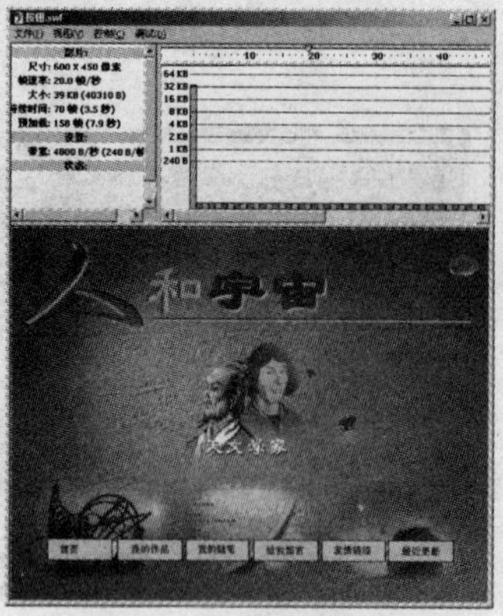

图 10.1.5 帧数图表

图 10.1.6 列出对象

（6）列出变量命令。选择 调试(D) → 列出变量(V) 命令，将在“输出”面板中显示某一特定帧中的所有变量的完整统计信息，以帮助用户查看变量是否被正确地创建和更新，如图 10.1.7 所示。

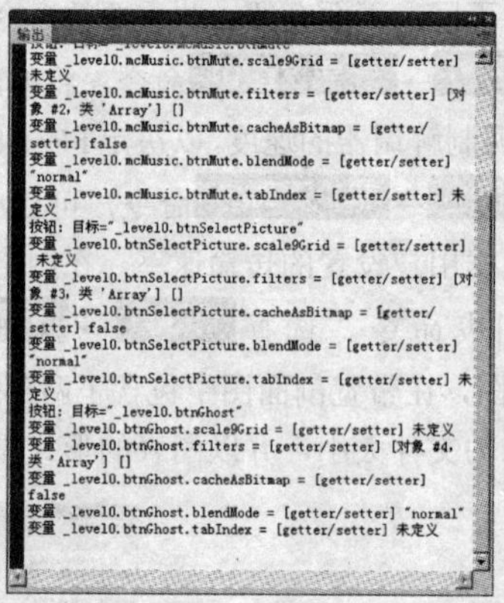

图 10.1.7 列出变量

10.1.2 Flash 作品的优化

制作的 Flash 动画在网络发布时打开的速度特别慢，这是因为随着影片文件体积的增加，其下载速度也会变慢，为了使用户下载影片的时间最短，在发布 SWF 文件前，可以对 Flash 中的各种元素进行优化。

1．矢量图

在绘制矢量图的时候应尽量避免使用实线以外类型的笔触样式，而自定义的笔触样式也会增加影片大小。在填充色方面，使用渐变色的影片文件也比使用单色的影片文件大一些，为了更好的显示，应尽量使用单色且最好为网络安全色。若图中线条太多，可选择菜单栏中的 修改(M) → 形状(P) → 优化(O)... 命令，减少图形中的线条。

2．位图

位图一般作为静止的背景图像，应尽量避免使它运动。如果将位图转换为矢量图，还应对转换后的矢量图进行优化。导入的位图应在库面板中进行压缩。

3．元件

在影片中使用两次或两次以上的图形对象一定要转换为元件，因为元件均会被记录在库面板中。在制作影片的过程中，不用担心库面板中有多少对象，因为在输出影片的时候，影片只从库面板中提取用到的对象。也就是说，库面板中对象的多少与影片最终的大小没有关系。

4．关键帧

比起逐帧动画，使用补间动画更能减少文件体积。应尽量避免连续使用多个关键帧，注意删除没用的关键帧，即使是空白关键帧也会增加文件的体积。

5．文本

应尽可能使用同一颜色、字号和字体的文本。而设备字体的使用最安全，也最能减少文件的体积。另外，将字体分离并不能减少文件体积，相反，它还会使文件变大，如果要重复使用量比较大的文本，建议将其转换为元件。

6．声音

在使用声音文件的时候，应尽量使用 MP3 格式而避免使用其他格式，声音格式的选择顺序应遵循 Mid，MP3，Wav 的顺序。导入的声音应在库面板中进行压缩，另外根据声音的长度，可以选择更为合适的压缩格式。

10.2　Flash 作品的输出

优化和测试完动画后，就可以将动画导出，以便将其应用于网页或多媒体等领域。选择菜单栏中的 文件(F) → 导出(E) 命令，在弹出的子菜单只有 导出图像(E)... 和 导出影片(M)... 两个选项，这就是 Flash 动画的两种基本输出格式，其中 导出图像(E)... 命令会将当前帧的内容或当前所选图像导出为一种静止图像格式。 导出影片(M)... 命令会将 Flash 文档导出为静止的图像格式，并且可以为文档中的每一帧都创建一个带有编号的图像文件，还可以将文档中的声音导出为 WAV 文件。

Flash CS4 允许以多种动画格式和图像格式导出动画，如表 10.1 和表 10.2 所示，用户可以根据需要进行选择，下面介绍几种常用的导出动画的格式方法与技巧。

表 10.1　Flash CS4 允许导出的动画格式

动 画 格 式		
Flash 影片（*.swf）	Windows AVI（*.avi）	QuickTime（*.mov）
动画 GIF（*.gif）	WAV 音频（*.wav）	EMF 序列（*.emf）
WMF 序列文件（*.wmf）	EPS 3.0 序列文件（*.eps）	Adobe Illustrator 序列文件（*.ai）
DXF 序列文件（*.dxf）	位图序列文件（*.bmp）	JPEG 序列文件（*.jpg）
GIF 序列文件（*.gif）	PNG 序列文件（*.png）	

表 10.2　Flash CS4 允许导出的图像格式

图 像 格 式		
Flash 影片（*.swf）	增强元文件（*.emf）	AutoCAD DXF（*.dxf）
EPS 3.0（*.eps）	Adobe Illustrator（*.ai）	GIF 图像（*.gif）
位图（*.bmp）	JPEG 图像（*.jpg）	
PNG（*.png）	Windows 元文件（*.wmf）	

10.2.1 SWF 动画的输出

SWF 格式是 Flash 默认的播放格式，也是用于在网络上传输和播放的格式。导出 SWF 动画影片的具体操作步骤如下。

（1）首先打开需要导出的 Flash 文档。选择 文件(F) → 导出(E) → 导出影片(M)... 命令，弹出“导出影片”对话框，如图 10.2.1 所示。

（2）在 文件名(N): 文本框中输入文件的名称。

（3）单击 保存类型(T): 后面的下拉按钮，弹出如图 10.2.2 所示的下拉列表，此时默认的保持格式即为 SWF 影片（*.swf）格式。

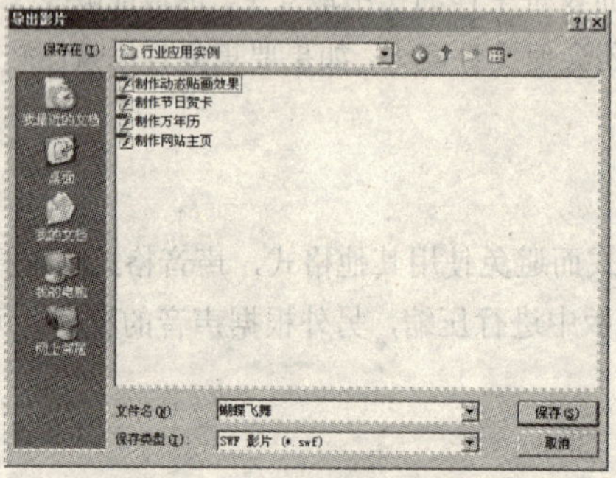

图 10.2.1 “导出影片”对话框

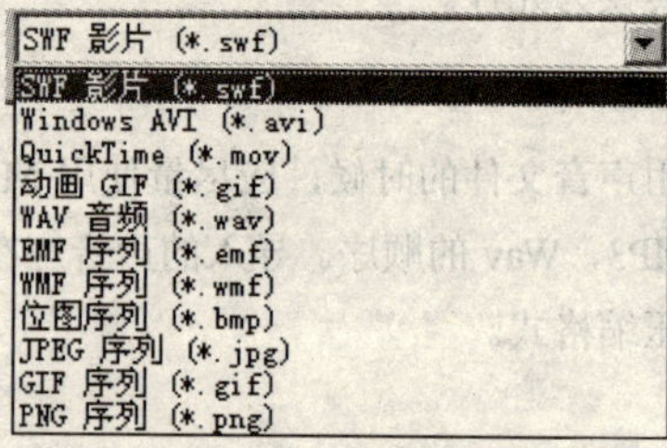

图 10.2.2 “保存类型”下拉列表

（4）单击 保存(S) 按钮，即可将动画导出为 SWF 格式的动画影片。

10.2.2 AVI 视频的输出

当选择 Windows AVI（*.avi）格式后，单击 保存(S) 按钮，会弹出如图 10.2.3 所示的“导出 Windows AVI”对话框。

其对话框中的各选项含义介绍如下。

（1）尺寸(D)：该选项用来设置 AVI 影片的帧的宽度和高度，用户只要设置宽度或高度中的一个即可，另一个会自动设置。如果取消选中 ☑ 保持高宽比 复选框，就可以单独设置其宽度和高度。

（2）视频格式(V)：该选项用来选择颜色深度。当选中 ☑ 压缩视频 复选框，会使用标准的 AVI 压缩选项。当选中 ☑ 平滑(S) 复选框，导出的 AVI 影片会应用消除锯齿效果。

（3）声音格式(F)：该选项用来设置导出声音的格式。

提示：Windows AVI 格式是标准的 Windows 影片格式，但会失去所有的交互性。由于 AVI 格式基于位图，所以导出为此类文件后，文档会比较大。

10.2.3 GIF 动画的输出

当选择 动画 GIF（*.gif）格式后，单击 保存(S) 按钮，会弹出“导出 GIF”对话框，如图 10.2.4 所示。

其对话框中的各选项含义如下。

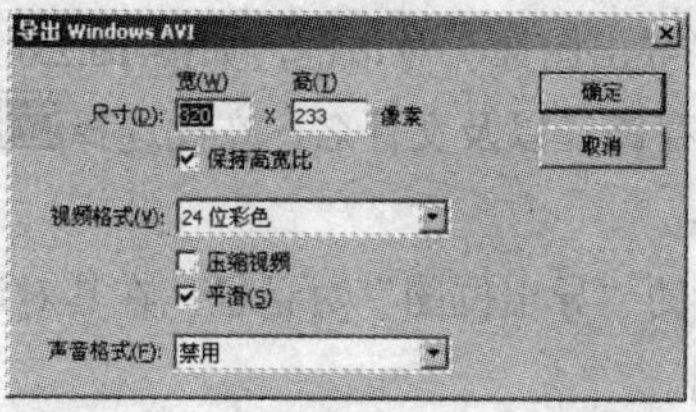

图 10.2.3　“导出 Windows AVI”对话框

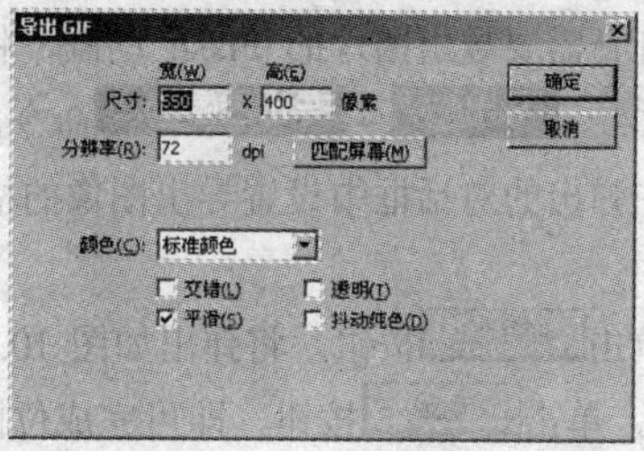

图 10.2.4　“导出 GIF”对话框

（1）尺寸：该选项用来设置要导出的位图图像的宽度和高度值。

（2）分辨率(R)：该选项用来设置要导出的位图图像的分辨率，也可以单击匹配屏幕(M)按钮来使用屏幕分辨率。

（3）颜色(C)：该选项用来设置要导出的位图图像的颜色数量。

1）☑ 交错(L)：选中此复选框后，当在网络上查看 gif 图像时，交错图像会迅速地以低分辨率出现，然后在继续下载过程中再过渡到高分辨率。

2）☑ 透明(T)：选中此复选框后，透明 gif 图像会去除文档背景颜色，只显示关键的图像内容。

3）☑ 平滑(S)：选中此复选框后，平滑处理可以消除 gif 图像的锯齿。

4）☑ 抖动纯色(D)：选中此复选框后，通过抖动纯色处理，可以补偿当前色板中没有的颜色，该复选框对于有复杂混色或渐变色动画图像非常有用，但会使文件增大。

10.2.4　JPEG 动画的输出

选择JPEG 序列 (*.jpg)格式后，单击保存(S)按钮，会弹出如图 10.2.5 所示的“导出 JPEG”对话框。

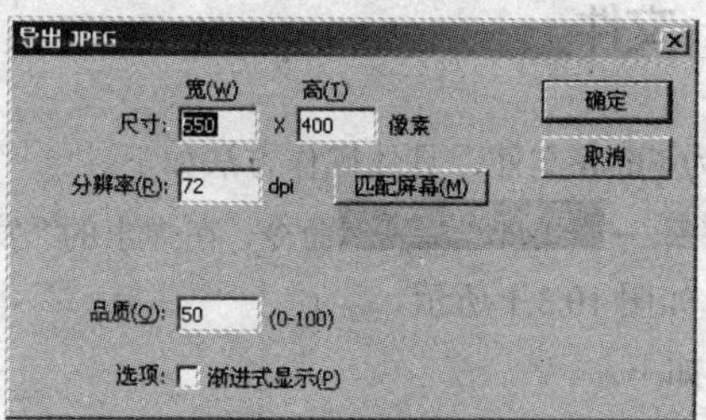

图 10.2.5　“导出 JPEG”对话框

该对话框中各项参数的含义如下。

（1）尺寸：该选项用来设置导出的 JPEG 图像的宽度和高度。

（2）分辨率(R)：该选项用来设置导出的 JPEG 图像的分辨率。单击匹配屏幕(M)按钮后，会使导出的图像大小与 Flash 内容在屏幕上显示的大小相同。

（3）品质(Q)：该选项用来设置导出的 JPEG 图像的品质。

10.2.5　静态图像的输出

如果需要将 Flash 动画中的某个画面存储为图片格式，可利用导出图像(F)命令将选中的某个画面导出为各种格式的静态图像。导出静态图像的具体操作步骤如下。

（1）打开需要导出图片的 Flash 动画，将播放头移动到要导出图像所在的帧上，然后选择菜单栏中的文件(F) → 导出(E) → 导出图像(E)...命令，弹出“导出图像”对话框，如图 10.2.6 所示。

（2）在弹出的对话框中设置导出图像的格式、保存路径以及文件名，在此选择位图 (*.bmp)格式。

（3）单击保存(S)按钮，将弹出如图 10.2.7 所示的“导出位图”对话框，在其对话框中设置好相关参数后，单击确定按钮，即可完成位图的导出。

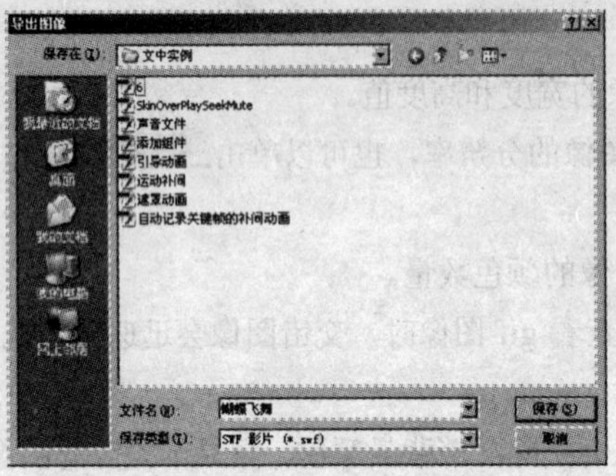

图 10.2.6 “导出图片”对话框

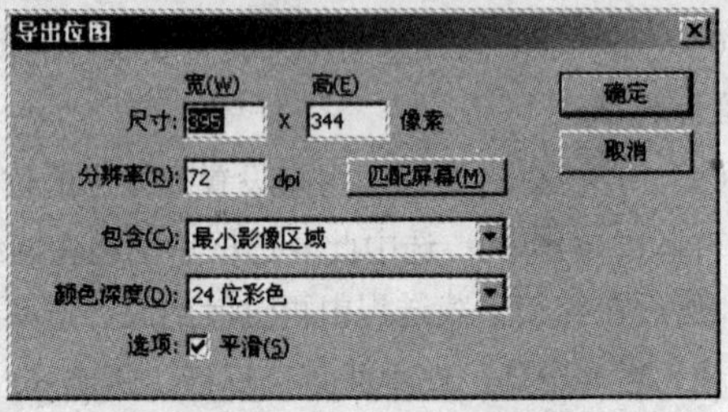

图 10.2.7 “导出位图”对话框

10.3 发 布 作 品

在 Flash CS4 中，利用发布动画功能，可以将 Flash 作品发布为 swf 动画影片、html 网页以及各种图像形式。

10.3.1 发布为 Flash 文件

用户可将 Flash 动画发布为 Flash 文件，具体操作方法如下。

（1）在菜单栏中选择文件(F) → 发布设置(G)...命令，在弹出的“发布设置”对话框中单击 Flash 标签，打开“Flash”选项卡，如图 10.3.1 所示。

该选项卡中各选项的含义如下。

1）播放器(U)：在该下拉列表中可设置 Flash 动画的播放器。

2）脚本(I)：在该下拉列表中可设置动作脚本的版本，可选择 ActionScript 1.0、ActionScript 2.0 和 ActionScript 3.0。

3）JPEG 品质(Q)：拖动滑块或在右侧的文本框中输入数值调整图像的质量。图像质量越低，生成的文件就越小；图像质量越高，生成的文件就越大。

4）音频流(S)：设置输出流式音频的压缩格式和传输速度。

5）音频事件(E)：设置输出音频事件的压缩格式和传输速率。

6）☑ 覆盖声音设置：若选中该复选框，则使用音频流(S)和音频事件(E)中的设置来覆盖 Flash 文件中的声音设置。

7）☑ 导出设备声音：若选中该复选框，Flash 将导出适合于各种设备（包括移动设备）的声音，而不是原始声音。

8）☑ 压缩影片：若选中该复选框，将对生成的动画进行压缩，以减小文件。

9）☑ 生成大小报告(R)：若选中该复选框，在发布动画时，将生成一个文本文件，该文件对于减小动画文件有指导意义。

10）☑ 防止导入(P)：若选中该复选框，可以防止发布的动画文件被别人下载到 Flash 程序中进行编辑。

11）☑ 省略 trace 动作(T)：若选中该复选框，将使 Flash 忽略动画中的 Trace 语句。

12）☑ 允许调试：若选中该复选框，Flash 将允许发布前的调试工作。

13）密码：用于输入密码。

（2）设置好参数后，单击 发布 按钮，即可将 Flash 动画发布为 Flash 文件。

10.3.2　发布为 HTML 网页

用户可将 Flash 动画发布为 HTML 网页，具体操作方法如下。

（1）在菜单栏中选择 文件(F) → 发布设置(G)... 命令，在弹出的“发布设置”对话框中单击 HTML 标签，打开“HTML”选项卡，如图 10.3.2 所示。

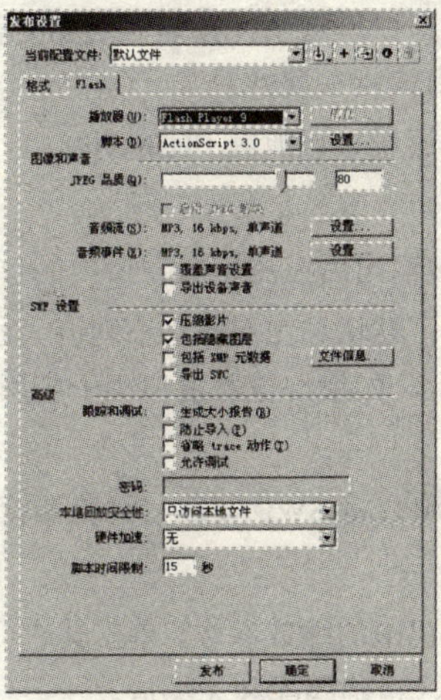

图 10.3.1　“Flash”选项卡

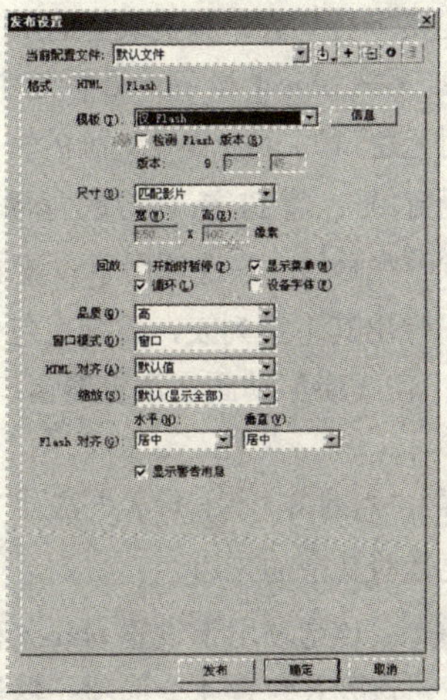

图 10.3.2　“HTML”选项卡

该选项卡中各选项的含义如下。

1）模板(T)：该选项用于设置要使用的已安装模板，单击 信息 按钮，即可显示选定模板的说明，其默认选项是“仅限 Flash”。

2）尺寸(D)：该选项用于设置 object 和 embed 标记中宽和高属性的值，单击其右侧的下拉按钮▼，弹出其下拉列表，该列表包含 3 个选项：匹配影片、像素和百分比。

“匹配影片”：（默认设置）使用 SWF 文件的大小。

“像素”：在“宽度”和“高度”文本框中输入宽度和高度的像素数量。

“百分比”：指定 SWF 文件将占浏览器窗口百分比值。

3）回放：该选项用于控制 SWF 文件的回放和其他的功能。

选中 ☑ 开始时暂停(P) 复选框，会一直暂停播放 SWF 文件，直到用户单击按钮或从快捷菜单中选择“播放”后才开始播放。默认情况下，该选项处于取消选择状态。

选中 ☑ 循环(L) 复选框，Flash 动画到达最后一帧将会重复播放。取消选中该复选框会使 Flash

动画到达最后一帧后停止播放。

选中☑ 显示菜单(M)复选框，当用户单击鼠标右键或按住“Ctrl”键单击 SWF 文件时，会显示一个快捷菜单，如果取消选中该复选框，则快捷菜单中只显示“关于 Flash”一项。

选中☑ 设备字体(F)复选框，会使用消除锯齿（边缘平滑）的系统字体替换用户系统上未安装的字体。使用设备字体可使小号字体清晰，并能减小 SWF 文件的大小。

4）品质(Q)：该选项用于设置 HTML 网页的外观，单击其右侧的下拉按钮▼，弹出其下拉列表，该列表包含 6 个选项：低、自动降低、自动升高、中、高和最佳。

“低”：主要考虑回放速度，基本不考虑外观，并且不使用消除锯齿功能。

“自动降低”：主要强调速度，但也会尽可能改善外观。

“自动升高”：在开始时同时强调回放速度和外观，但在必要时会只保证回放速度。

“中”：应用消除锯齿功能，但并不平滑位图。

“高”：主要考虑外观，基本不考虑回放速度，它始终使用消除锯齿功能。

“最佳”：提供最佳的显示品质，而不考虑回放速度。

5）窗口模式(O)：该选项控制 object 和 embed 标记中 HTML wmode 的属性，单击其右侧的下拉按钮▼，弹出其下拉列表，该列表包含 3 个选项：窗口、不透明无窗口和透明无窗口。

“窗口”：不在 object 和 embed 标记中嵌入任何窗口相关属性。

“不透明无窗口”：将 Flash 动画的背景设置为不透明，以遮蔽 Flash 动画。

“透明无窗口”：将 Flash 内容的背景设置为透明。

6）HTML 对齐(A)：该选项用于设置 Flash 动画被输出后在浏览器窗口中的位置。单击其右侧的下拉按钮▼，弹出其下拉列表，该列表包含 5 个选项：默认、左对齐、右对齐、上对齐和下对齐。

“默认”：使 Flash 动画在浏览器窗口内居中显示，如果浏览器窗口小于应用程序，则会裁剪动画边缘。

“左对齐”“右对齐”“上对齐”或“下对齐”选项会将 SWF 文件与浏览器窗口的相应边缘对齐，并根据需要裁剪其余的三边。

7）缩放(S)：该选项用于设置 object 和 embed 标记中的缩放参数。单击其右侧的下拉按钮▼，弹出其下拉列表，该列表包含 4 个选项：默认、无边框、精确匹配和无缩放。

“默认（显示全部）”：在指定的区域显示整个文档，并且保持 SWF 文件的原始高宽比。

“无边框”：对文档进行缩放，以使它填充指定的区域，保持 SWF 文件的原始高宽比，以使其不扭曲，并根据需要裁剪 SWF 文件边缘。

“精确匹配”：在指定区域显示整个文档，但不保持原始高宽比，因此可能会发生扭曲。

“无缩放”：将禁止文档在调整 Flash Player 窗口大小时进行缩放。

8）Flash 对齐(G)：该选项用于设置 object 和 embed 标记的对齐参数。对于“水平”对齐，可将其设置为左对齐、居中或右对齐；对于“垂直”对齐，可将其设置为上对齐、居中或下对齐，选中☑ 显示警告消息复选框可在标记设置发生冲突时显示错误消息。

（2）设置好参数后，单击 发布 按钮，即可将 Flash 动画发布为 HTML 网页。

10.3.3 发布为 GIF 文件

GIF 是 Internet 上最流行的图形格式，该格式的动画文件较小，为网页增色不少。用户可将 Flash 动画发布为 GIF 文件，具体操作方法如下。

（1）在菜单栏中选择 文件(F) → 发布设置(G)... 命令，在弹出的“发布设置”对话框中单击 GIF 标签，打开“GIF”选项卡，如图 10.3.3 所示。

该选项卡中各选项的含义如下。

1）尺寸：设置输出 GIF 位图的宽度和高度，以像素为单位。

2）☑ 匹配影片(M)：若选中该复选框，将使 尺寸：文本框不起作用，并使 GIF 位图的尺寸与动画的尺寸相同。

3）回放：设置导出的 GIF 是静态的还是具有动画效果的。

4）☑ 优化颜色(O)：若选中该复选框，将从 GIF 文件的调色板中删除 GIF 位图未用到的颜色。

5）☑ 抖动纯色(D)：若选中该复选框，将对图片中的色块进行抖动处理，以防止出现色带不均匀的现象。

6）☑ 交错(I)：若选中该复选框，将使 GIF 位图在下载时逐渐显示。

7）☑ 删除渐变(G)：若选中该复选框，则将所有的渐变转换为与渐变的第 1 种颜色相同的纯色。

8）☑ 平滑(S)：若选中该复选框，将打开反锯齿功能，使输出的 GIF 位图平滑显示。

9）透明(T)：该下拉列表用于设置是否使 GIF 文件的背景透明，有不透明、透明和 Alpha 3 个选项。

“不透明”：选择该选项，设置 GIF 文件的背景不透明。

“透明”：选择该选项，设置 GIF 文件的背景透明。

“Alpha”：选择该选项，然后在其文本框中输入一个数值，使 GIF 位图的 Alpha 值低于此值时透明显示，使 GIF 位图的 Alpha 值高于此值时不发生变化。

10）抖动(E)：设置是否通过混合已有的颜色来模拟当前调色板中没有的颜色。

11）调色板类型(Y)：该下拉列表用于设置调色板的类型，有 Web 216 色、最适合、接近 Web 最适色和自定义 4 个选项。

“Web 216 色”：即 216 网络安全色，使用该色创建的图像质量高，并且服务器的处理速度也最快。

“最适合”：通过分析，为 GIF 位图创建一个专用的调色板，利用它可以为图像创建最精确的颜色，但所生成的文件较大。

“接近 Web 最适色”：对调色板进行优化处理，并将接近的颜色转换为 216 网络安全色。

“自定义”：自定义调色板，选择该选项后，调色板(P)：文本框将变亮，单击其后的“浏览”按钮可以选择一个调色板文件。

12）最多颜色(X)：如果所设置的调色板类型为“最适合”或“接近 Web 最适色”，将激活该选项，用户可以在其文本框中设置所创建颜色的最大数量。

13）调色板(P)：如果所设置调色板的类型为“自定义”，将激活该选项，用户可以在其文本框中输入自定义调色板的路径。

（2）设置好参数后，单击 发布 按钮，即可将 Flash 动画发布为 GIF 文件。

10.3.4 发布为 JPEG 文件

用户可将 Flash 动画发布为 JPEG 文件，具体操作方法如下。

（1）在菜单栏中选择 文件(F) → 发布设置(G)... 命令，在弹出的“发布设置”对话框中单击 JPEG 标签，打开“JPEG”选项卡，如图 10.3.4 所示。

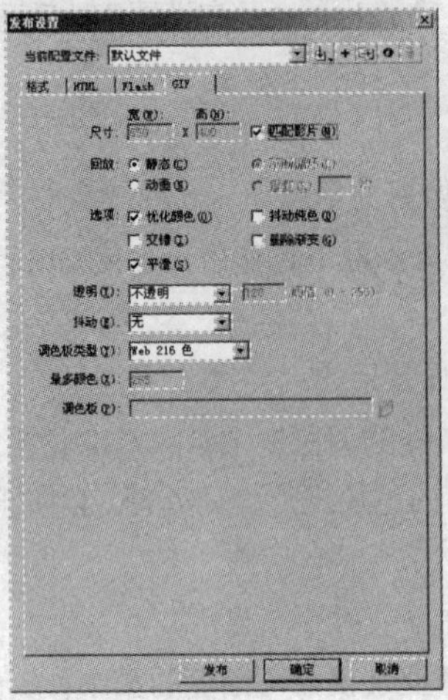

图 10.3.3 “GIF”选项卡

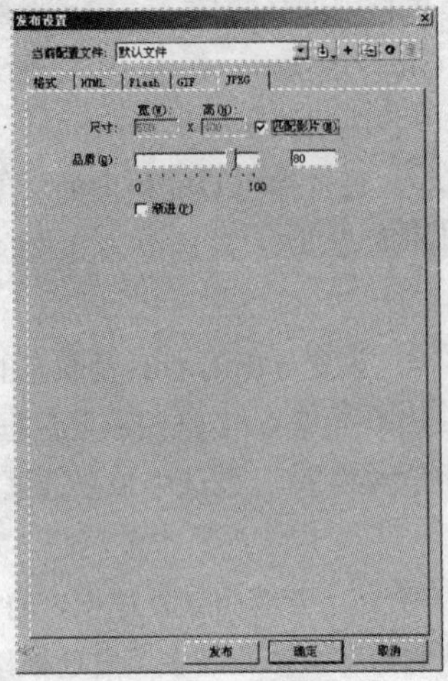

图 10.3.4 “JPEG”选项卡

该选项卡中各选项的含义如下。

1）尺寸：该选项用于设置导出的位图图像的宽度和高度值，选中☑匹配影片(M)复选框可以使JPEG 图像和舞台大小相同并保持原始图像的高宽比。

2）品质(Q)：该选项用于控制 JPEG 文件的压缩量，图像品质越低文件越小。

3）选中☑渐进(P)复选框可以在 Web 浏览器中逐步显示渐进的 JPEG 图像，因此可在低速网络连接上以较快的速度显示加载的图像。

（2）设置好参数后，单击 发布 按钮，即可将 Flash 动画发布为 JPEG 文件。

10.3.5 发布为 PNG 文件

用户可将 Flash 动画发布为 PNG 文件，具体操作方法如下。

（1）在菜单栏中选择 文件(F) → 发布设置(G)... 命令，在弹出的“发布设置”对话框中单击 PNG 标签，打开“PNG”选项卡，如图 10.3.5 所示。

该选项卡中各选项的含义如下。

1）尺寸：该选项用于设置导出的位图图像的宽度和高度值，选中☑匹配影片(M)复选框可以使PNG 图像和 Flash SWF 文件大小相同并保持原始图像的高宽比。

2）位深度(B)：该选项用于设置创建图像时要使用的每个像素的位数和颜色数。单击右侧的下拉按钮▼，弹出其下拉列表，如图 10.3.6 所示。

“8 位”：适用于有 256 种颜色的图像。

“24 位”：适用于有数千种颜色的图像。

“24 位 Alpha”：适用于有数千种颜色并带有透明度（32 位）的图像。

3）选项：该选项区用于设置导出的 GIF 文件外观。

选中☑优化颜色(O)复选框，将从 PNG 文件的颜色列表中删除所有未使用的颜色。

选中☑交错(I)复选框，下载 PNG 文件时，会在浏览器中逐步显示该文件。

选中☑平滑(S)复选框，可以消除导出位图的锯齿，从而生成较高品质的位图图像。

选中☑抖动纯色(D)复选框，用于抖动纯色和渐变色。

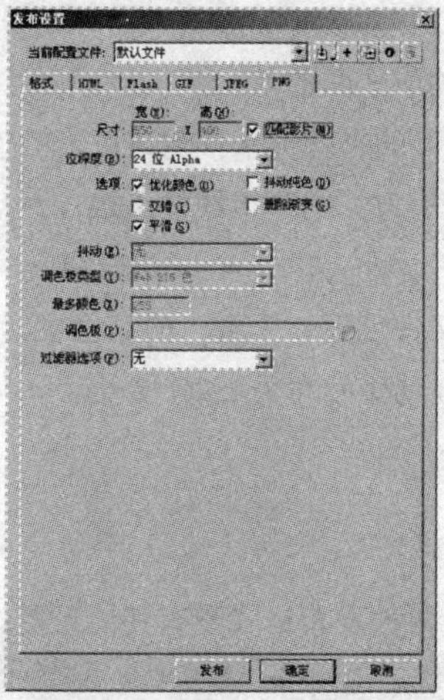

图 10.3.5 “PNG”选项卡

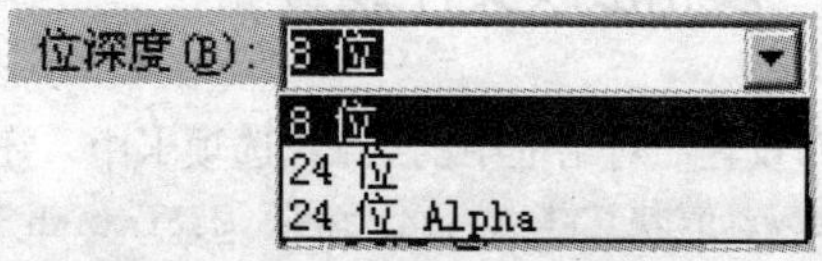

图 10.3.6 “位深度”下拉列表

选中 ☑ 删除渐变(G) 复选框，将使用渐变色中的第一种颜色将 SWF 文件中的所有渐变填充转换为纯色，默认情况下处于关闭状态。

4）抖动(E)：该选项用于设置如何组合可用颜色的像素以模拟当前调色板中不可用的颜色。抖动可以改善颜色品质，但也会增加文件大小。单击其右侧的下拉按钮▼，弹出其下拉列表，该列表包含 3 个选项：无、有序和扩散。

“无”：关闭抖动，并用基本颜色表中最接近指定颜色的纯色替代该表中没有的颜色。

“有序”：提供高品质的抖动，同时文件大小的增长幅度也最小。

“扩散”：提供最佳品质的抖动，但会增加文件大小并延长处理时间。该选项在选取“Web 216 色”调色板时才起作用。

5）调色板类型(Y)：该选项用于设置调色板的类型，单击右侧的下拉按钮▼，弹出其下拉列表，如图 10.3.7 所示。

“Web 216 色”：使用标准的 216 色浏览器安全调色板来创建 PNG 图像，在此获得较好的图像品质，并且该色彩在服务器上的处理速度最快。

“最适色彩”：分析图像中的颜色，并为选定的 PNG 文件创建一个唯一的颜色表。

“接近 Web 最适色”：将接近的颜色转换为 Web 216 色调色板。

“自定义”：可以指定已针对选定图像优化的调色板。

6）调色板(P)：如果所设置的调色板类型为“自定义”，将激活该选项，用户可以在其文本框中输入自定义调色板的路径。

7）过滤器选项(F)：该选项用于设置使 PNG 文件的压缩性更好的逐行过滤方法，单击其右侧的下拉按钮▼，弹出其下拉列表，如图 10.3.8 所示。

图 10.3.7 “调色板类型”下拉列表

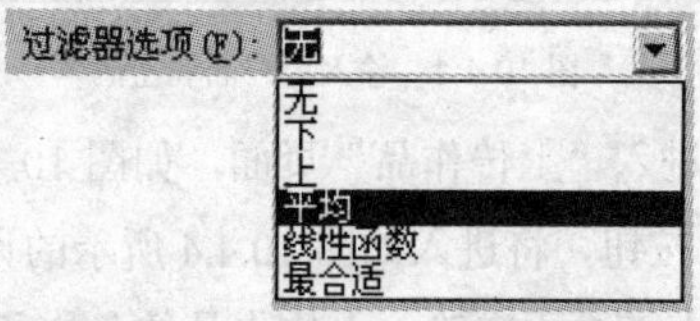

图 10.3.8 “过滤器选项”下拉列表

“无”：关闭过滤功能。

"下"：传递每个字节和前一像素相应字节的值之间的差。

"上"传递每个字节和它上面相邻像素的相应字节的值之间的差。

"平均"：使用两个相邻像素（左侧像素和上方像素）的平均值来预测该像素的值。

"线性函数"：计算 3 个相邻像素（左侧、上方、左上方）的简单线性函数，然后选择最接近计算值的相邻像素作为颜色的预测值。

"最合适"：分析图像中的颜色，并为选定的 PNG 文件创建一个唯一的颜色表。

（2）设置好参数后，单击 发布 按钮，即可将 Flash 动画发布为 PNG 文件。

10.3.6 发布放映文件设置

在"发布设置"对话框中的 格式 选项卡中，还有另外两种发布格式没有其他设置选项，它们分别是 ☑ Windows 放映文件（.exe）和 ☑ Macintosh 放映文件，选中 ☑ Windows 放映文件（.exe）复选框并发布 Flash 影片后，系统将自动生成扩展名为*.exe 的可执行文件，双击此文件可以进行播放而不需要任何的外挂播放器；选中 ☑ Macintosh 放映文件 复选框，将生成扩展名为*.app 的 Macintosh 放映文件。

10.4 上 传 动 画

用户要将制作好的动画性能进行测试和优化，符合一定的要求后，就可以将制作好的作品上传到互联网上供观众欣赏。其具体操作步骤介绍如下。

（1）找一个可以上传 Flash 作品的网址，然后在百度的地址栏中输入相应的网站地址，在此输入"http://flashyc.com 网站地址"，进入该网站首页。

（2）在打开的网页中输入用户名和密码，如图 10.4.1 所示。

（3）单击 登 陆 按钮，进入如图 10.4.2 所示的页面，单击页面左侧的 上传作品 按钮。

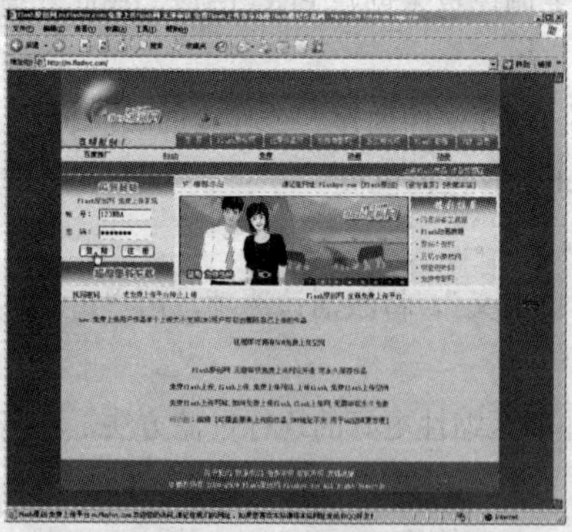

图 10.4.1 输入用户名和密码

图 10.4.2 登陆后的页面

（4）进入"上传作品"页面，如图 10.4.3 所示。在该页面中可以选择一种上传的方式，在此单击 ①在本站上传 按钮，将进入如图 10.4.4 所示的设置上传作品选项页面。

（5）在该页面中输入上传作品的名称和所属类型，然后单击 浏览... 按钮，弹出"选择文件"对话框，在该对话框中选中如图 10.4.5 所示的 Flash 影片文件。

（6）单击 打开(O) 按钮，将返回设置上传作品选项页面，单击 上传 按钮，即可将导出的 Flash

影片文件上传到网络中，如图 10.4.6 所示。

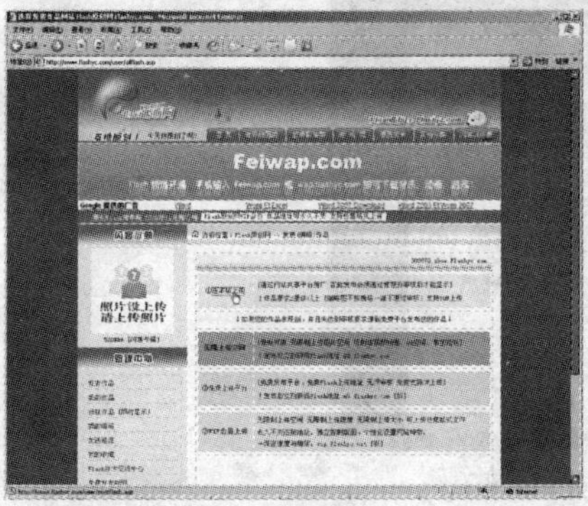

图 10.4.3　“上传作品”页面

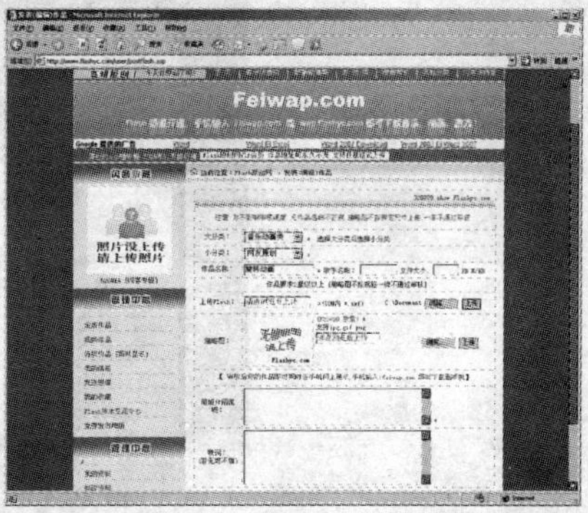

图 10.4.4　设置上传作品选项

图 10.4.5　“选择文件”对话框

图 10.4.6　完成 Flash 影片文件的上传

（7）重复步骤（5）和（6）的操作，在上传作品选项界面中上传该 Flash 影片文件的 GIF 图像，效果如图 10.4.7 所示。

（8）单击设置上传作品选项页面下方的 发布我的作品 按钮，弹出如图 10.4.8 所示的提示对对话框，提示用户已上传成功。

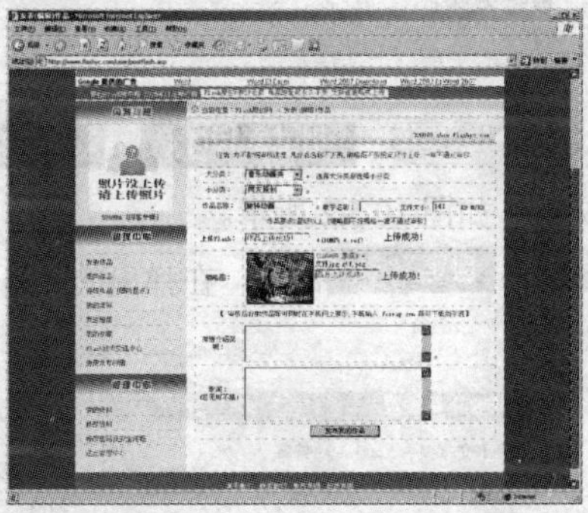

图 10.4.7　完成 GIF 图像的上传

图 10.4.8　提示对话框

（9）单击 确定 按钮，将返回上传作品界面，在此界面中可以看到自己上传的作品，如图 10.4.9 所示。

提示：在上传 Flash 影片之前，应该准备一幅从作品中导出的 GIF 格式的缩略图，其大小不能超过 115 × 85 像素，以用于“缩略图”项。

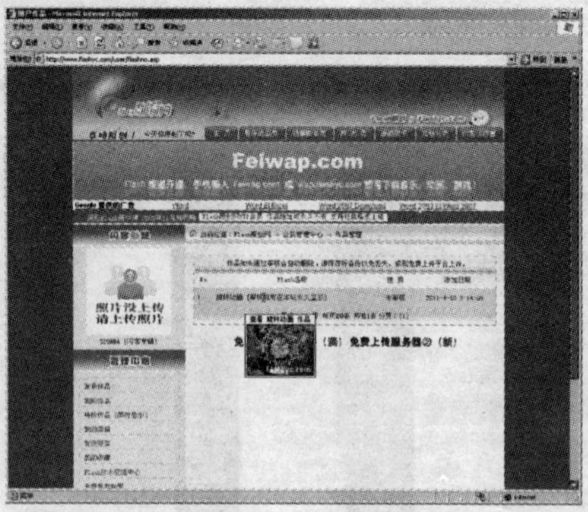

图 10.4.9　上传的 Flash 作品

10.5　上机实战——测试并上传作品

本节主要利用所学的知识将制作好的作品上传到网页中，最终效果如图 10.5.1 所示。

图 10.5.1　最终效果图

操作步骤

（1）打开制作好的 Flash 作品，选择菜单栏中的 控制(O) → 测试影片(T) → 测试(T) 命令，进入影片测试环境，将当前动画输出为 SWF 格式的文件，如图 10.5.2 所示。

（2）在测试窗口中选择 视图(V) → 下载设置(D) → 自定义... 命令，在弹出的“自定义下载设置”对话框中对下载速度进行设置，如图 10.5.3 所示。

图 10.5.2　进入影片测试环境

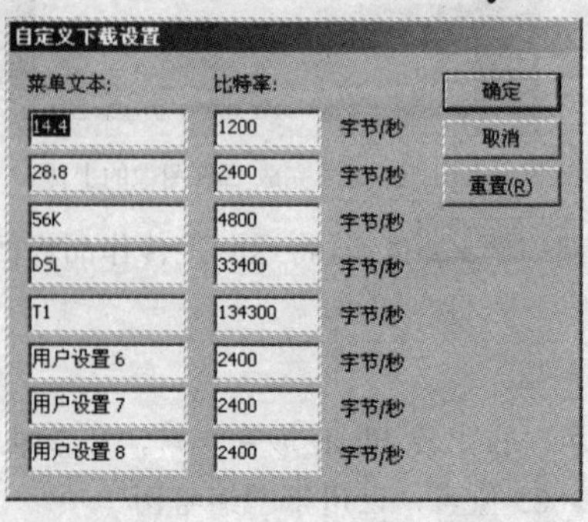

图 10.5.3　“自定义下载设置”对话框

（3）设置好参数后，单击 确定 按钮。在测试窗口中选择 视图(V) → 带宽设置(B) 命令，打开带宽剖面图，如图 10.5.4 所示。

（4）单击带宽剖面图中的方块，此时，其左侧的传输数据列表中会显示该方块代表的帧的属性，如图 10.5.5 所示。

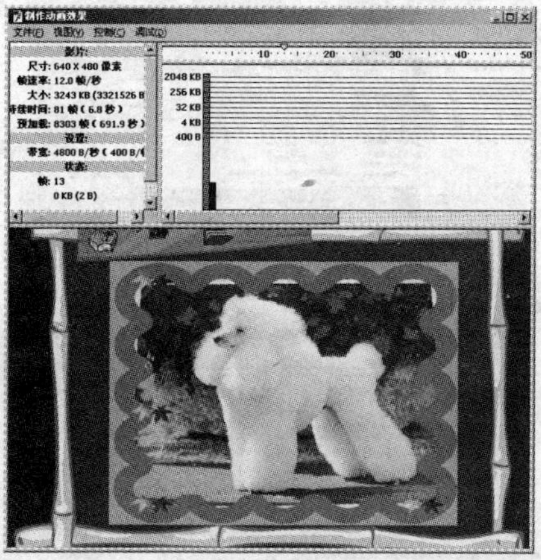

图 10.5.4　下载性能图

图 10.5.5　显示方块代表的帧的属性

（5）在带宽剖面图中代表帧的方块并未超出红线，说明其下载性能良好，可发布该动画。

（6）选择菜单栏中的 文件(F) → 发布设置(G)...，弹出“发布设置”对话框，如图 10.5.6 所示。

（7）在该对话框中的 类型: 选项区中选中 ☑ GIF 图像（.gif）复选框，单击 GIF 标签，打开“GIF”选项卡，在该选项卡中设置参数如图 10.5.7 所示。

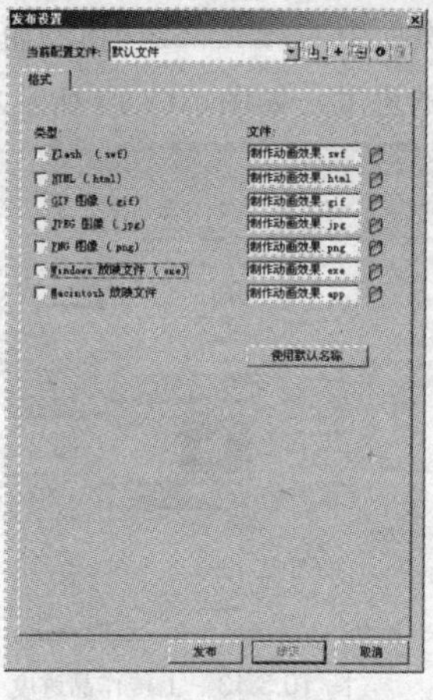

图 10.5.6　“发布设置”对话框

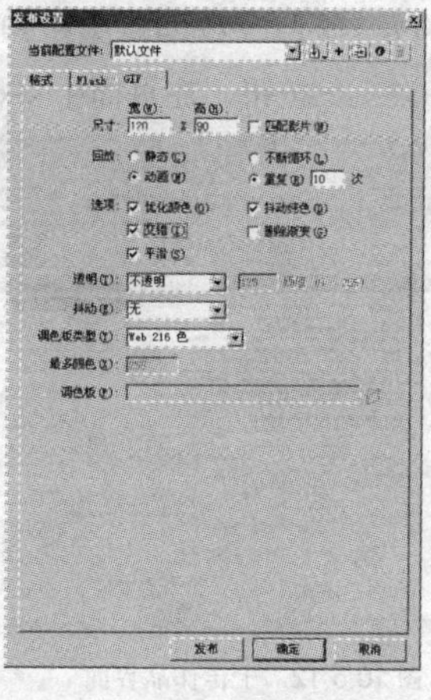

图 10.5.7　在“GIF”选项卡中设置参数

（8）设置好参数后，单击 发布 按钮，即可将 Flash 动画发布为 GIF 格式的缩略图，如图 10.5.8 所示。

（9）重复步骤（6）～（8）的操作，发布一个后缀名为.swf 的影片文件。

（10）输入网址“http://www.flash34.com”，进入闪秀网站首页，如图 10.5.9 所示。

（11）网站首页上方单击 上传flash 按钮，进入如图 10.5.10 所示的注册界面。

（12）在打开的注册页面中输入用户名和密码，如图 10.5.11 所示。若没有注册此网站，可先进行注册，然后再登录。

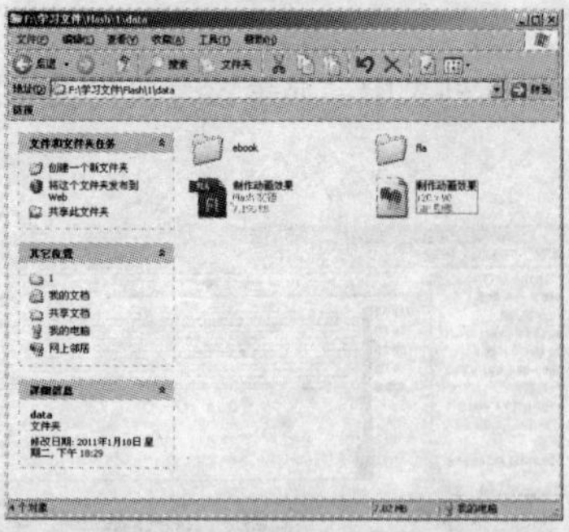

图 10.5.8 发布 GIF 缩略图

图 10.5.9 网站首页

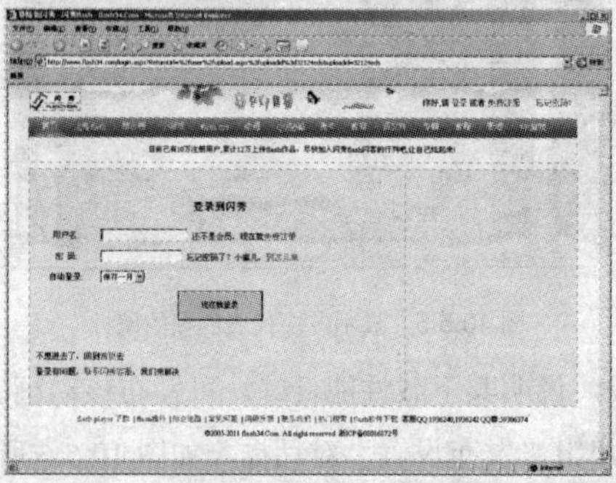

图 10.5.10 注册界面

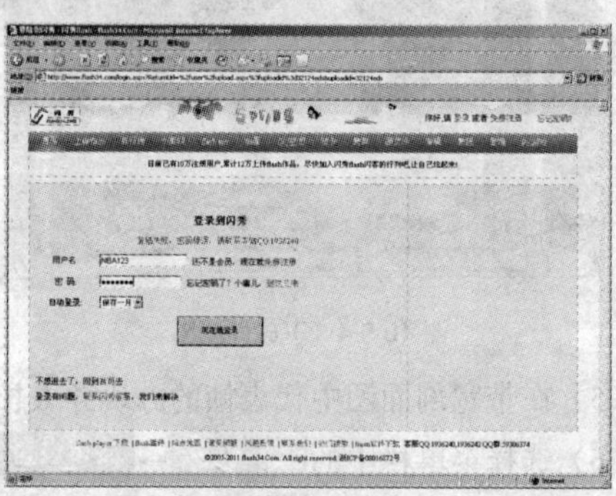

图 10.5.11 输入登录信息

（13）单击 现在就登录 按钮，进入如图 10.5.12 所示的上传作品界面，在此页面中按照提示信息填写相关信息，并将发布的 JPEG 缩略图和 Flash 影片通过页面中的 浏览... 按钮添加到界面中。

（14）单击 上 传 按钮，在页面中将显示上传作品的进度，如图 10.5.13 所示。

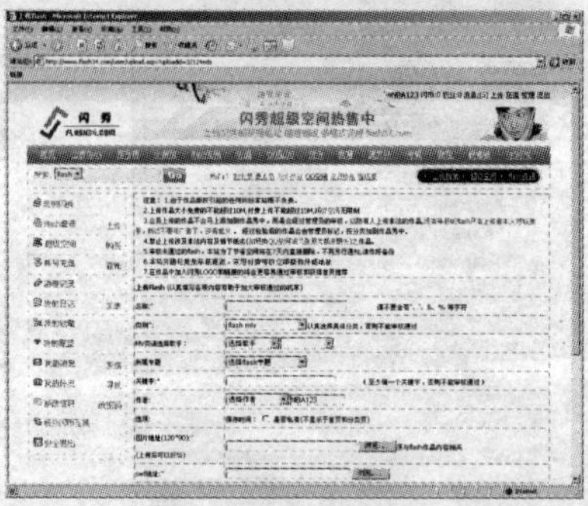

图 10.5.12 上传作品界面

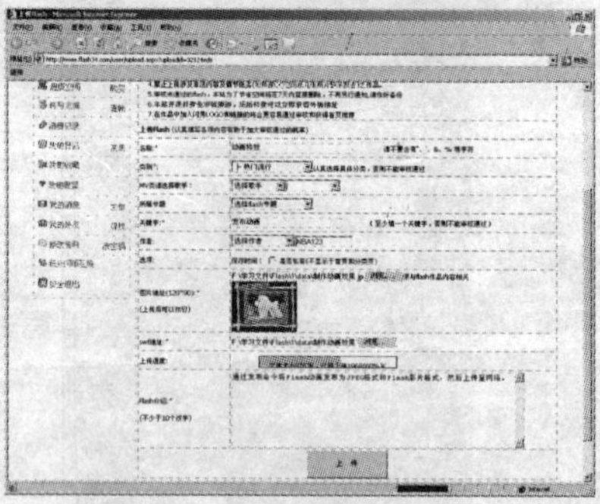

图 10.5.13 上传作品进度

（15）上传完毕后，将自动弹出上传完成窗口，此时即可观看自己上传的作品，最终效果如图 10.5.1 所示。

本 章 小 结

本章主要介绍了测试动画、优化动画、导出动画、发布动画以及上传动画等。通过本章的学习，用户应该掌握如何将动画以不同的格式发布与导出，并上传到网站中以供观众欣赏。

操作练习

一、填空题

1．Flash CS4 中使用________、________和________3 个命令来对作品进行测试。

2．测试________指测试它在弹起、指针经过、按下和点击 4 帧中的状态。

3．测试________指测试它与文本是否同步。

4．________格式是 Flash 默认的播放格式，也是用于在网络上传输和播放的格式。

5．Flash 文件体积越大，在网络上下载或播放的速度就会越慢，中途还会产生停顿现象。因此，在导出或发布动画作品时，最好对动画进行________。

二、选择题

1．在 Flash CS4 中还可以创建可执行文件，即（ ）文件。

（A）PNG　　（B）SWF

（C）EXE　　（D）FLA

2．“发布”命令的快捷键是（ ）。

（A）Ctrl+F12　　（B）Shift+F12

（C）Enter　　（D）F12

3．当将 Flash 动画发布为（ ）格式时没有发布选项。

（A）Windows 的放映文件　　（B）GIF 文件

（C）Macintosh 的放映文件　　（D）JPEG 文件

4．选择（ ）命令下的子命令可以设置调制解调器的速度。

（A）帧数图表(F)　　（B）下载设置(D)

（C）发布设置(G)...　　（D）带宽设置(B)

三、简答题

1．简述优化对象包括哪几个方面。

2．简述如何将动画导出为 AVI 视频。

3．简述如何将动画发布为放映文件。

四、上机操作题

1．利用本章所学的内容，测试和优化 Flash 作品，然后将其导出为 GIF 动画。

2．利用本章所学的内容，将制作好的作品上传到互联网上。

第 11 章　综合应用实例

为了更好地了解并掌握 Flash CS4 的应用，本章准备了一些具有代表性的综合应用实例。所举实例由浅入深地贯穿本书的知识点，使读者能够深入了解该软件的相关功能和具体应用。

知识要点

- 制作系统登录界面
- 制作灯会夜景效果
- 制作典故故事网站
- 制作公益广告

综合实例 1　制作系统登录界面

实例内容

本例将制作学生信息管理系统登陆界面，最终效果如图 11.1.1 所示。

图 11.1.1　最终效果图

设计思想

在制作过程中，将用到矩形工具、颜料桶工具、渐变变形工具、任意变形工具、橡皮擦工具、文本工具、钢笔工具、组件以及 ActionScript 语言等命令。

操作步骤

（1）启动 Flash CS4 应用程序，按“Ctrl+J”键，弹出“文档属性”对话框，设置其对话框参数如图 11.1.2 所示。设置好参数后，单击 确定 按钮。

（2）选择菜单栏中的 窗口(W) → 颜色(C) 命令，在打开的颜色面板中设置第 1 个色标值为“#F16E04”、第 2 个色标值为“#000000”，如图 11.1.3 所示。

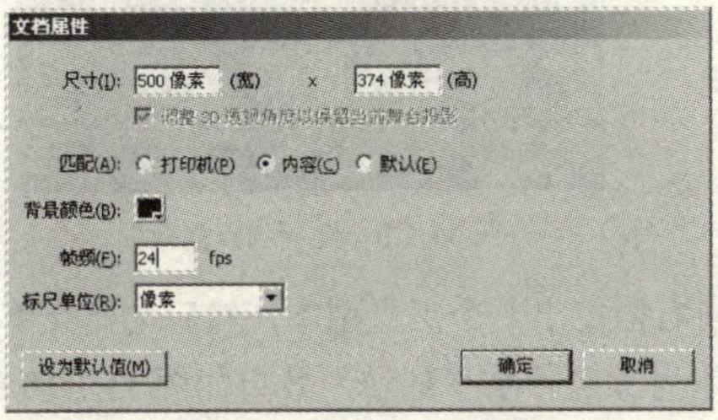

图 11.1.2　“文档属性”对话框

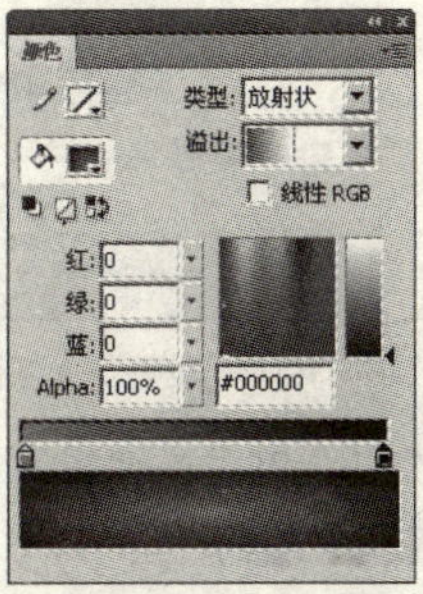

图 11.1.3　颜色面板

（3）单击工具箱中的“矩形工具”按钮，在编辑区中绘制一个与文档大小相等的矩形，效果如图 11.1.4 所示。

（4）单击工具箱中的“渐变变形工具”按钮，调整渐变填充的方向，效果如图 11.1.5 所示。

图 11.1.4　绘制矩形

图 11.1.5　调整颜色效果

（5）新建图层 2，使用矩形工具在编辑区中绘制一个小矩形，然后设置填充色为“#291F16”，单击工具箱中的“颜料桶工具”按钮，对绘制的矩形进行填充，效果如图 11.1.6 所示。

（6）重复步骤（3）和（4）的操作，在小矩形上方绘制一个长条矩形，效果如图 11.1.7 所示。

图 11.1.6　绘制并填充小矩形

图 11.1.7　绘制登陆界面轮廓

（7）在打开的颜色面板中设置第 1 个色标值为“#E76920”、Alpha 值为“65%”，第 2 个色标值为“#291F16”、Alpha 值为“0%”，如图 11.1.8 所示。

（8）单击工具箱中的“椭圆工具”按钮，在编辑区中绘制一个椭圆形，然后使用矩形工具在椭圆的右上角绘制一个矩形，并与椭圆的右上角相重叠，再选中绘制的 2 个图形，选择菜单栏中的 修改(M) → 合并对象(O) → 交集 命令，交集合并对象后的效果如图 11.1.9 所示。

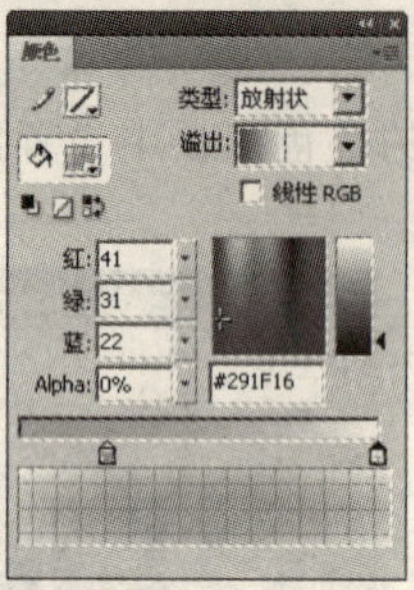

图 11.1.8　设置点光颜色

图 11.1.9　绘制的点光效果

（9）按住“Alt”键，在编辑区中水平向右拖曳出一个点光副本，然后选择菜单栏中的 修改(M) → 变形(T) → 水平翻转(H) 命令，对复制的副本对象进行水平翻转，效果如图 11.1.10 所示。

（10）单击时间轴面板下方的“新建图层”按钮，新建一个新图层。

（11）单击工具箱中的“钢笔工具”按钮，在编辑区中绘制一个如图 11.1.11 所示的箭头图形。

图 11.1.10　复制并变形点光副本

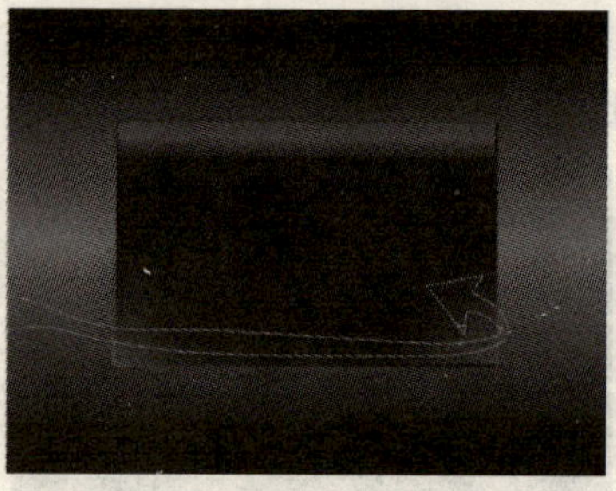

图 11.1.11　绘制箭头图形

（12）选择菜单栏中的 修改(M) → 形状(P) → 将线条转换为填充(C) 命令，然后使用工具箱中的颜料桶工具将箭头图形填充为绿色。

（13）单击工具箱中的“橡皮擦工具”按钮，在附加选项中选中“擦除所选填充”按钮，然后擦除遮挡登陆界面图形中的部分箭头图形，效果如图 11.1.12 所示。

（14）单击属性面板下方的“添加滤镜”按钮，从弹出的快捷菜单中选择 渐变斜角 命令，设置其属性参数如图 11.1.13 所示，添加渐变斜角滤镜后的效果如图 11.1.14 所示。

图 11.1.12　填充图形效果

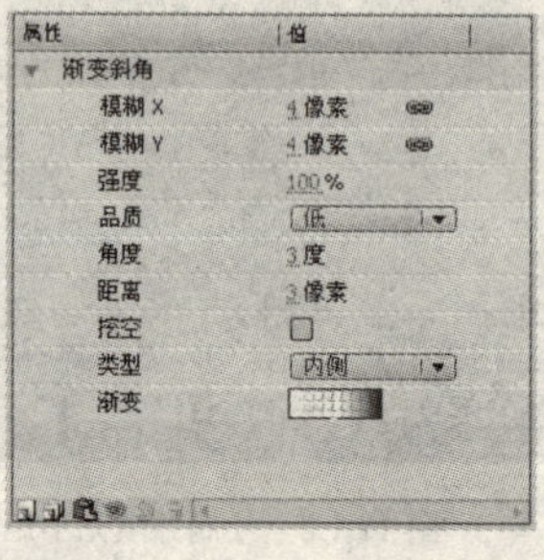

图 11.1.13　设置“渐变斜角”滤镜参数

（15）重复步骤（11）和（12）的操作，在编辑区中绘制一个如图 11.1.15 所示的图形。

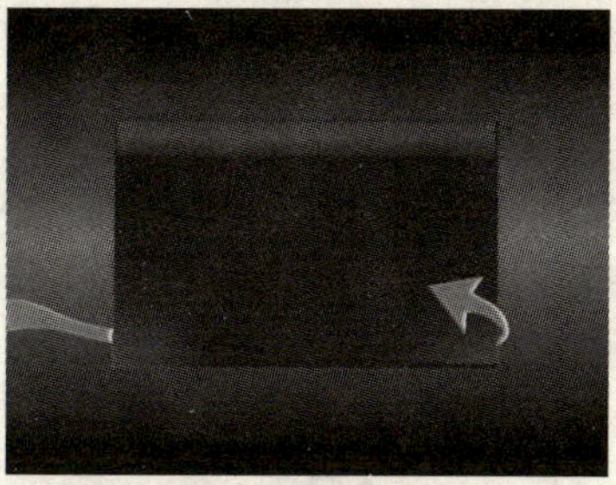

图 11.1.14　添加渐变斜角滤镜后的效果

图 11.1.15　绘制丝带效果

（16）单击工具箱中的“文本工具”按钮，分别在登陆界面的上方输入如图 11.1.16 所示的文字效果。

（17）创建一个名称为“组件”的图层，然后按“Ctrl+F7”键，在打开的组件面板中选择 User Interface → Label 组件，并将其拖曳到舞台中，再单击属性面板中的“组件检查器面板”按钮，设置其属性参数如图 11.1.17 所示。

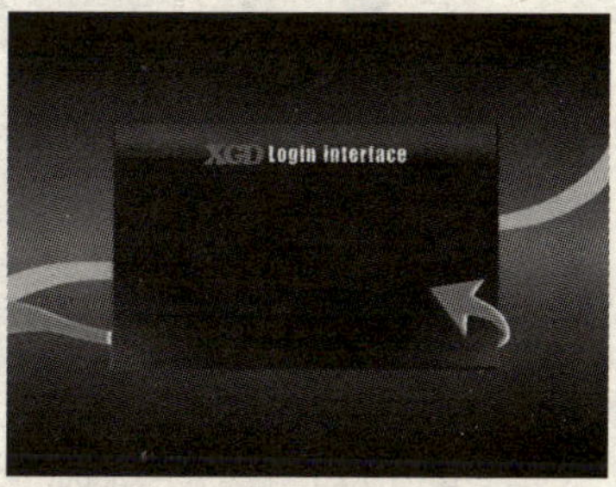

图 11.1.16　输入文本

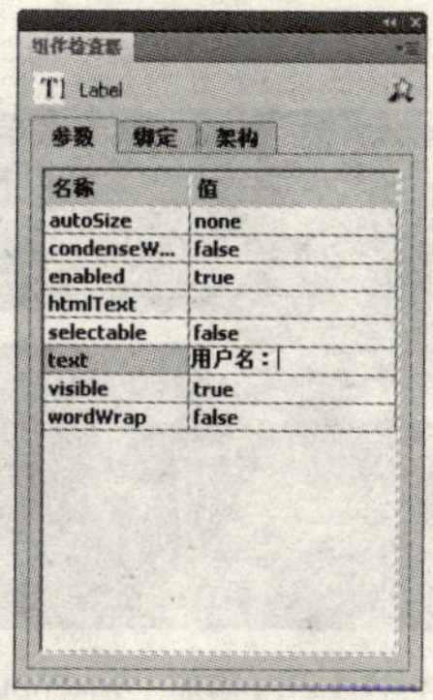

图 11.1.17　设置“Label”组件参数

（18）使用选择工具选中编辑区中的“Label”组件，设置其属性面板参数如图 11.1.18 所示，得到的效果如图 11.1.19 所示。

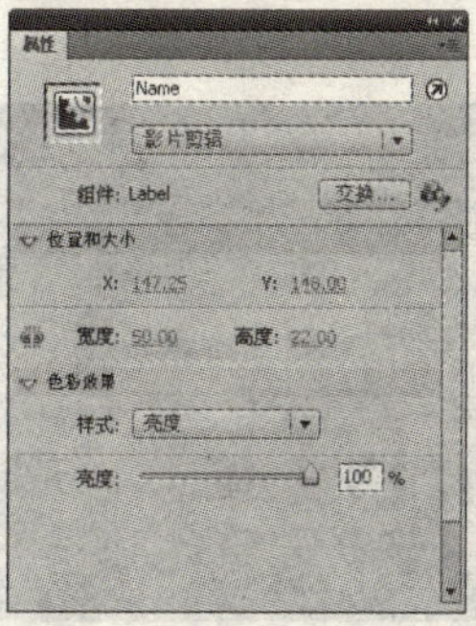

图 11.1.18　设置属性面板参数

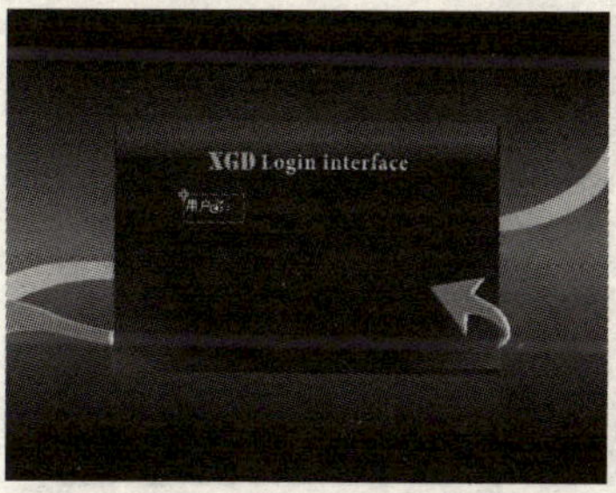

图 11.1.19　添加“Label”组件效果

（19）按住“Alt”键，在编辑区中拖曳出一个“Label”组件副本，然后重复步骤（17）和（18）的操作，分别在组件检查器和属性面板中设置 text 值为“密码：”、实例名称为“Password”，效果如图 11.1.20 所示。

（20）在打开的组件面板中选择 User Interface → TextInput 组件，并将其拖曳到舞台中，然后单击属性面板中的“组件检查器面板”按钮，设置其属性参数如图 11.1.21 所示，得到的效果如图 11.1.22 所示。

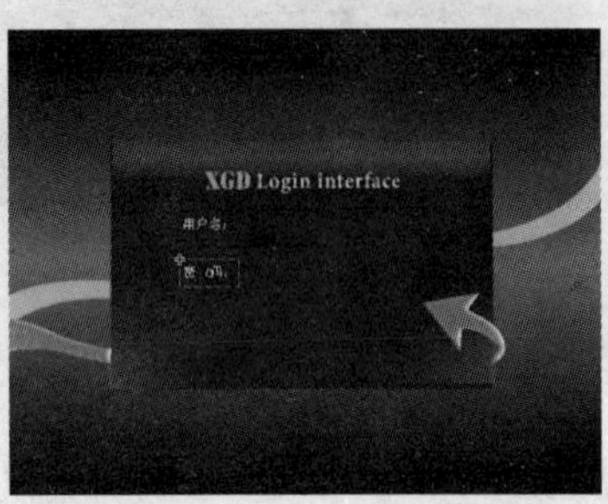

图 11.1.20　复制并更改“Label”组件副本参数

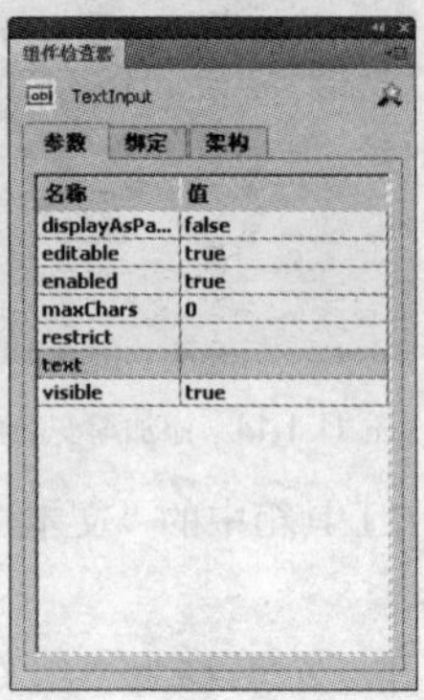

图 11.1.21　设置“TextInput”组件参数

（21）选中编辑区中的“TextInput”组件，设置其属性面板参数如图 11.1.23 所示。

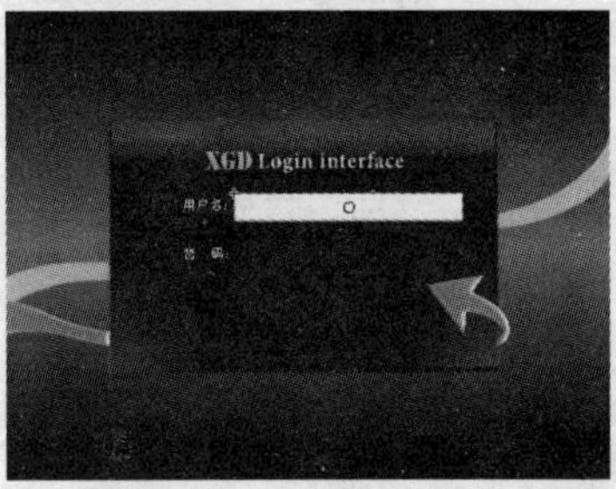

图 11.1.22　添加“TextInput”组件效果

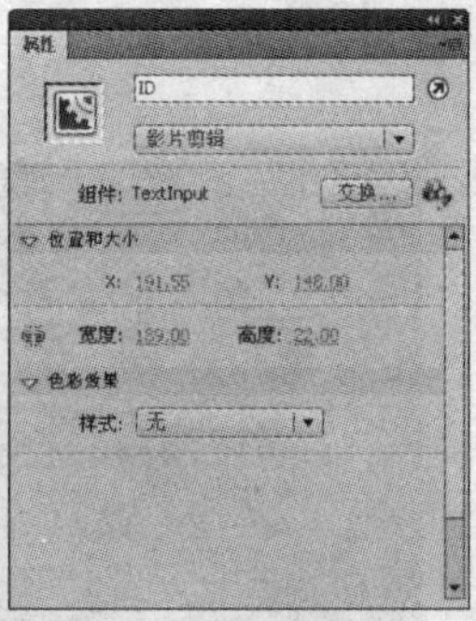

图 11.1.23　输入“TextInput”实例名称

（22）重复步骤（19）的操作，在编辑区中拖曳出一个“TextInput”组件副本，并在其属性面板中设置实例名称为“PWD”，效果如图 11.1.24 所示。

（23）按“Ctrl+R”键，在编辑区中导入两幅如图 11.1.25 所示的小图标，并使用任意变形工具调整其大小及位置。

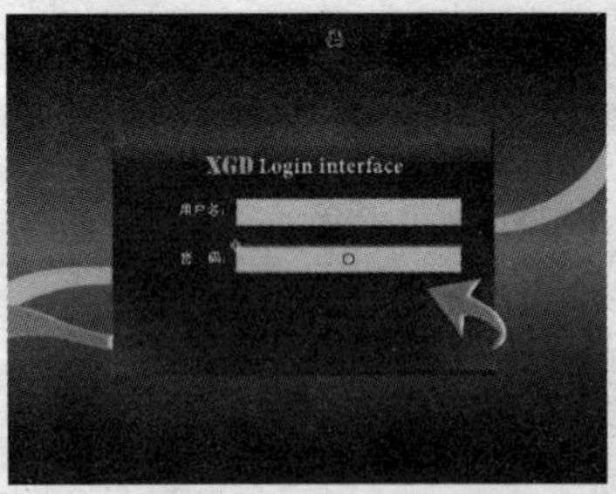

图 11.1.24　创建的文本输入框

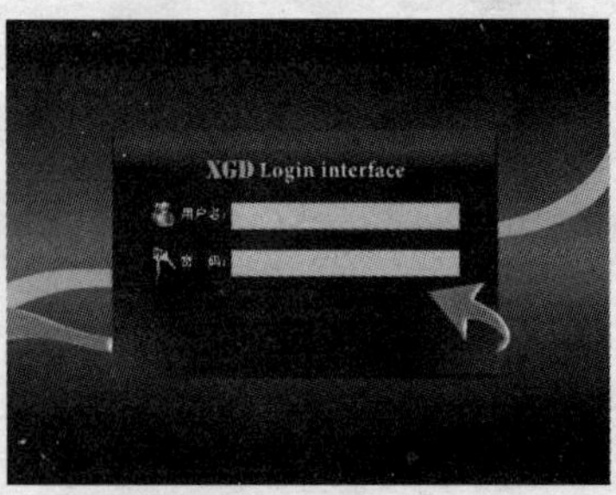

图 11.1.25　导入并调整图片大小

（24）在打开的组件面板中选择 User Interface → Button 组件，并将其拖曳到编辑区中，然后单击属性面板中的“组件检查器面板”按钮，设置其属性参数如图 11.1.26 所示，得到的效果如图 11.1.27 所示。

（25）选中编辑区中的“确定”按钮组件，在其属性面板中设置实例名称为“Enter”，然后为其添加样式效果，此时的属性面板如图 11.1.28 所示。

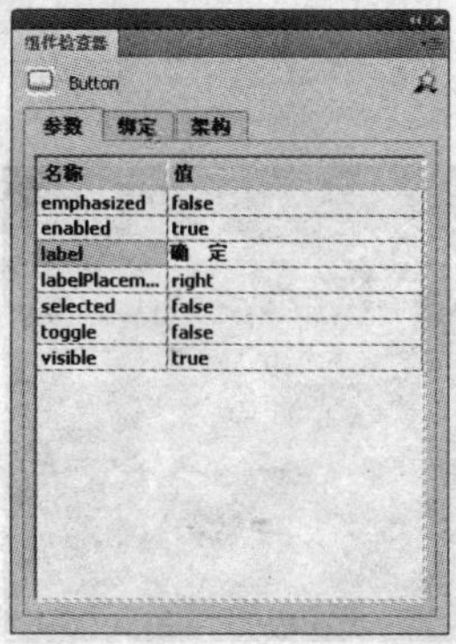

图 11.1.26　输入按钮名称

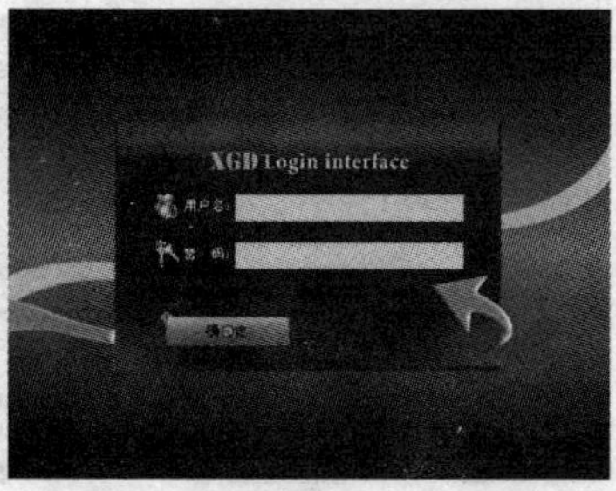

图 11.1.27　创建“确定”按钮效果

（26）重复步骤（19）的操作，在编辑区中拖曳出一个“Button”组件副本，然后重复步骤（24）的操作，在组件检查器面板中设置按钮名称为“重置”。

（27）选中编辑区中的“重置”按钮组件，在其属性面板中设置实例名称为“Reset”，然后为其添加样式效果，此时的属性面板如图 11.1.29 所示，得到的效果如图 11.1.30 所示。

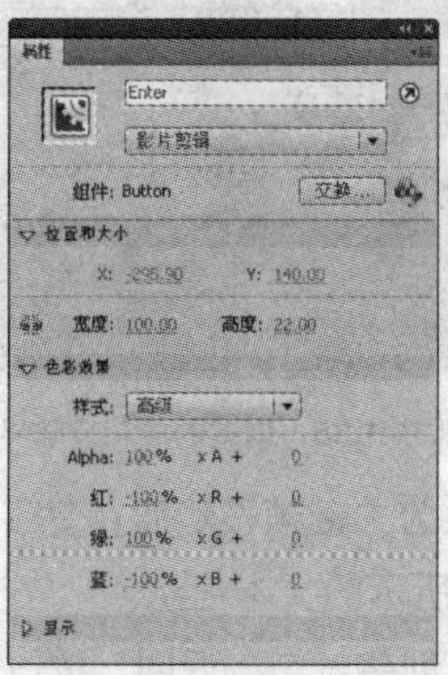

图 11.1.28　设置“确定”按钮参数

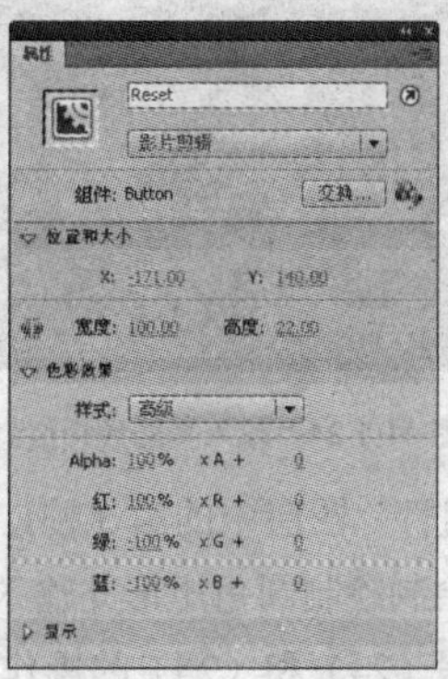

图 11.1.29　创建“重置”按钮参数

（28）按“Ctrl+R”键，在绘制的登陆界面上方导入一幅装饰图片，并使用任意变形工具调整其大小及位置，效果如图 11.1.31 所示。

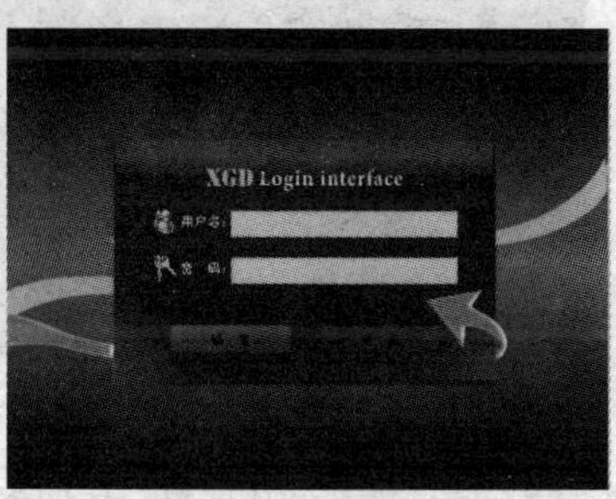

图 11.1.30　为按钮添加样式效果

图 11.1.31　导入装饰图片

（29）选中“组件”图层中的第 2 帧和第 3 帧，按“F6”键插入关键帧，然后分别在其他图层的第 3 帧处按“F5”键，插入普通帧。

（30）选中“组件”图层中的第 2 帧，单击工具箱中的“矩形工具”按钮，设置其属性面板参数如图 11.1.32 所示。

（31）设置好参数后，在编辑区中绘制一个圆角矩形，效果如图 11.1.33 所示。

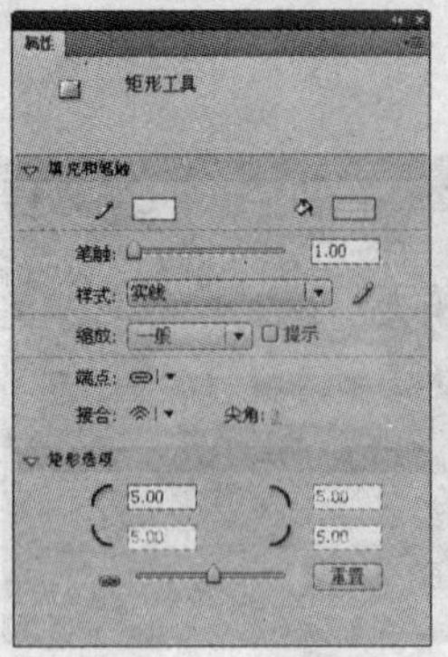

图 11.1.32　设置“矩形工具”属性参数

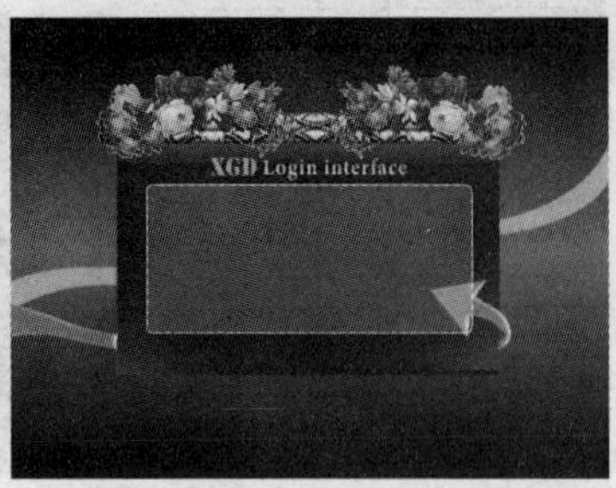

图 11.1.33　绘制圆角矩形

（32）单击工具箱中的“文本工具”按钮T，在编辑区中输入如图 11.1.34 所示的文本信息，然后重复步骤（28）的操作，导入一幅小图标，效果如图 11.1.35 所示。

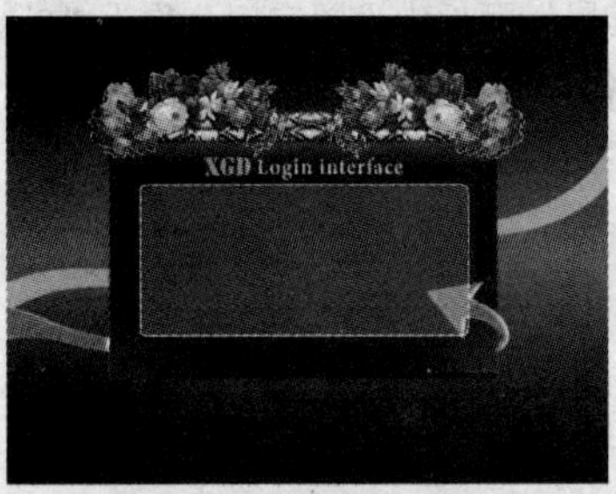

图 11.1.34　输入登陆成功信息

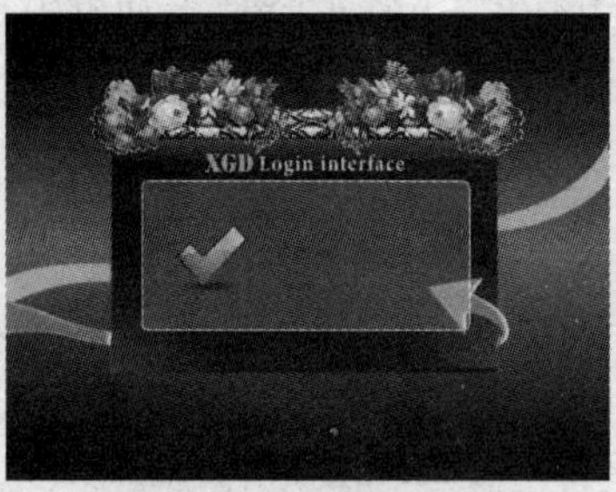

图 11.1.35　创建的成功登陆界面

（33）选中“组件”图层中的第 3 帧，将普通帧转换为关键帧，然后重复步骤（30）～（32）的操作，在编辑区中绘制绘制圆角矩形并输入如图 11.1.36 所示的文本信息。

（34）重复步骤（24）和（25）的操作，在编辑区中创建一个“返回”按钮，并设置实例名称为“Return”，效果如图 11.1.37 所示。

图 11.1.36　输入登陆失败信息

图 11.1.37　创建的登陆失败界面

（35）新建一个名称为“动作”的图层，然后按“F9”键，打开动作面板，在面板中输入以下动作脚本语句：

```
stop();
var tf:TextFormat=new TextFormat();
tf.size =13;
Name.setStyle("textFormat",tf);
```

```
Password.setStyle("textFormat",tf);
Enter.setStyle("textFormat",tf);
Reset.setStyle("textFormat",tf);
Enter.addEventListener(MouseEvent.CLICK,LoginAction);
Reset.addEventListener(MouseEvent.CLICK, ResetAction);
function LoginAction(event:MouseEvent):void
{
if(ID.text=="西工大出版社" && PWD.text=="888888")
{
gotoAndPlay(2);
}
else
{
gotoAndPlay(3);
}
}
function ResetAction(event:MouseEvent):void
{
ID.text="";
PWD.text="";
}
```

（36）在动作面板中输入动作脚本语句后，其面板如图 11.1.38 所示。

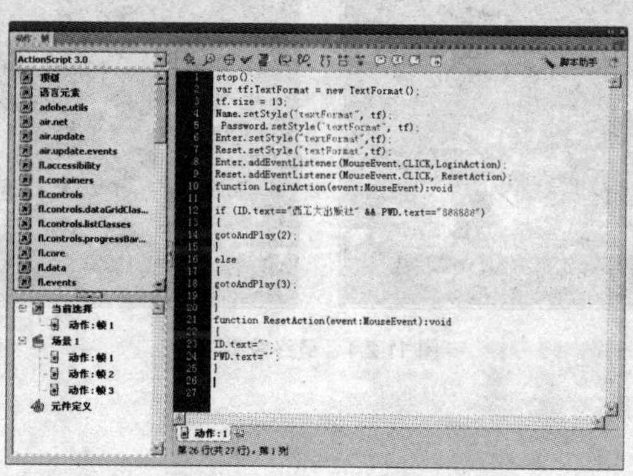

图 11.1.38　输入动作脚本

（37）在“动作”图层中的第 2 帧处插入关键帧，然后在打开的动作面板中输入以下脚本语句：

```
stop();
```

（38）在“动作”图层中的第 3 帧处插入关键帧，然后在打开的动作面板中输入以下脚本语句：

```
stop();
Return.setStyle("textFormat",tf);
Return.addEventListener(MouseEvent.CLICK, ReturnAction);
function ReturnAction(event:MouseEvent):void
```

```
{
gotoAndPlay(1);
}
```

（39）按“Ctrl+Enter”键，预览动画效果，最终效果如图 11.1.1 所示。

综合实例 2　制作灯会夜景效果

实例内容

本例将制作灯会夜景效果，最终效果如图 11.2.1 所示。

图 11.2.1　最终效果图

设计思想

在制作过程中，将用到刷子工具、椭圆工具、矩形工具、部分选择工具、渐变变形工具、引导层以及遮罩层等命令。

操作步骤

（1）启动 Flash CS4 应用程序，新建一个 Flash 文档。

（2）按“Ctrl+J”键，弹出“文档属性”对话框，设置其对话框参数如图 11.2.2 所示。设置好参数后，单击 确定 按钮。

（3）按“Ctrl+R”键，导入一幅灯会背景图片，并使用对齐面板调整其恰好覆盖整个舞台，然后在第 75 帧处插入普通帧，如图 11.2.3 所示。

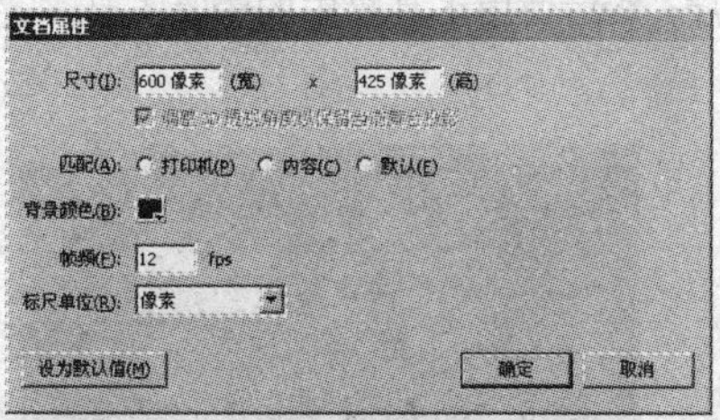

图 11.2.2　“文档属性”对话框

图 11.2.3　导入灯会图片

（4）新建图层 2，单击工具箱中的“矩形工具”按钮，在编辑区的右下角绘制一个填充色为“白色”的矩形，然后按“F8”键将其转换为图形元件，效果如图 11.2.4 所示。

（5）在图层 2 的第 15 帧处插入关键帧，然后使用工具箱中的任意变形工具将矩形实例调整为与舞台大小一致。

（6）在第 1 帧至第 15 帧间的任意一帧上单击鼠标右键，从弹出的快捷菜单中选择 创建传统补间 命令，创建一段缩放动画，效果如图 11.2.5 所示。

图 11.2.4　将绘制的矩形转化为图形元件

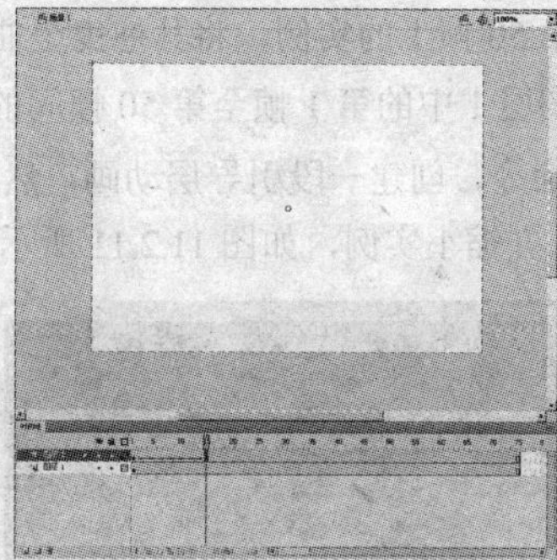

图 11.2.5　创建缩放动画

（7）将鼠标指针置于图层 2 的层名区，单击鼠标右键，在弹出的快捷菜单中选择 遮罩层 命令，为图层 1 创建遮罩效果，如图 11.2.6 所示。

（8）按“Ctrl+F8”键，弹出“创建新元件”对话框，设置其对话框参数如图 11.2.7 所示。

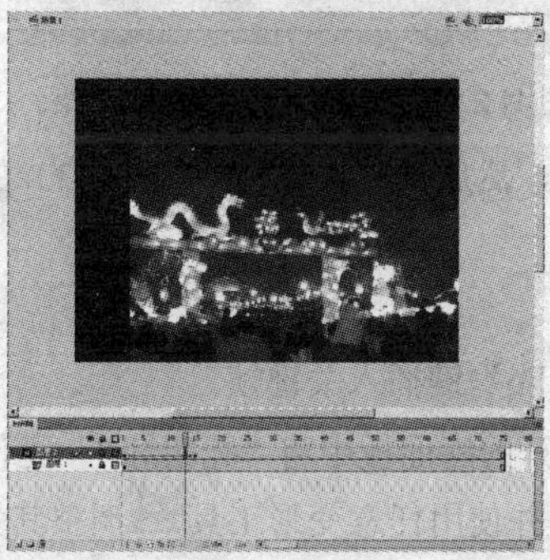

图 11.2.6　创建遮罩动画效果

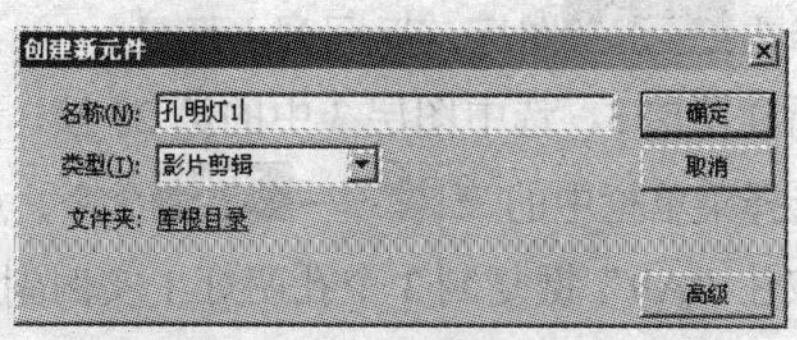

图 11.2.7　“创建新元件”对话框

（9）设置好参数后，单击确定按钮，进入该元件的编辑窗口。按“Ctrl+R”键，在编辑区中导入一幅处理好的孔明灯图片，如图 11.2.8 所示。

（10）选中编辑区中的孔明灯图片，按“F8”键将其转换为图形元件，然后在第 50 帧处插入关键帧。

（11）将鼠标指针置于图层 1 的层名区，单击鼠标右键，在弹出的快捷菜单中选择添加传统运动引导层命令，为图层 1 添加运动引导层，然后使用工具箱中的铅笔工具在编辑区中绘制如图 11.2.9 所示的曲线。

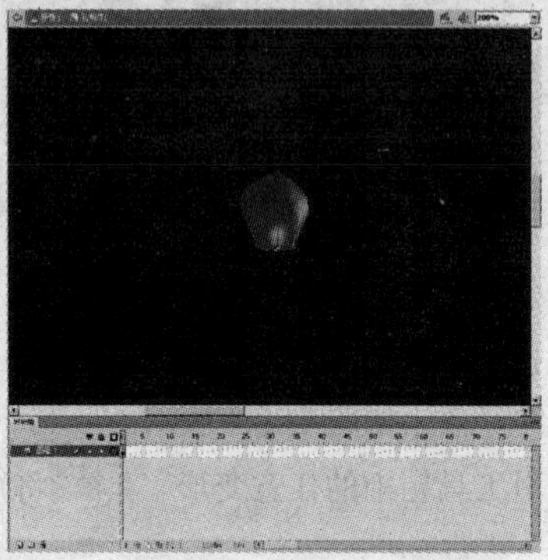

图 11.2.8　导入一个 PSD 文件

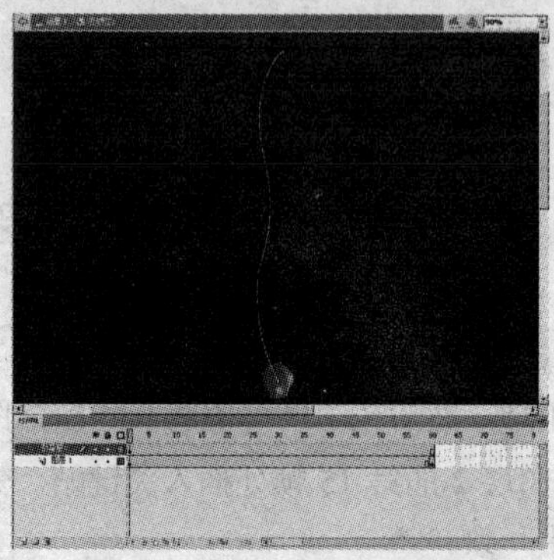

图 11.2.9　绘制曲线

（12）选中图层 1 中的第 1 帧，将编辑区中实例的中心点拖曳至曲线下方的起始点处，并与其重合，然后选中第 50 帧上的实例，将其拖曳至曲线上方的终点处，并与其重合，如图 11.2.10 所示。

（13）在图层 1 中的第 1 帧至第 50 帧间的任意一帧上单击鼠标右键，从弹出的快捷菜单中选择创建传统补间命令，创建一段引导层动画，然后选中第 50 帧上的实例，在其属性面板中将其透明度设置为“0%”，并缩小实例，如图 11.2.11 所示。

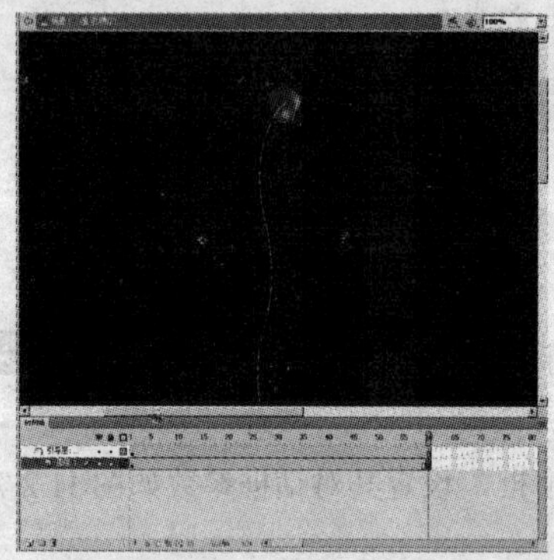

图 11.2.10　使实例的中心点与曲线端点重合

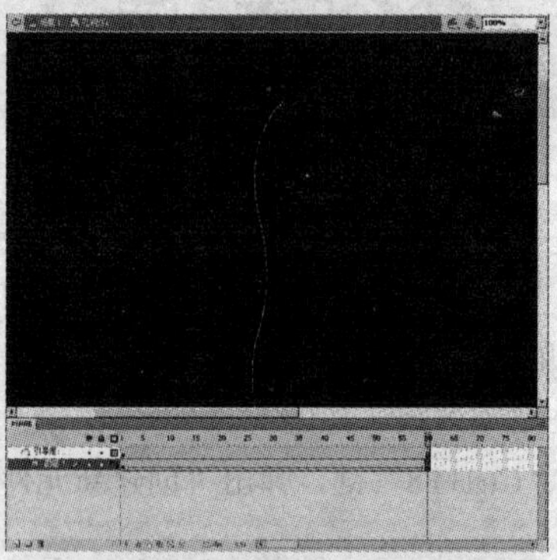

图 11.2.11　创建孔明灯上升动画效果

（14）分别创建孔明灯 2 和孔明灯 3 影片剪辑元件，然后重复步骤（9）～（13）的操作，制作孔明灯上升动画效果，如图 11.2.12 所示。

（15）单击场景 1图标，返回到主场景。

（16）新建图层 3，选中图层 3 中的第 20 帧，按“F6”键插入关键帧。

（17）选择菜单栏中的窗口(W)→库(L)命令，从打开的库面板中将“孔明灯 1”元件拖曳到编辑区中，然后按住“Alt”键复制 3 个孔明灯 1 实例副本，并使用任意变形工具调整其大小及位置，效果如图 11.2.13 所示。

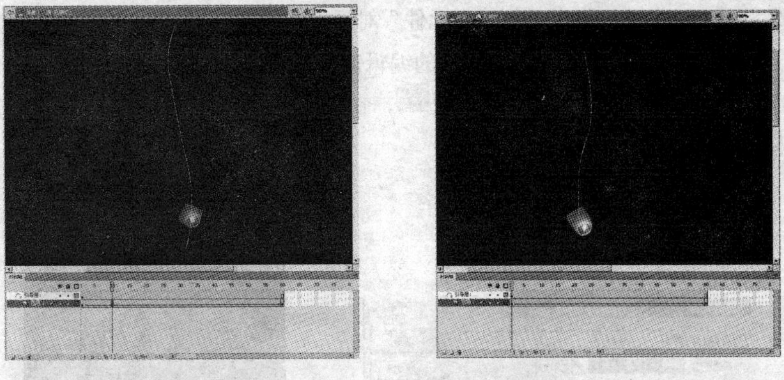

图 11.2.12　其他两个孔明灯上升动画效果

（18）新建图层 4 和图层 5，分别在图层 4 的第 30 帧和图层 5 的第 40 帧处插入关键帧，然后重复步骤（17）的操作，将库面板中的“孔明灯 2”和“孔明灯 3”元件拖曳到两个关键帧上，并复制和调整实例大小，效果如图 11.2.14 所示。

图 11.2.13　添加“孔明灯 1”实例效果

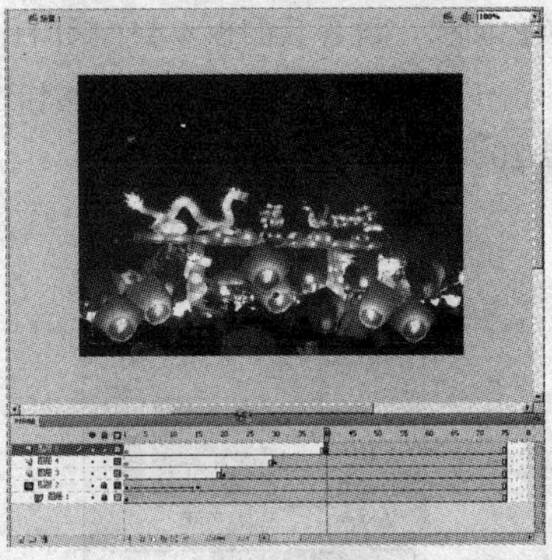

图 11.2.14　添加其他两个实例效果

（19）选中菜单栏中的插入(I)→场景(S)命令，插入场景 2。

（20）在打开的库面板中将灯会背景图片拖曳到编辑区中，按“F8”键将其转换为图形元件，然后在第 55 帧处插入关键帧，并选中编辑区中的实例，为其添加“高级”样式效果，设置其属性参数如图 11.2.15 所示。

（21）在第 1 帧至第 55 帧间的任意一帧单击鼠标右键，从弹出的快捷菜单中选择创建传统补间命令，创建一段颜色渐变动画效果，如图 11.2.16 所示。

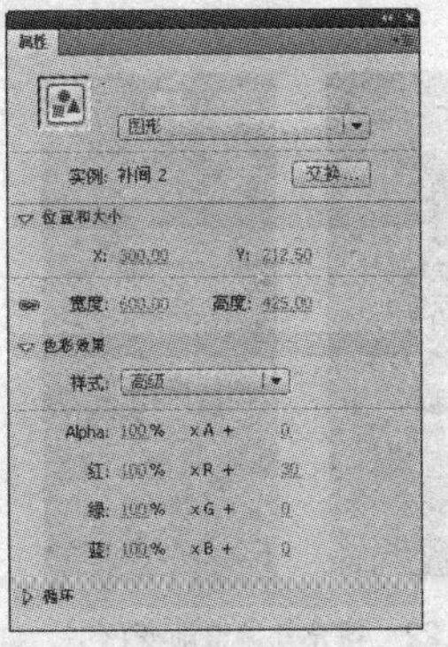

图 11.2.15　设置“高级”选项参数

图 11.2.16　创建颜色渐变动画

（22）按“Ctrl+F8”键，弹出“创建新元件”对话框，设置其对话框参数如图 11.2.17 所示。设置好参数后，单击 确定 按钮，进入该元件的编辑窗口。

（23）单击工具箱中的“刷子工具”按钮，在舞台中绘制烟花绽放的图形，然后使用选择工具调整其形状，效果如图 11.2.18 所示。

图 11.2.17 “创建新元件”对话框

图 11.2.18 绘制烟花绽放形状

（24）重复步骤（22）的操作，创建一个名为“圆形”的图形元件，然后选择 窗口(W) → 颜色(C) 命令，打开颜色面板，设置其面板参数如图 11.2.19 所示。

（25）单击工具箱中的“椭圆工具”按钮，按住“Shift”键，在舞台的中心位置绘制一个圆形，如图 11.2.20 所示。

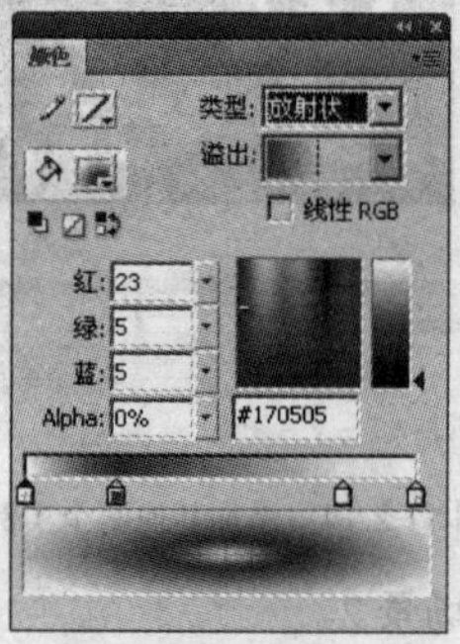

图 11.2.19 设置颜色面板参数

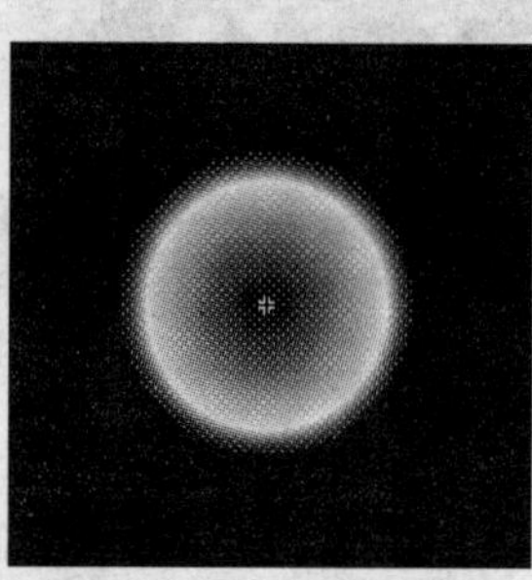

图 11.2.20 绘制圆形

（26）按“Ctrl+F8”键，创建一个名称为“喷射”的图形元件，然后单击工具箱中的“矩形工具”按钮，在舞台中绘制一个矩形，然后在打开的颜色面板中设置其面板参数如图 11.2.21 所示。

（27）设置好参数后，使用工具箱中的颜料桶工具填充矩形，并使用渐变变形工具和部分选择工具调整矩形的渐变方向和形状，效果如图 11.2.22 所示。

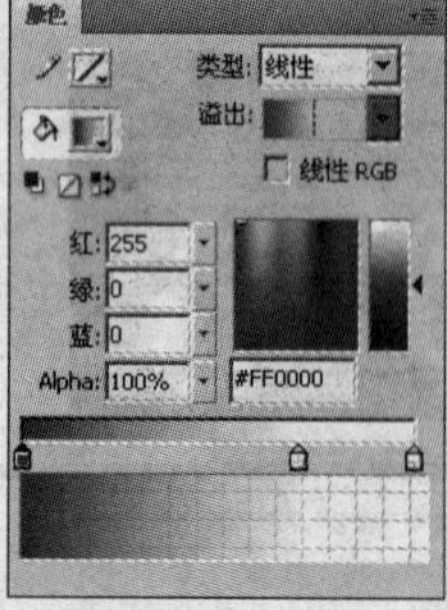

图 11.2.21 设置颜色面板参数

图 11.2.22 填充并调整渐变色

（28）创建一个名称为“烟花 1”的影片剪辑，然后从打开的库面板中拖动“喷射”元件到编辑区中，并使用任意变形工具对其进行旋转，再在第 15 帧处插入关键帧，使用选择工具将编辑区中的实例移至如图 11.2.23 所示的位置。

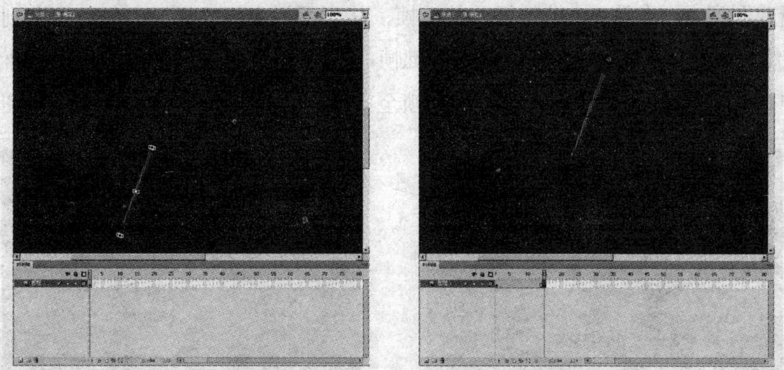

图 11.2.23　拖入并移动“喷射”实例

（29）分别设置第 1 帧和第 15 帧中实例的透明度为“100%”和“0%”，然后在第 1 帧至第 15 帧间的任意一帧上单击鼠标右键，创建一段补间动画效果，如图 11.2.24 所示。

（30）在图层 1 的第 70 帧处插入普通帧，然后新建图层 2，在该图层的第 10 帧处插入关键帧，再从打开的库面板中将“圆”元件拖曳到编辑区中，并单击对齐面板中的“水平中齐”按钮和“垂直中齐”按钮，将实例对齐于编辑区的中心位置，效果如图 11.2.25 所示。

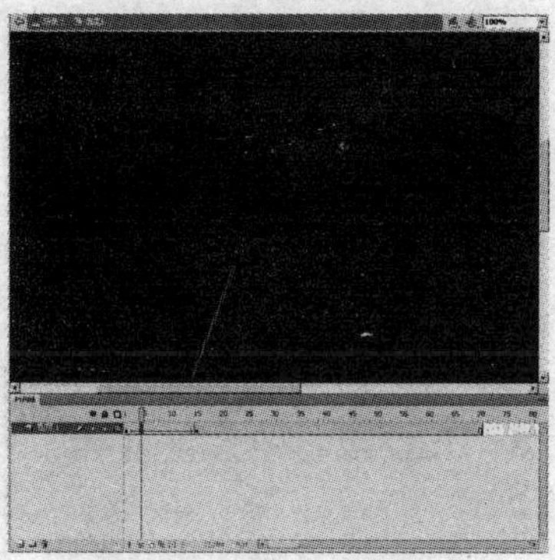

图 11.2.24　创建运动动画效果

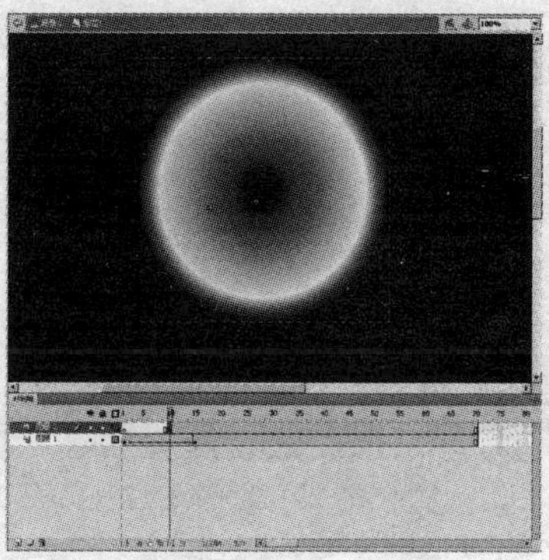

图 11.2.25　拖入“圆”实例

（31）在图层 2 中的第 30 帧处插入关键帧，然后选中第 10 帧中的圆形，在变形面板中将其等比例缩小“30%”（见图 11.2.26），再在第 10 帧至第 30 帧间创建一段运动渐变动画，如图 11.2.27 所示。

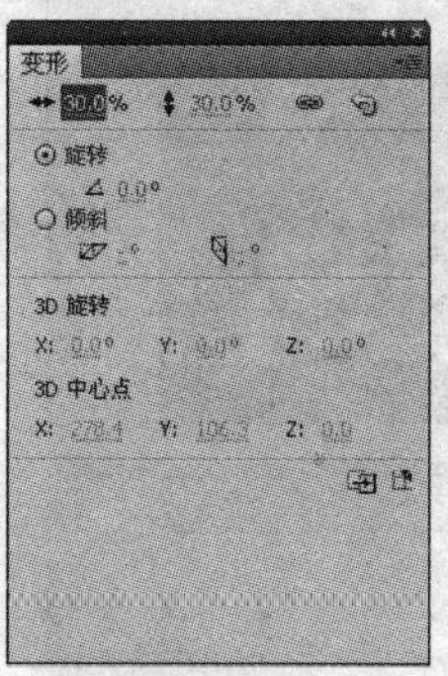

图 11.2.26　变形面板

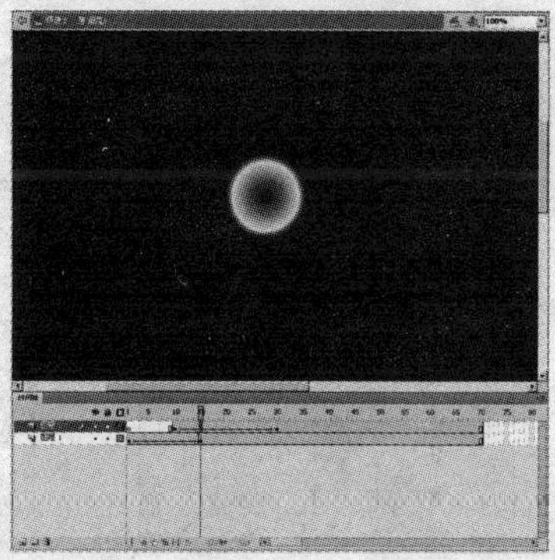

图 11.2.27　创建运动渐变动画效果

（32）将图层 2 中的第 70 帧转换为关键帧，然后将该关键帧上的“圆”实例大小设置为“30%”，并将其透明度设置为“0%”，再在第 30 帧至第 70 帧间创建一段运动渐变动画，如图 11.2.28 所示。

（33）新建图层 3，在第 10 帧处插入关键帧，从库面板中将“烟花”元件拖曳到编辑区中（见图 11.2.29），然后将图层 3 的第 70 帧转换为关键帧，重复步骤（31）的操作将实例缩小“30%”，并在属性面板中设置 Alpha 值为“0%”，在第 10 帧至第 70 帧间创建一段渐变动画，如图 11.2.30 所示。

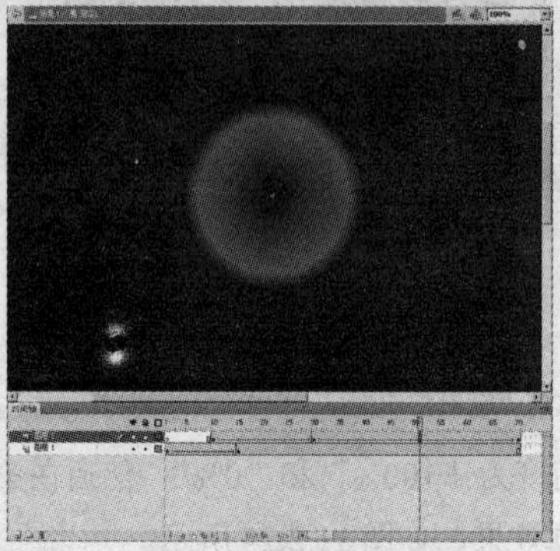

图 11.2.28　创建动画效果

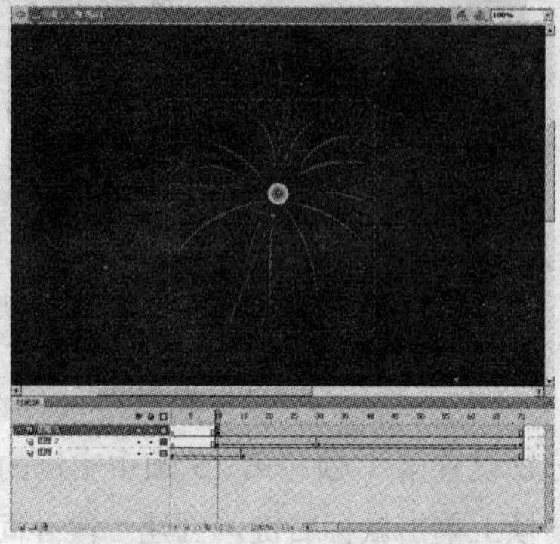

图 11.2.29　拖入“烟花”元件

（34）将鼠标指针置于图层 3 的层名区，单击鼠标右键，在弹出的快捷菜单中选择 遮罩层 命令，为图层 2 添加遮罩效果，如图 11.2.31 所示。

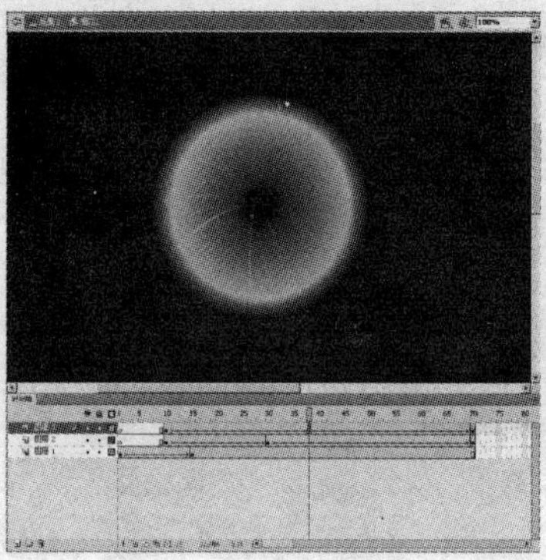

图 11.2.30　创建运动渐变动画

图 11.2.31　创建遮罩动画

（35）单击 场景 2 图标，返回到场景 2。新建图层 2，从库面板中拖动“烟花 1”元件到编辑区中，然后选中“烟花 1”实例，在属性面板中为其添加“高级”选项，效果如图 11.2.32 所示。

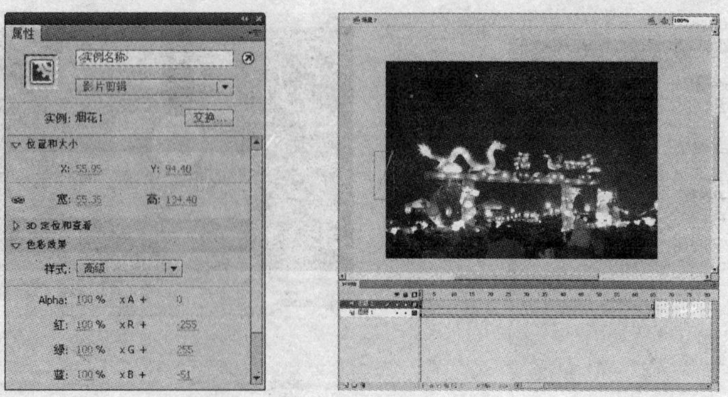

图 11.2.32　为“烟花 1”实例添加样式效果

（36）新建图层 3，在该图层的第 5 帧处插入关键帧，然后从库面板中拖动“烟花 1”元件到该帧中，并重复步骤（35）的操作，为其添加样式效果，如图 11.2.33 所示。

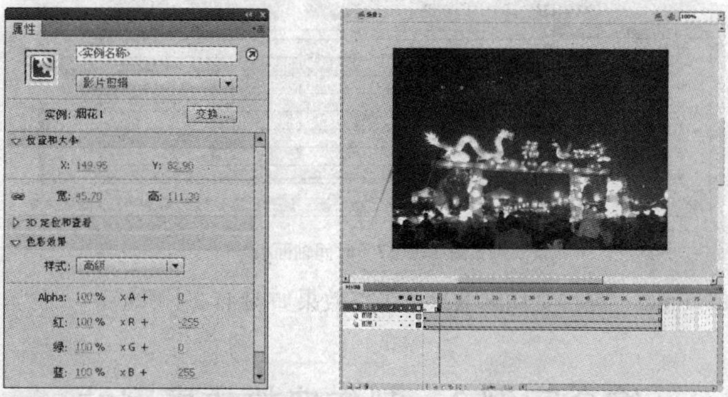

图 11.2.33　第 5 帧上的实例效果

（37）新建 5 个图层，依次隔 5 帧在相应图层中插入关键帧，然后分别从库面板中拖动“烟花 1”元件到各个图层中（见图 11.2.34），并重复步骤（35）的操作，为各图层中的实例设置不同的“高级”选项参数，效果如图 11.2.35 所示。

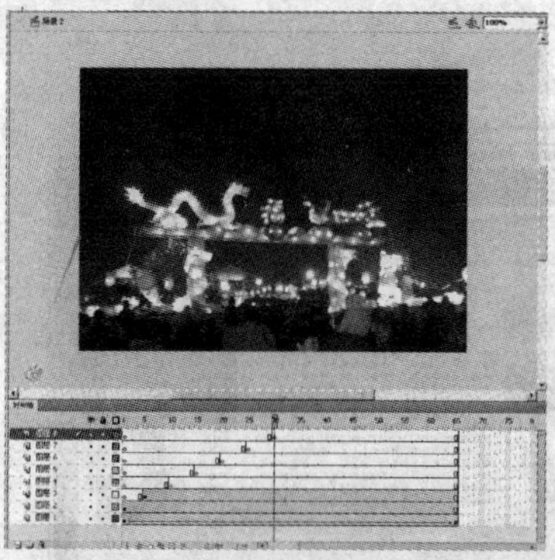

图 11.2.34　新建图层并插入关键帧

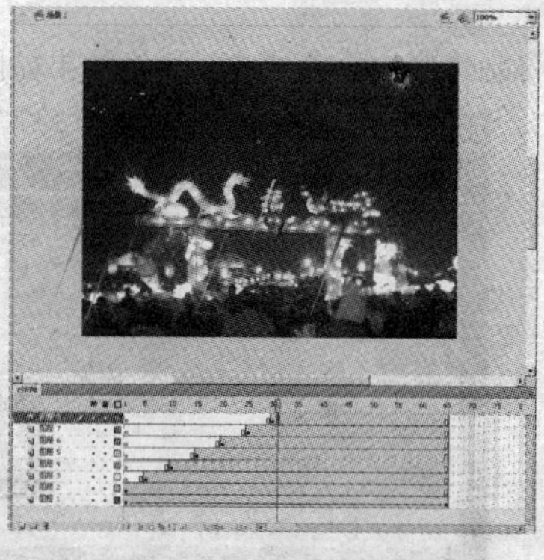

图 11.2.35　分别拖入“烟花 1”元件到编辑区中

（38）新建一个名称为“声音”的图层，选择菜单栏中的 文件(E) → 导入(I) → 导入到库(L)... 命令，在库面板中导入一个放烟花的“MP3”音频，然后从库面板中将导入的声音文件拖入到编辑区中，效果如图 11.2.36 所示。

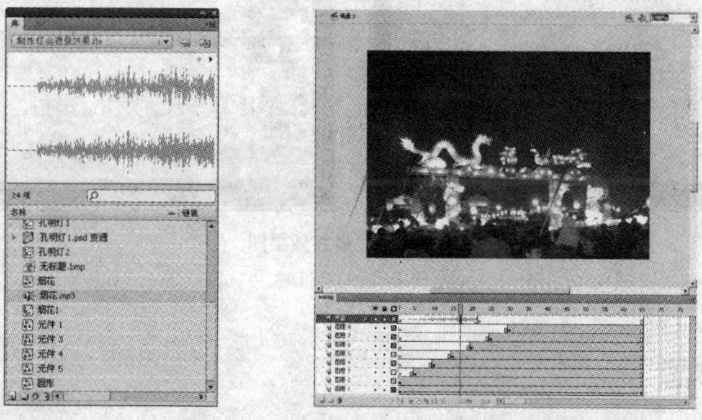

图 11.2.36　拖入“声音”文件到编辑区中

（39）按住“Alt”键，别将“声音”图层中的第 1 帧分别拖曳到第 22 帧和第 43 帧处，此时的时间轴面板如图 11.2.37 所示。

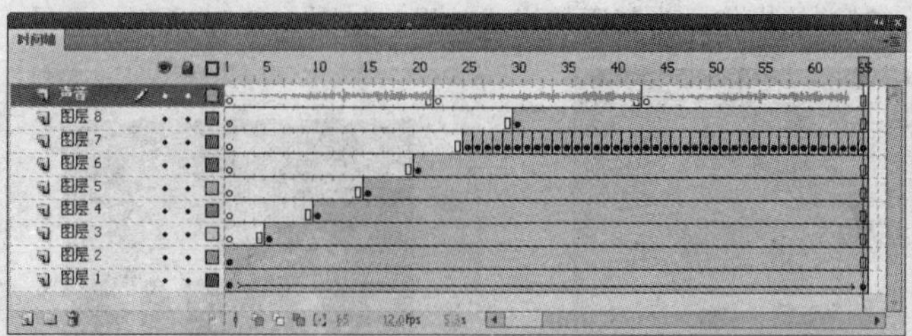

图 11.2.37　时间轴面板

（40）按“Ctrl+Enter”键预览动画效果，最终效果如图 11.2.1 所示。

综合实例 3　制作典故故事网站

实例内容

本例将制作典故故事网站，最终效果如图 11.3.1 所示。

图 11.3.1　最终效果图

设计思想

在制作过程中，主要用到矩形工具、圆角矩形工具、渐变变形工具、任意变形工具、文本工具、对齐面板、组件以及动作脚本语句等。

操作步骤

（1）启动 Flash CS4 应用程序，按“Ctrl+J”键，弹出“文档属性”对话框，设置其对话框参数如图 11.3.2 所示。设置好参数后，单击 确定 按钮。

（2）按“Ctrl+F8”键，弹出“创建新元件”对话框，设置其对话框参数如图 11.3.3 所示。

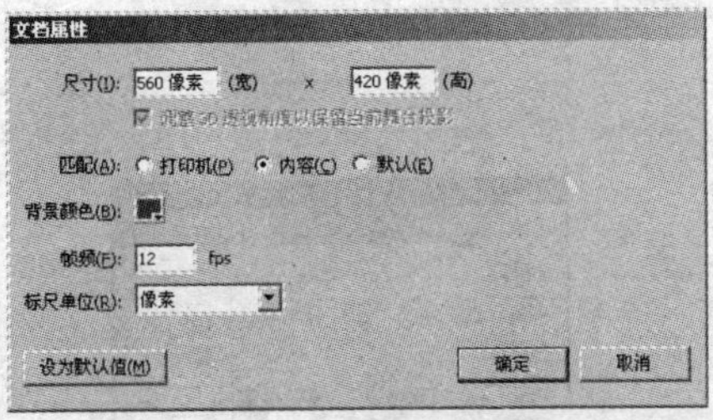

图 11.3.2　“文档属性”对话框

图 11.3.3　“创建新元件”对话框

（3）设置好参数后，单击 确定 按钮，进入该元件的编辑窗口。使用工具箱中的绘图工具在编辑区中绘制如图 11.3.4 所示的模板。

（4）单击时间轴面板下方的“新建图层”按钮，新建图层 2。

（5）按“Ctrl+R”键，导入两幅图片，然后使用工具箱中的任意变形工具调整图片的大小及位置，效果如图 11.3.5 所示。

图 11.3.4　绘制网站模板

图 11.3.5　导入并调整图片

（6）使用选择工具选中模板中心的水墨图片，按“F8”键，将其转换为图形元件，然后在属性面板中设置其参数如图 11.3.6 所示，得到的效果如图 11.3.7 所示。

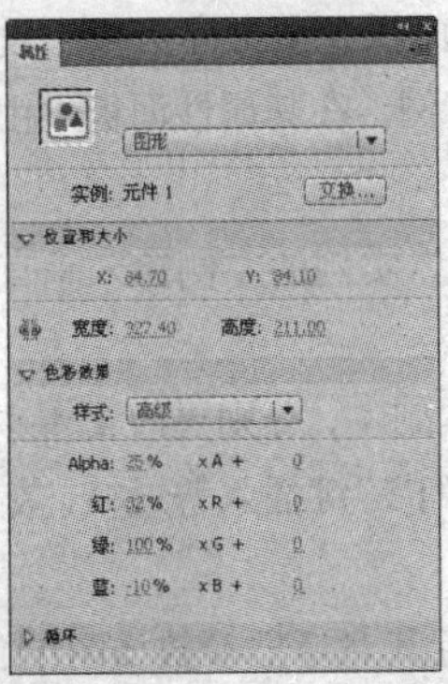

图 11.3.6　设置“高级”选项参数

图 11.3.7　为实例添加样式效果

（7）单击工具箱中的“文本工具”按钮T，在属性面板中设置好参数后，在模板的右上方输入网站名称，效果如图 11.3.8 所示。

（8）单击场景1图标，返回到主场景。

（9）选择菜单栏中的窗口(W)→库(L)命令，从打开的库面板中将“背景”元件拖曳到编辑区中。

（10）选择菜单栏中的窗口(W)→对齐(G)命令，打开如图 11.3.9 所示的对齐面板，单击“水平中齐”按钮和“垂直中齐”按钮，将实例对齐于编辑区的中心位置，然后单击“匹配宽和高”按钮，将实例大小与舞台相匹配。

图 11.3.8　输入网站名称

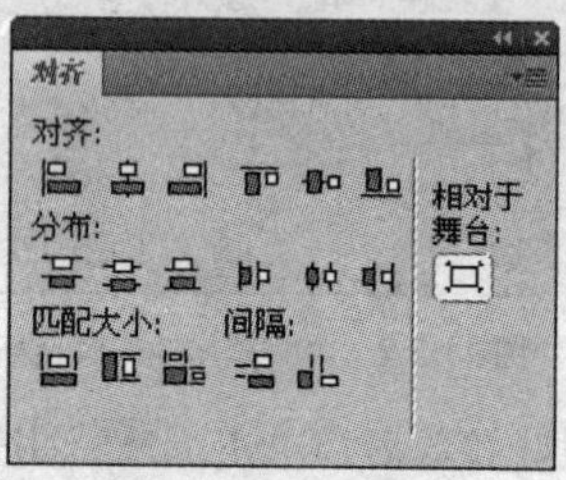

图 11.3.9　对齐面板

（11）按“Ctrl+R”键导入 4 幅有关典故的图片，并使用对齐面板调整图片的位置，然后分别按“F8”键将其转换为影片剪辑，效果如图 11.3.10 所示。

图 11.3.10　将图片转换为影片剪辑

（12）分别选中编辑区中左侧的影片剪辑实例，在其属性面板中由上向下依次设置实例名称为“yugong”和“zhuge”，然后分别选中编辑区右侧的影片剪辑实例，在其属性面板中由上向下依次设置实例名称为“pofu”和“lingtou”。

（13）单击工具箱中的“文本工具”按钮T，在“yugong”实例的左侧输入垂直文本“愚公移山”，效果如图 11.3.11 所示。

（14）按住“Alt”或“Ctrl”键，在编辑区中拖曳出 3 个文本副本，分别更改文本中的内容为“初出茅庐第一功”“破釜沉舟”“领头雁精神”，然后在第 25 帧处按“F5”键插入普通帧，效果如图 11.3.12 所示

（15）按“Ctrl+F8”键，弹出“创建新元件”对话框，设置其对话框参数如图 11.3.13 所示。设置好参数后，单击确定按钮，进入该元件的编辑窗口。

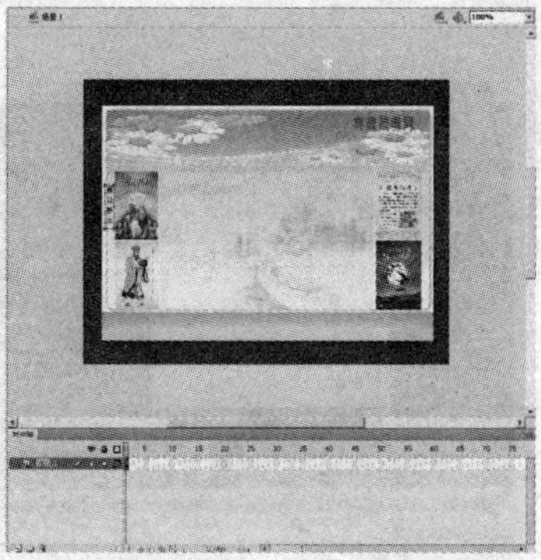

图 11.3.11　输入典故名称

图 11.3.12　复制并更改典故名称

（16）按“Ctrl+F7”键，在打开的组件面板中选择 User Interface → TextArea 组件，并将其拖曳到编辑区中，效果如图 11.3.14 所示。

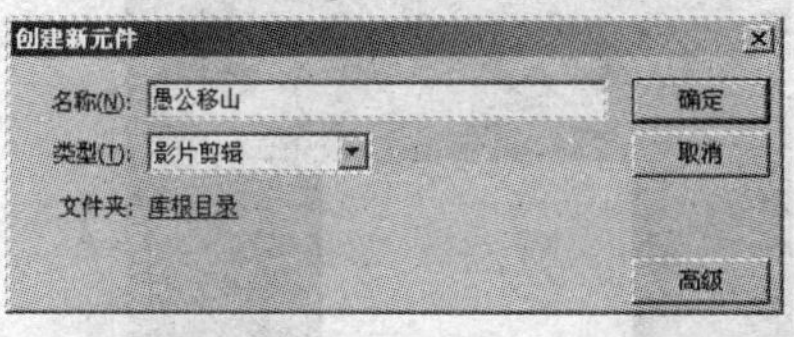

图 11.3.13　“创建新元件”对话框

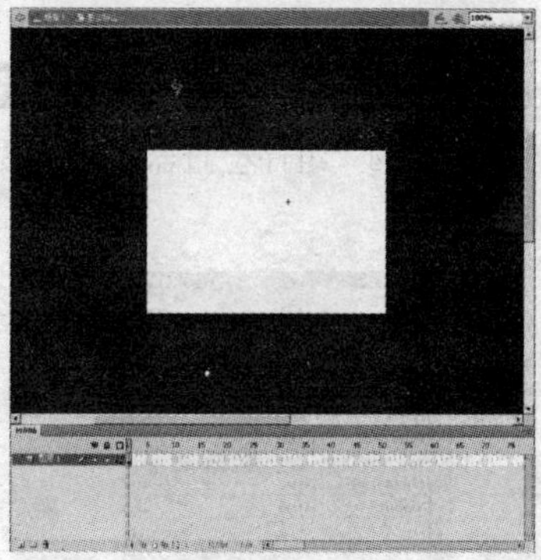

图 11.3.14　添加“TextArea”组件

（17）单击属性面板中的“组件检查器面板”按钮，在面板中的“htmlText”参数文本框中输入典故的内容，如图 11.3.15 所示。

（18）选中编辑区中的“TextArea”组件实例，在其属性面板中设置该实例名称为“aTa”。

（19）在打开的组件面板中选择 User Interface → Button 组件，并将其拖曳到编辑区中，然后单击属性面板中的“组件检查器面板”按钮，设置其属性参数如图 11.3.16 所示，得到的效果如图 11.3.17 所示。

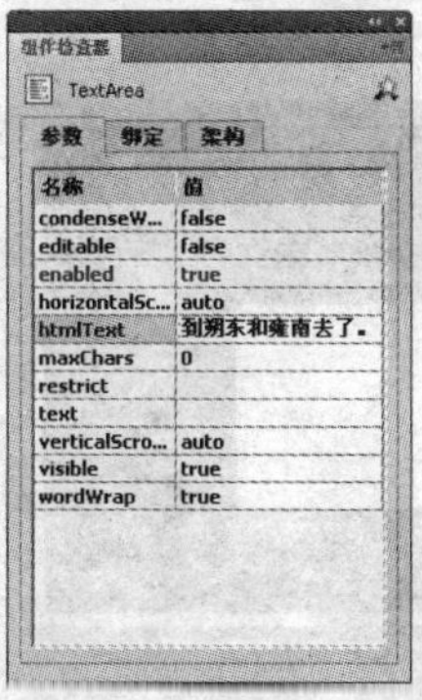

图 11.3.15　设置“TextArea”组件参数

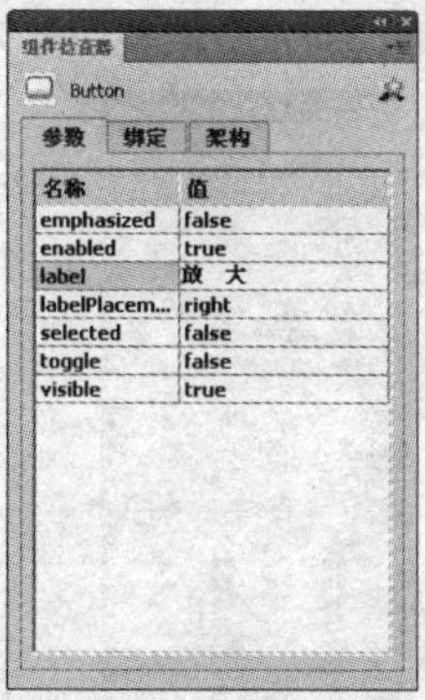

图 11.3.16　设置“Button”组件参数

（20）按住“Alt”键，在编辑区中拖曳出一个“Button”组件副本，并在组件检查器面板中设置按钮名称为“缩小”，效果如图 11.3.18 所示。

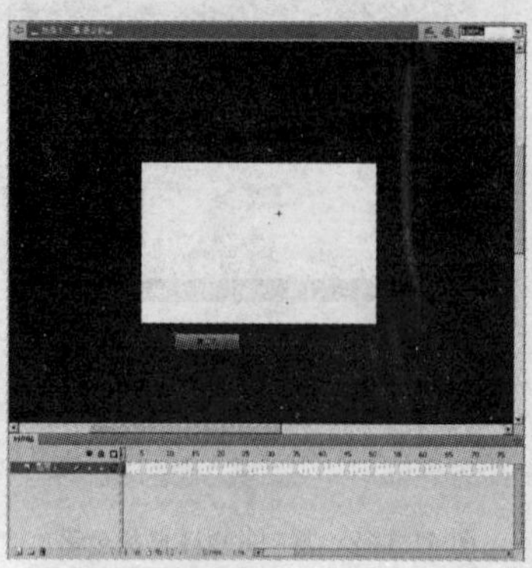

图 11.3.17　创建“放大”按钮效果

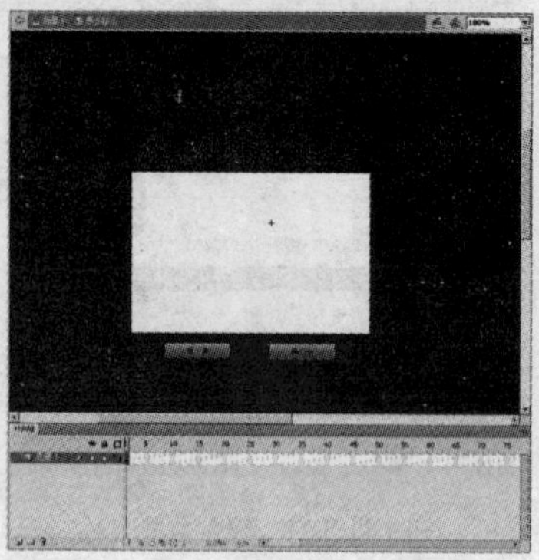

图 11.3.18　创建“缩小”按钮效果

（21）分别选中编辑区中的“Button”组件和“Button”组件副本实例，在其属性面板中设置实例名称为“zoomIn”和“zoomOut”。

（22）在打开的组件面板中选择 User Interface → ColorPicker 组件，并将其拖曳到编辑区中，然后单击属性面板中的“组件检查器面板”按钮，设置其面板参数如图 11.3.19 所示，得到的效果如图 11.3.20 所示。

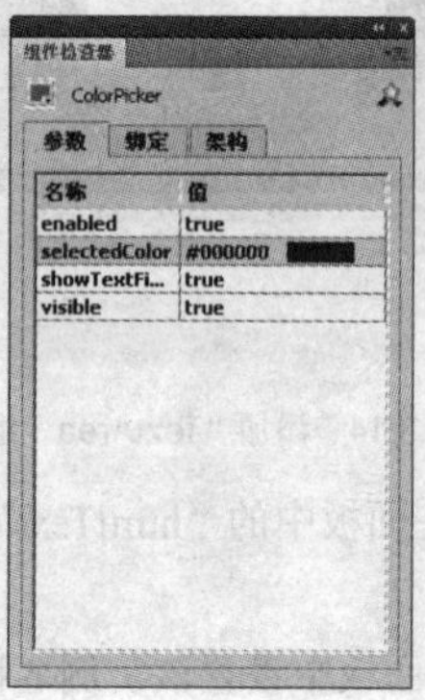

图 11.3.19　设置“ColorPicker”组件参数

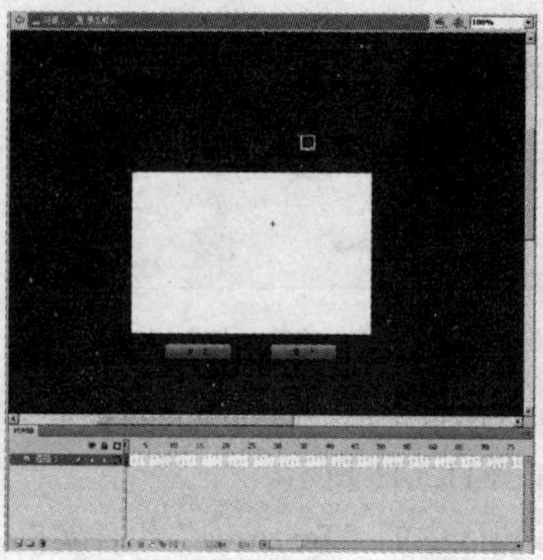

图 11.3.20　创建颜色调色板

（23）选中编辑区中的“ColorPicker”组件实例，在其属性面板中设置该实例名称为“aCp”。

（24）使用文本工具在编辑区中输入文本“愚公移山”，然后在其属性面板中单击“添加滤镜”按钮，为文本添加“斜角”滤镜，效果如图 11.3.21 所示。

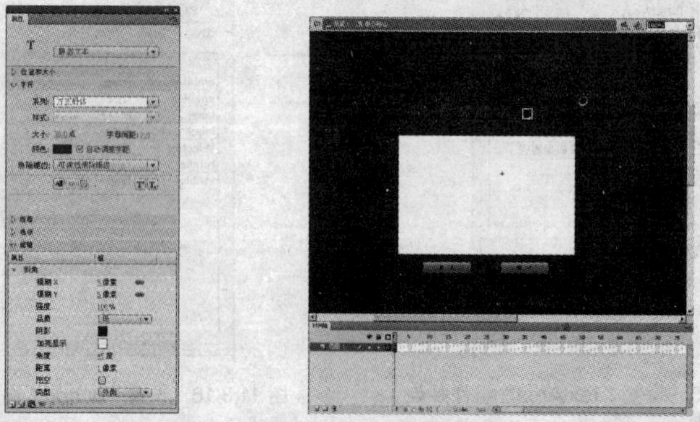

图 11.3.21　为文本添加斜角滤镜效果

（25）新建图层 2，按“F9”键打开动作面板，在面板中添加以下脚本语句：

```
var aTf:TextFormat = new TextFormat();
aTf.size = 12;
aTa.setStyle("textFormat",aTf);
import fl.events.ColorPickerEvent;
aCp.addEventListener(ColorPickerEvent.CHANGE,changeHandler);
function changeHandler(event:ColorPickerEvent):void{
aTf.color = event.target.selectedColor;
aTa.setStyle("textFormat",aTf);
}
var bTf:TextFormat = new TextFormat();
bTf.size = 13;
zoomIn.setStyle("textFormat",bTf);
zoomOut.setStyle("textFormat",bTf);
var i:int = 13;
zoomIn.addEventListener(MouseEvent.CLICK,zoomInAction);
function zoomInAction(event:MouseEvent):void
{
aTf.size = i++;
aTa.setStyle("textFormat",aTf);
}
zoomOut.addEventListener(MouseEvent.CLICK,zoomOutAction);
function zoomOutAction(event:MouseEvent):void
{
aTf.size = i--;
aTa.setStyle("textFormat",aTf);
}
```

（26）为图层 2 的第 1 帧添加动作脚本语句后，此时的动作面板如图 11.3.22 所示。

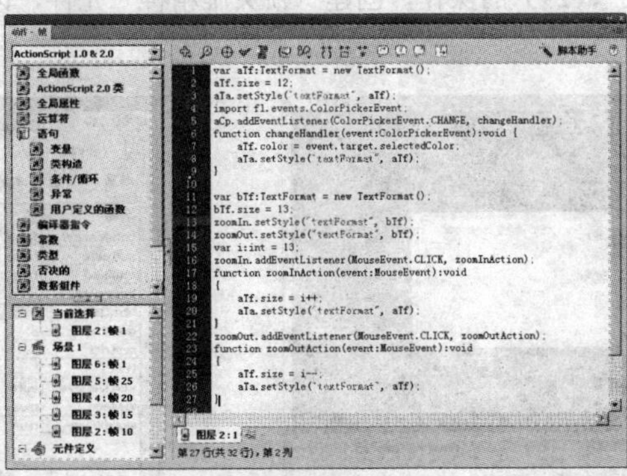

图 11.3.22　动作面板

（27）在库面板中的“愚公移山”元件上单击鼠标右键，从弹出的快捷菜单中选择 直接复制 命令，在弹出的“直接复制元件”对话框中设置名称为“初出茅庐第一功”。

（28）双击库面板中的“初出茅庐第一功”元件，进入其编辑窗口，将编辑区中的文本内容更改为对应元件的名称。

（29）使用选择工具选中编辑区中的“TextArea”组件，然后在组件检查器面板中的“htmlText”文本框中输入典故的内容，如图 11.3.23 所示。

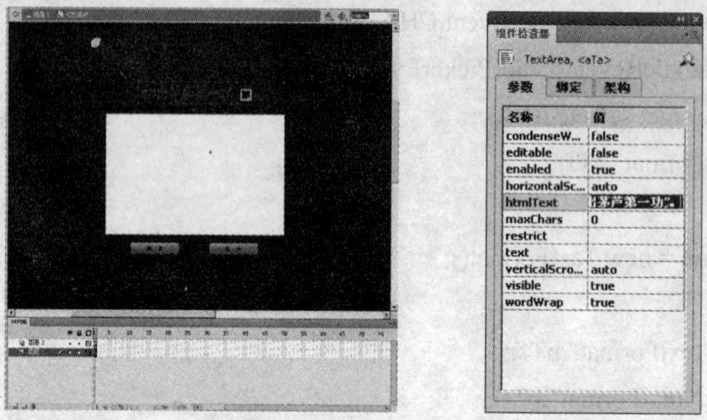

图 11.3.23　更改“初出茅庐第一功”元件的属性参数

（30）重复步骤（27）～（29）的操作，创建“破釜沉舟”元件，设置其属性参数如图 11.3.24 所示。

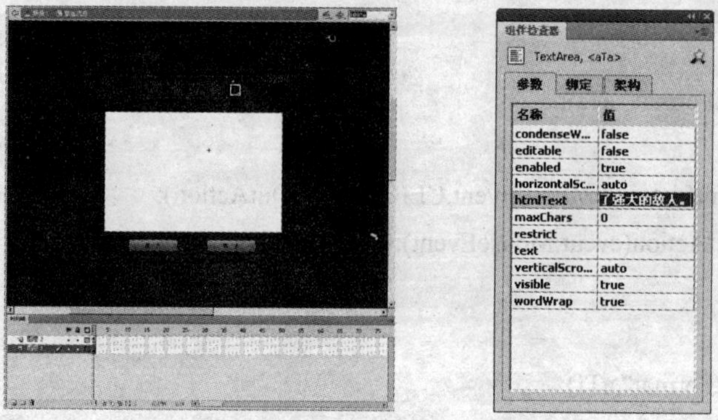

图 11.3.24　更改“破釜沉舟”元件的属性参数

（31）重复步骤（27）～（29）的操作，创建“领头雁精神”元件，设置其属性参数如图 11.3.25 所示。

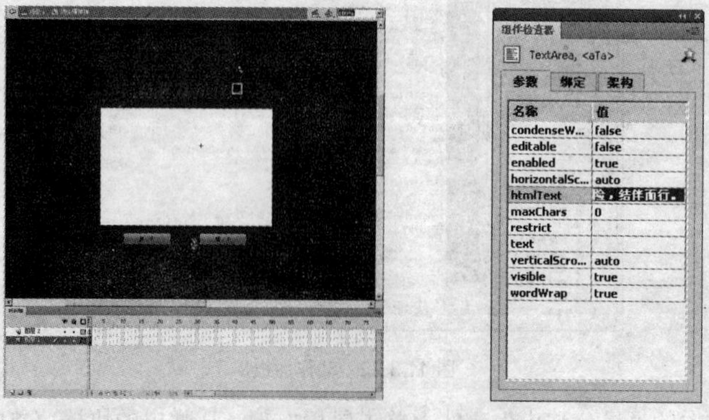

图 11.3.25　更改“领头雁精神”元件的属性参数

（32）单击场景 1 图标，返回到主场景。

（33）单击时间轴面板下方的“新建图层”按钮 4 次，新建 4 个图层。

（34）在图层 2 中的第 10 帧处插入关键帧，然后从打开的库面板中将“愚公移山”元件拖曳到编辑区中，并调整其大小及位置，效果如图 11.3.26 所示。

（35）选中图层 2 的第 10 帧，在打开的动作面板中输入以下脚本语句：

```
stop();
```

（36）按住“Alt”键，在时间轴面板中将图层 2 中的第 10 帧拖曳至图层 3 的第 15 帧处。

（37）使用选择工具选中图层 3 第 15 帧上的“愚公移山”实例，在其属性面板中单击交换...按钮，在弹出的“交换元件”对话框中选中如图 11.3.27 所示的元件。

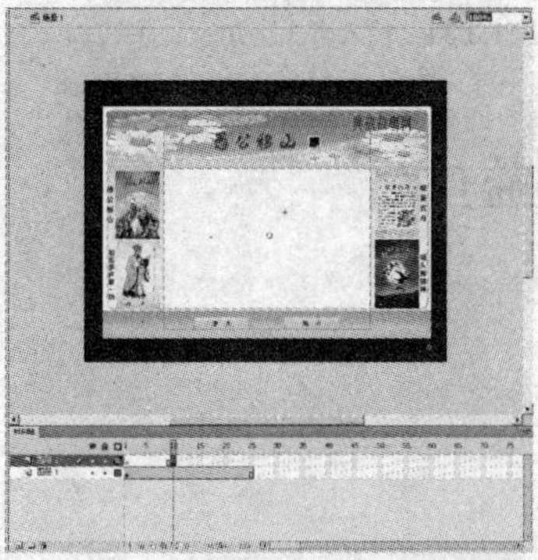

图 11.3.26　拖入“愚公移山”实例

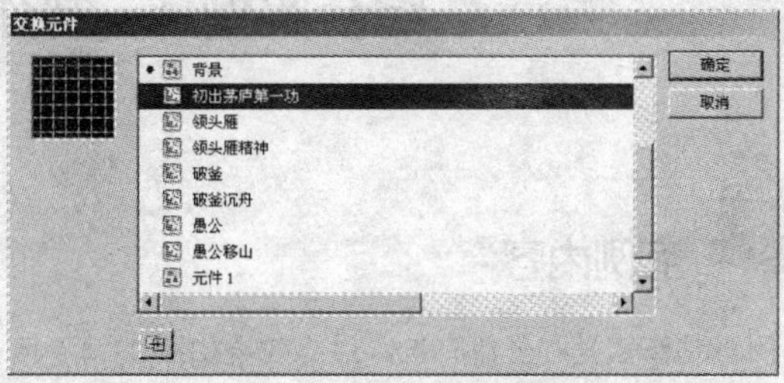

图 11.3.27　“交换元件”对话框

（38）单击确定按钮，即可将选中的“初出茅庐第一功”影片剪辑元件添加到编辑区中，效果如图 11.3.28 所示。

（39）在图层 4 的第 20 帧处插入关键帧，然后重复步骤（37）和（38）的操作，将“破釜沉舟”元件添加到编辑区中，效果如图 11.3.29 所示。

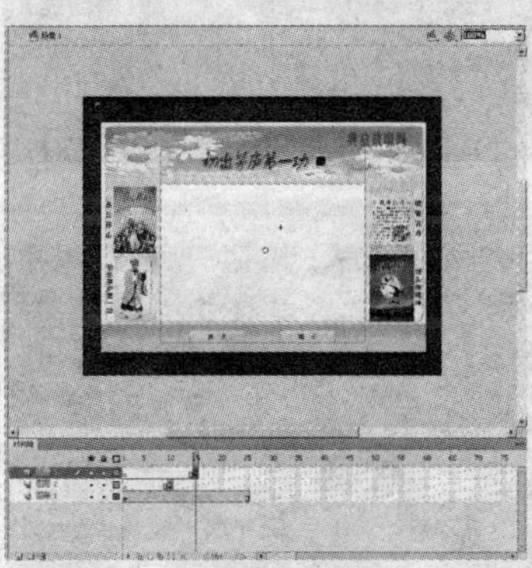

图 11.3.28　拖入“初出茅庐第一功”实例

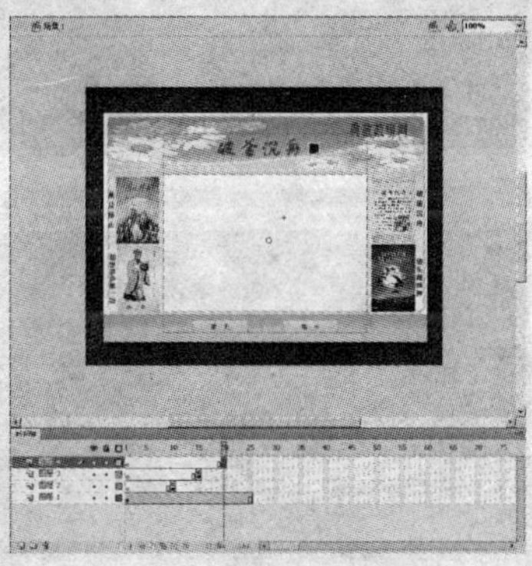

图 11.3.29　拖入“破釜沉舟”实例

（40）在图层 5 的第 25 帧处插入关键帧，然后重复步骤（37）和（38）的操作，将“领头雁精神”元件添加到编辑区中，效果如图 11.3.30 所示。

（41）单击时间轴面板下方的“新建图层”按钮，新建图层 6。

（42）选中图层 6 中的第 1 帧，然后在打开的动作面板中输入如图 11.3.31 所示的脚本语句。

（43）按“Ctrl+Enter”键，预览动画效果，最终效果如图 11.3.1 所示。

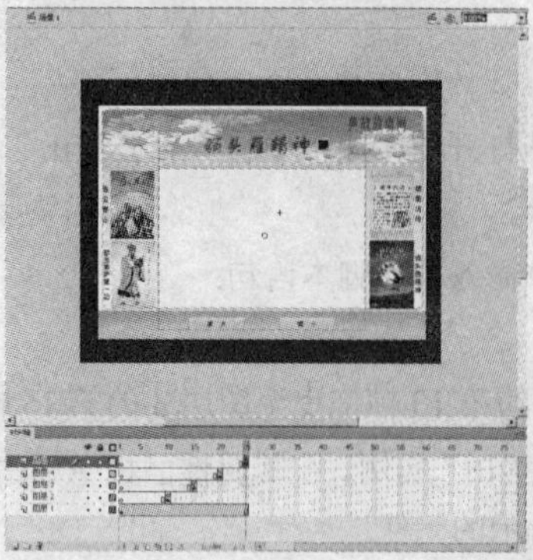

图 11.3.30 拖入“领头雁精神”实例

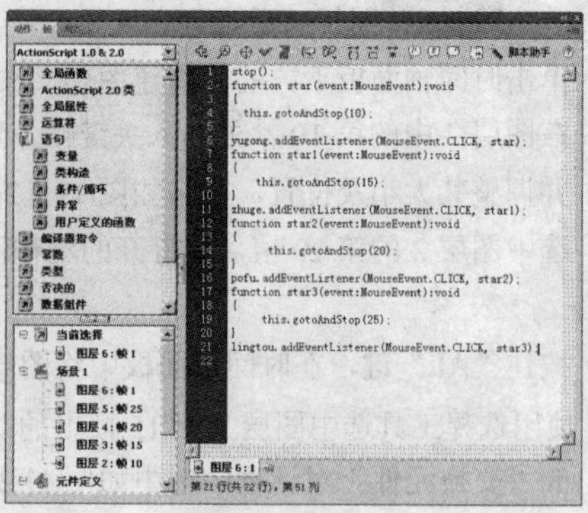

图 11.3.31 输入脚本语句

综合实例 4 制作公益广告

实例内容

本例将制作献爱心公益广告，最终效果如图 11.4.1 所示。

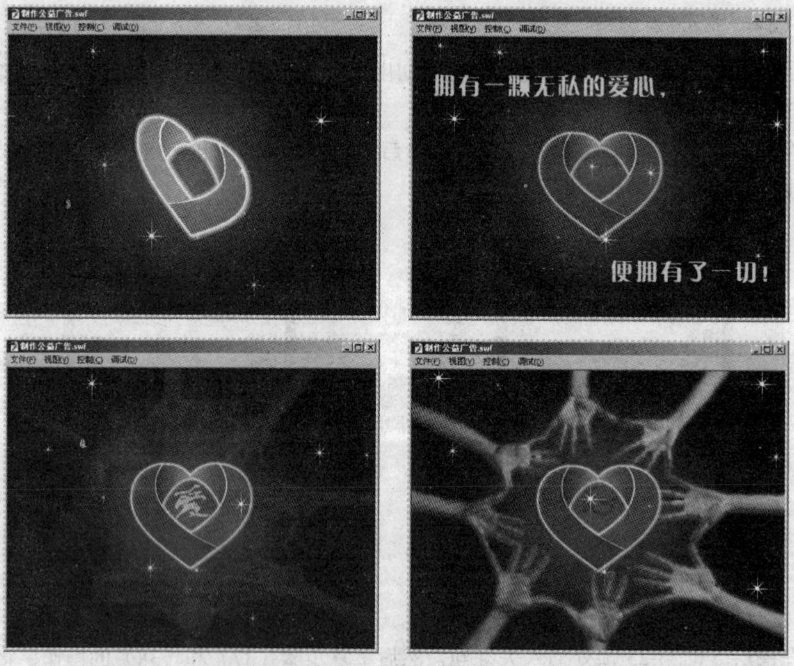

图 11.4.1 最终效果图

设计思想

在制作过程中，将用到矩形工具、椭圆工具、钢笔工具、转换锚点工具、文本工具、颜料桶工具、墨水瓶工具、任意变形工具、分离命令以及滤镜命令等。

操作步骤

（1）启动 Flash CS4 应用程序，按“Ctrl+J”键，弹出“文档属性”对话框，设置其对话框参数如图 11.4.2 所示。设置好参数后，单击 确定 按钮。

（2）选择菜单栏中的 窗口(W) → 颜色(C) 命令，打开颜色面板，设置其面板参数如图 11.4.3 所示。

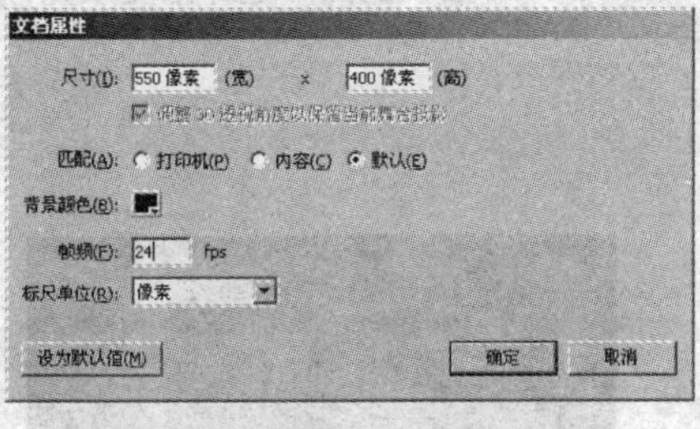

图 11.4.2 “文档属性”对话框

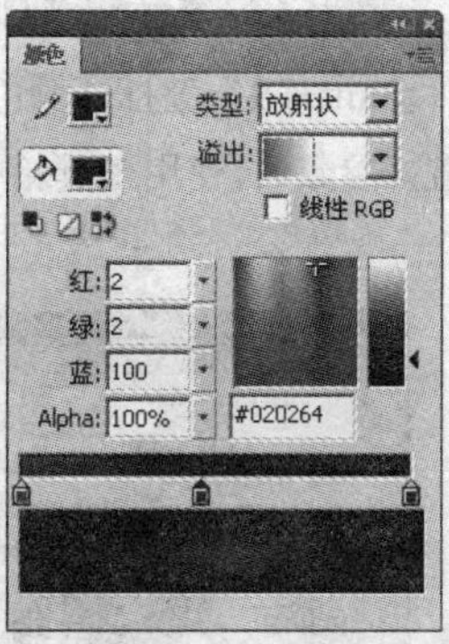

图 11.4.3 颜色面板

（3）选中背景层中的第 1 帧，单击工具箱中的“矩形工具”按钮，在编辑区中绘制一个与舞台大小相等的矩形图形，效果如图 11.4.4 所示。

（4）将图层 1 更名为“背景”图层，然后选中背景层中的第 90 帧，按“F5”键插入帧。

（5）单击时间轴面板下方的“新建图层”按钮，新建一个名称为“心形”的图层。

（6）选中心形图层中的第 1 帧，单击工具箱中的“钢笔工具”按钮，在编辑区的中心位置绘制一个半边心形的图形。

（7）单击工具箱中的“颜料桶工具”按钮，将绘制的图形填充为“深绿色”，再使用墨水瓶工具将图形轮廓填充为“黄色”，效果如图 11.4.5 所示。

图 11.4.4 绘制并填充矩形

图 11.4.5 绘制并填充图形

（8）在背景图层中的第 5 帧处插入关键帧，然后按住“Ctrl”键或“Alt”键，在编辑区中拖出一个图形副本。

（9）选择菜单栏中的 修改(M) → 变形(T) → 水平翻转(H) 命令，将复制的图形进行水平翻转，并调整其颜色和位置，效果如图 11.4.6 所示。

（10）在背景图层中的第 10 帧处插入关键帧，然后单击工具箱中的“钢笔工具”按钮，结合转换锚点工具在编辑区中绘制一个如图 11.4.7 所示的图形。

图 11.4.6　复制并水平翻转图形

图 11.4.7　绘制图形

（11）按“Shift+F9”键打开颜色面板，设置其面板参数如图 11.4.8 所示。

（12）设置好参数后，使用工具箱中的颜料桶工具对绘制的图形进行渐变填充，效果如图 11.4.9 所示。

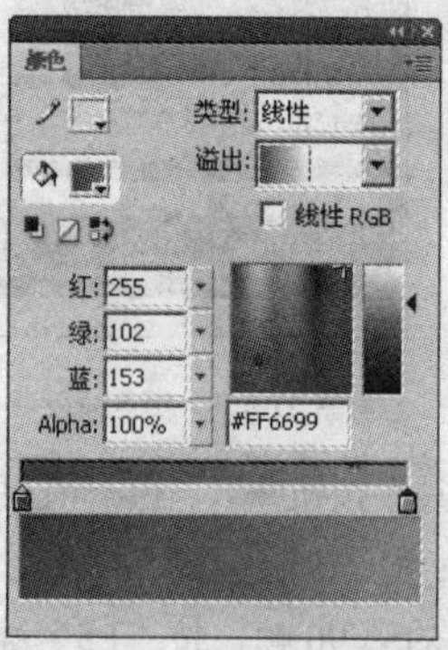

图 11.4.8　设置颜色面板参数

图 11.4.9　填充图形

（13）在背景图层的第 15 帧处插入关键帧，重复步骤（9）的操作，复制并水平翻转第 10 帧上绘制的图形，然后在颜色面板中设置参数如图 11.4.10 所示。

（14）重复步骤（12）的操作，对第 15 帧上的图形进行渐变填充，效果效果如图 11.4.11 所示。

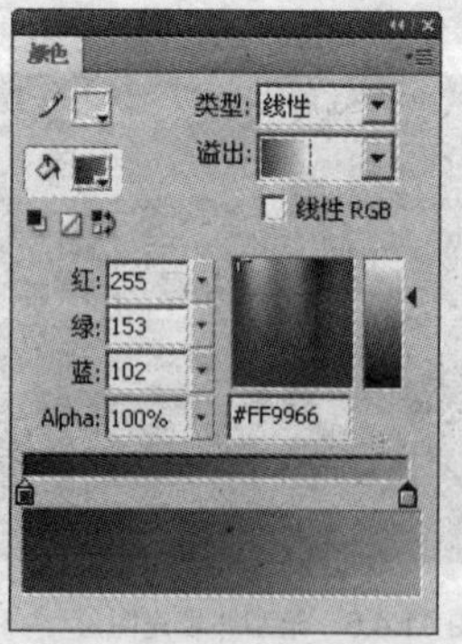

图 11.4.10　设置颜色面板参数

图 11.4.11　填充图形

（15）在第 15 帧上按“F8”键，弹出“转换为元件”对话框，设置其对话框参数如图 11.4.12 所示。设置好参数后，单击 确定 按钮。

（16）选中心形图层第 15 帧上的“心形”实例，在属性面板的下方单击“添加滤镜”按钮，从弹出的快捷菜单中选择 发光 命令，设置其“发光”滤镜参数如图 11.4.13 所示。

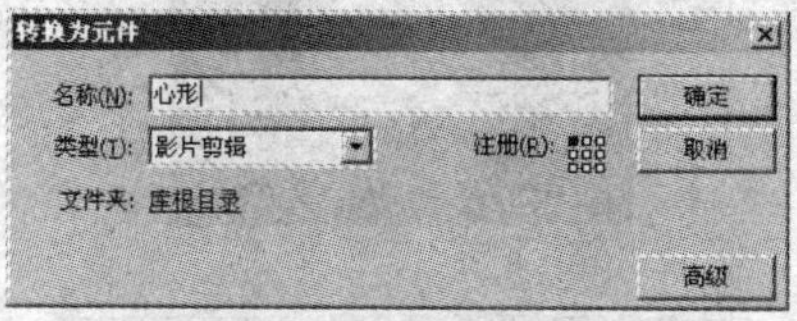

图 11.4.12　“转换为元件”对话框

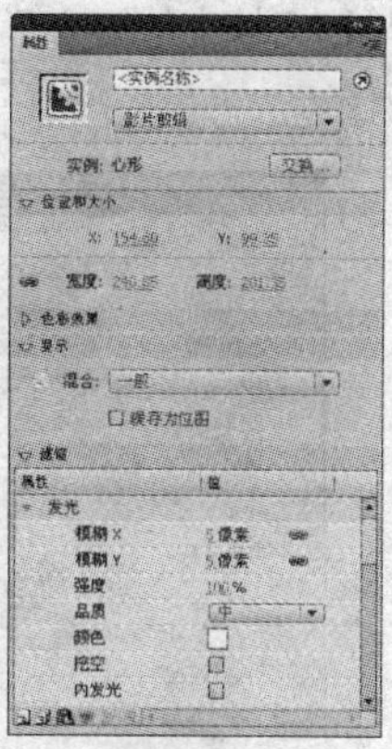

图 11.4.13　设置“发光”滤镜参数

（17）重复步骤（16）的操作，分别为“心形”实例添加“投影”和“斜角”滤镜效果，设置其面板参数如图 11.4.14 所示，添加“投影”和“斜角”滤镜后的效果如图 11.4.15 所示。

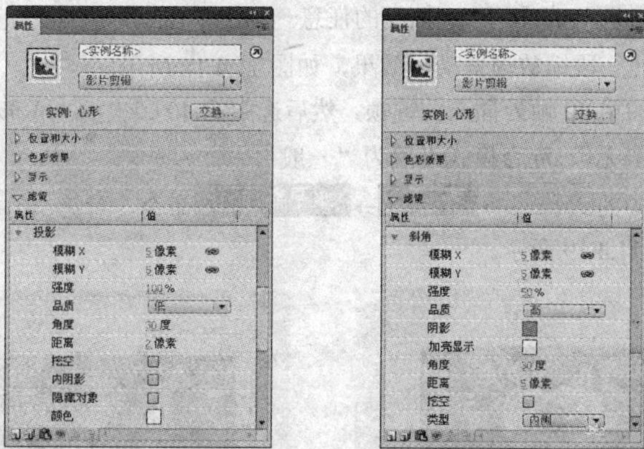

“投影”参数　　　　“斜角”参数

图 11.4.14　设置滤镜参数

（18）单击工具箱中的“任意变形工具”按钮，在编辑区中将第 15 帧上“心形”实例的中心点移至如图 11.4.16 所示的位置。

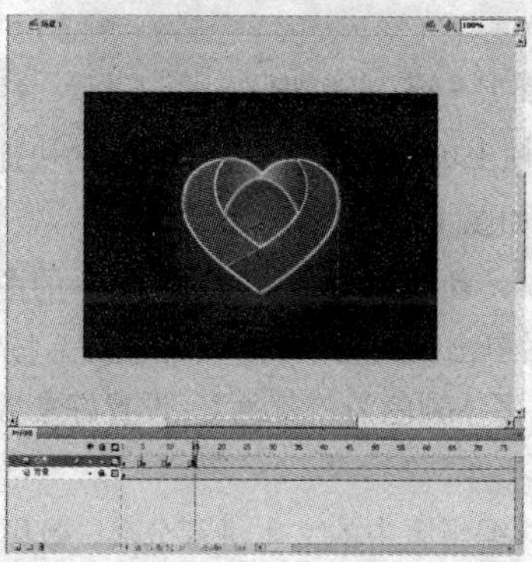

图 11.4.15　添加滤镜效果

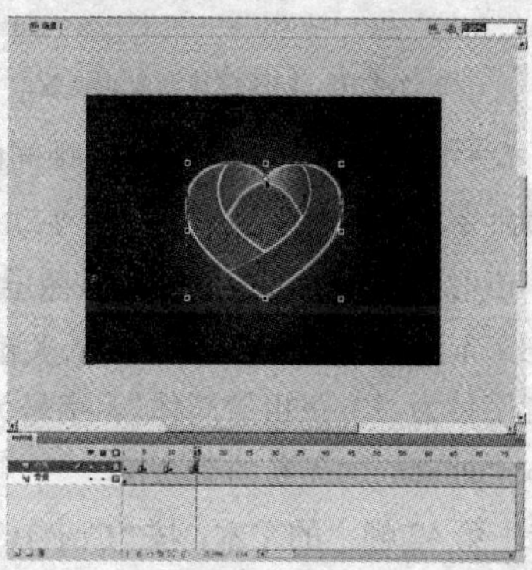

图 11.4.16　移动“心形”实例的中心点

（19）在心形图层中的第 25 帧处插入关键帧，单击工具箱中的“任意变形工具”按钮，按住“Shift”键的同时将第 25 帧上的“心形”实例以中心点缩小一定的距离。

（20）选中第 25 帧上的“心形”实例，在其属性面板中设置该实例的颜色效果和混合模式，效果如图 11.4.17 所示。

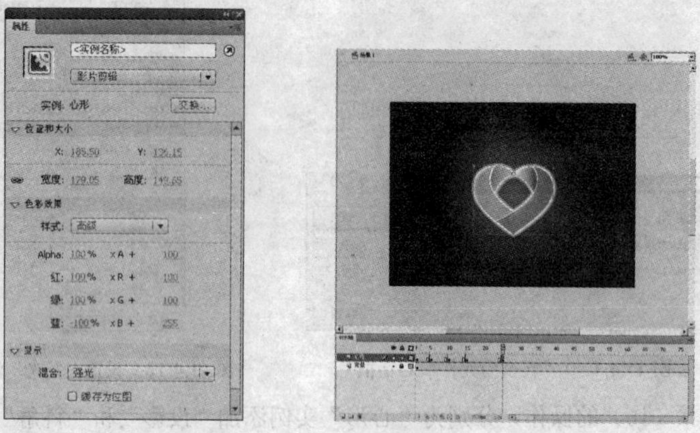

图 11.4.17　设置实例的样式和混合模式效果

（21）在心形图层的第 15 帧和第 25 帧间的任意一帧上单击鼠标右键，从弹出的快捷菜单中选择 创建传统补间 命令，创建一段缩放渐变动画效果，如图 11.4.18 所示。

（22）在心形图层的第 40 帧处插入关键帧，然后选中第 40 帧上的“心形”实例，在属性面板中将该实例的样式设置为“无”、混合模式设置为“一般”。

（23）选择菜单栏中的 修改(M) → 变形(T) → 水平翻转(H) 命令，对第 40 帧上的“心形”实例进行水平翻转，效果如图 11.4.19 所示。

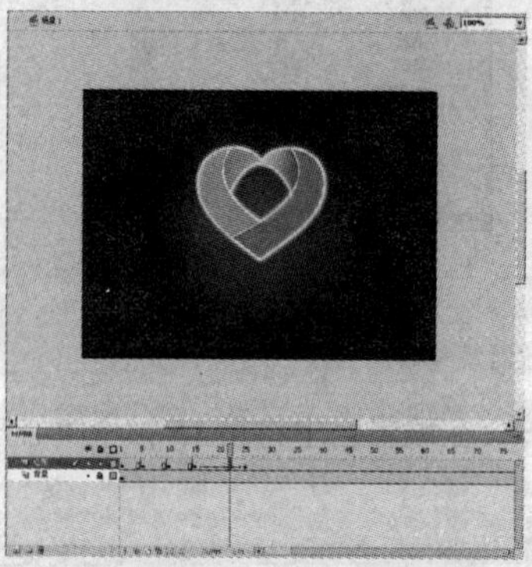

图 11.4.18　创建缩放渐变动画效果

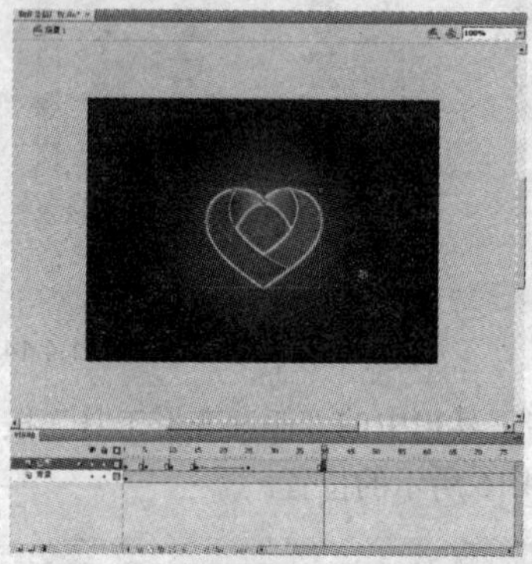

图 11.4.19　水平翻转“心形”实例

（24）在心形图层的第 24 帧和第 40 帧间的任意一帧上单击鼠标右键，从弹出的快捷菜单中选择 创建传统补间 命令，创建一段水平翻转渐变动画效果，如图 11.4.20 所示。

（25）单击时间轴面板下方的“插入图层”按钮，新建一个名称为“文本”的图层。

（26）在文本图层中的第 42 帧处插入关键帧，然后单击工具箱中的“文本工具”按钮，在属性面板中设置字体为“方正粗倩简体”、字号为“38”、字体颜色为“黄色”，设置好参数后，在编辑区中输入文本“拥有一颗无私的爱心，”。

（27）选中第 42 帧上的文本，按“Ctrl+B”键两次对编辑区中的文本进行分离，效果如图 11.4.21 所示。

（28）在文本图层的第 55 帧处插入关键帧，然后重复步骤（26）和（27）的操作，在编辑区中创建如图 11.4.22 所示的文本效果。

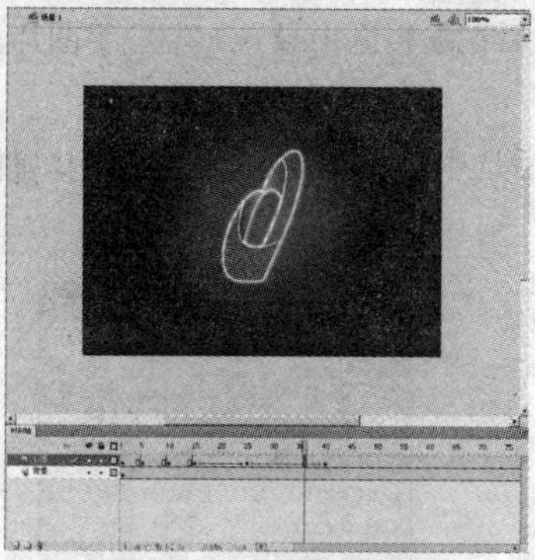

图 11.4.20　创建水平翻转渐变动画效果

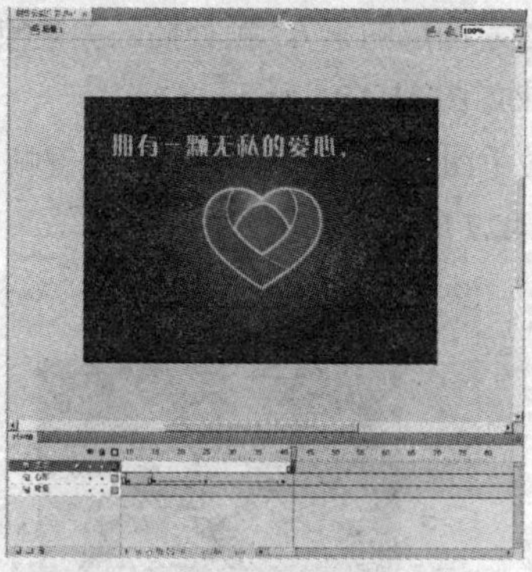

图 11.4.21　分离文字效果

（29）在文本图层的第 42 帧和第 55 帧间的任意一帧上单击鼠标右键，从弹出的快捷菜单中选择 创建补间形状 命令，创建一段形状补间动画效果，如图 11.4.23 所示。

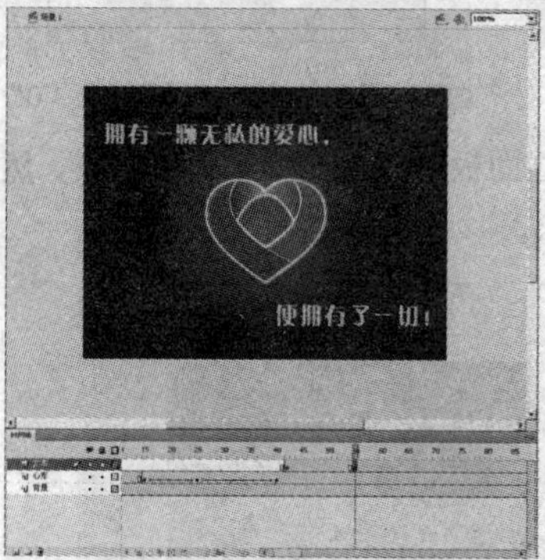

图 11.4.22　第 55 帧上的文本效果

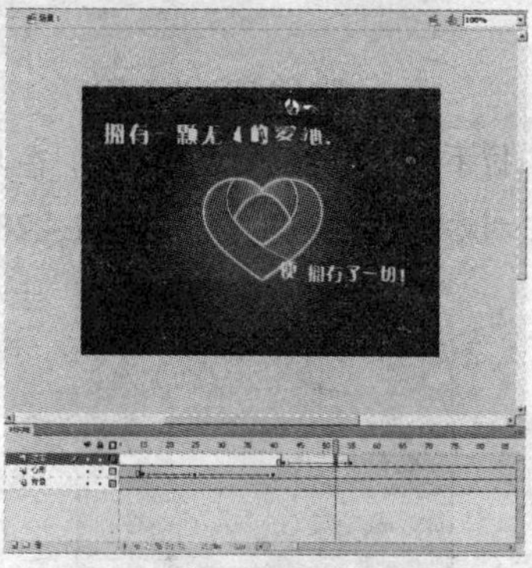

图 11.4.23　创建形状补间动画

（30）在文本图层的第 65 帧处插入关键帧，然后单击工具箱中的“文本工具”按钮 T ，在属性面板中设置字体为“方正舒体”、字号为“68”、字体颜色为“黄色”，设置好参数后，在编辑区中输入文本“爱”。

（31）选中第 65 帧上的文本，按“Ctrl+B”键分离文本，效果如图 11.4.24 所示。

（32）在文本图层的第 85 帧处插入关键帧，然后在编辑区中输入文本“心”，并对其进行分离，再重复步骤（29）的操作，创建一段变形文字动画，效果如图 11.4.25 所示。

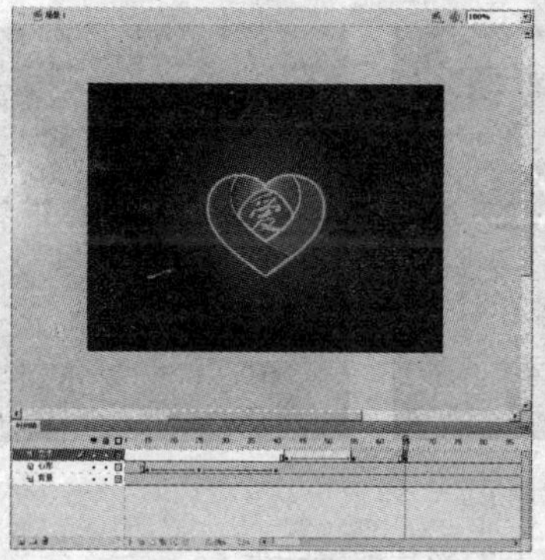

图 11.4.24　第 65 帧上的文本效果

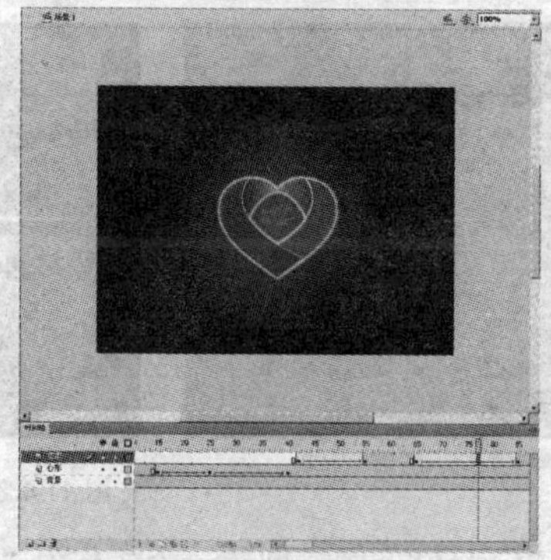

图 11.4.25　创建变形文字动画

（33）新建一个名称为“拉手”的图层，并在时间轴面板将该图层移至心形图层的下方。

（34）在拉手图层的第 65 帧处插入关键帧，然后在编辑区中导入一幅拉手图片，并将其转换为影片剪辑，效果如图 11.4.26 所示。

（35）在拉手图层的第 85 帧处插入关键帧，然后选中第 65 帧上的实例，在其属性面板中设置色彩效果如图 11.4.27 所示。

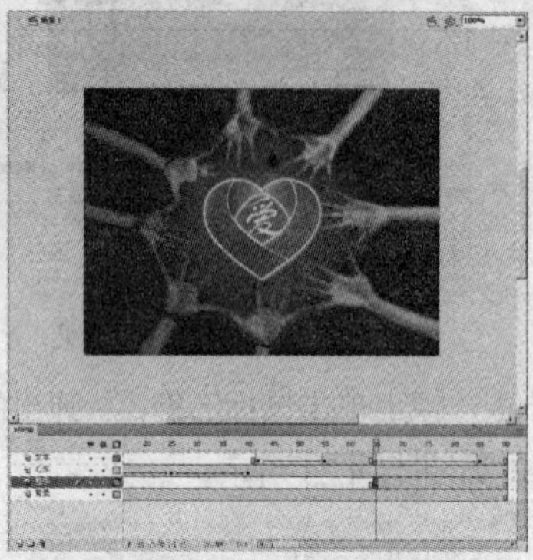

图 11.4.26　导入图片

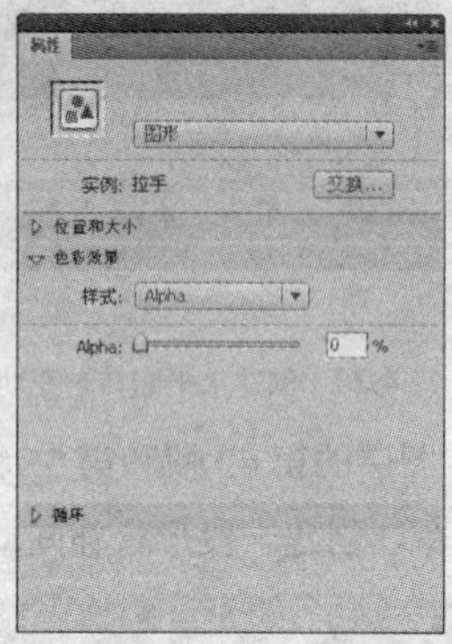

图 11.4.27　设置实例透明度为“0”

（36）选中拉手图层第 85 帧上的实例，在其属性面板中为实例添加亮度效果，然后在第 65 帧至第 85 帧间创建一段渐隐动画效果，如图 11.4.28 所示。

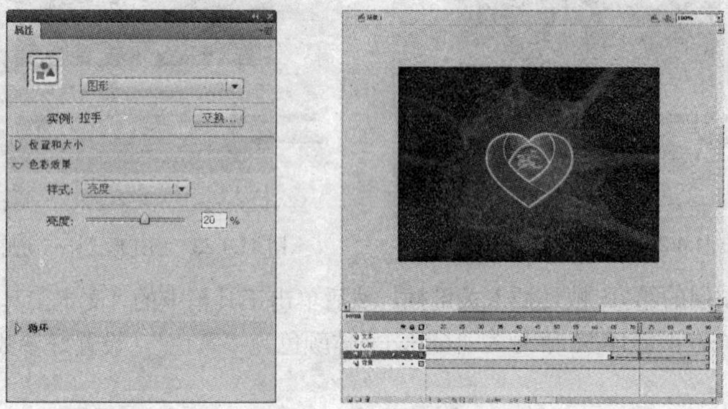

图 11.4.28　创建渐隐动画效果

（37）按“Ctrl+F8”键，创建一个名称为“星星”的图形元件，然后使用工具箱中的钢笔工具按钮和椭圆工具在编辑区中绘制一个白色的星星图形，效果如图 11.4.29 所示。

图 11.4.29　绘制星星

（38）按“Ctrl+F8”键，创建一个名称为“星光”的影片剪辑元件。

（39）从库面板中将“星星”元件拖入到编辑区中，然后在第 15 帧处插入关键帧，将第 1 帧上的实例以中心点缩小一定的大小，并在属性面板中设置第 1 帧上实例的“Alpha”值为“0%”。

（40）按住“Alt”键，在时间轴面板中将第 1 帧拖曳至第 30 帧处，然后在各关键帧间创建一段补间动画，以制作出星星的闪烁效果，如图 11.4.30 所示。

（41）按“Ctrl+F8”键，创建一个名称为“繁星”的影片剪辑元件，然后将库面板中的“星光”实例拖曳到编辑区中，并在第 30 帧处插入普通帧，如图 11.4.31 所示。

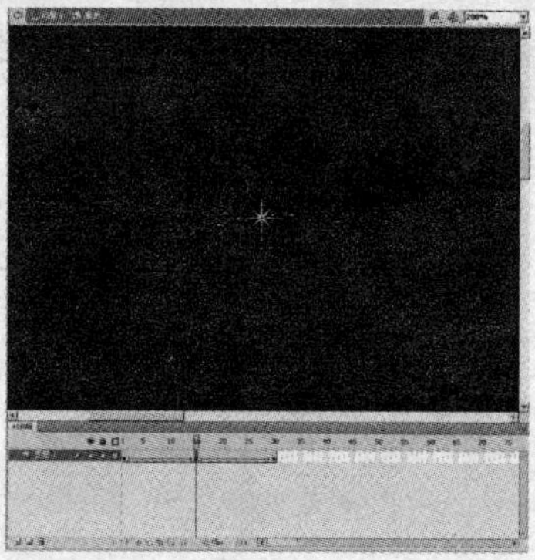

图 11.4.30　制作星星的闪烁效果

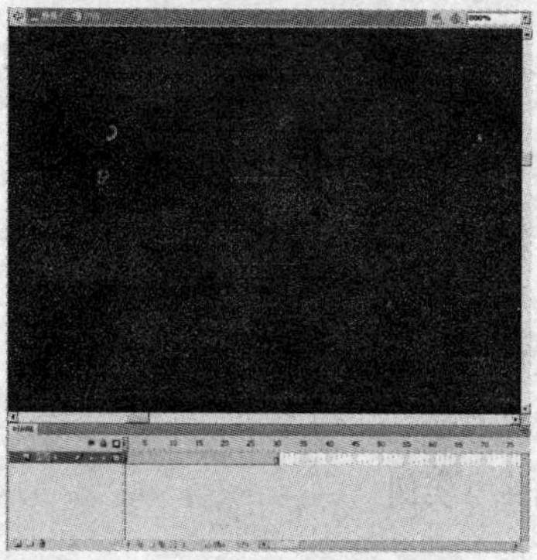

图 11.4.31　拖入“星光”实例

（42）单击时间轴面板下方的“新建图层”按钮 4 次，新建 4 个图层。

（43）按住“Alt”键，分别在时间轴面板中将图层 1 的第 1 帧拖曳至图层 2 的第 5 帧、图层 3 的第 10 帧、图层 4 的第 15 帧和图层 5 的第 20 帧处，效果如图 11.4.32 所示。

（44）单击

图标，返回到主场景。

（45）新建一个名称为“星光”的图层，从打开的库面板中将“繁星”元件拖曳到编辑区中，然后按住“Alt”键在编辑区中拖曳出 3 个“繁星”实例副本，效果如图 11.4.33 所示。

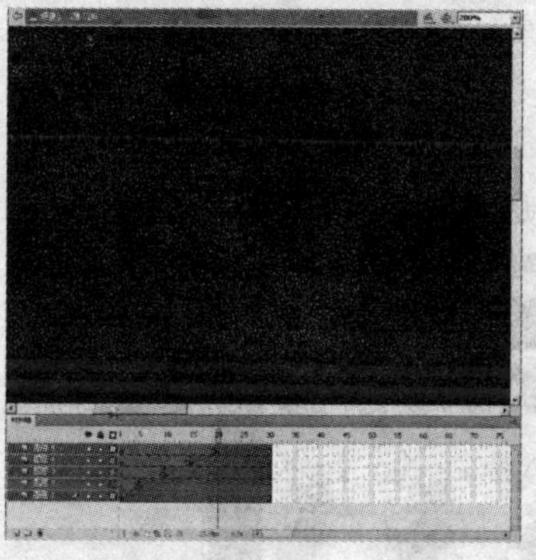

图 11.4.32　复制“星光”实例

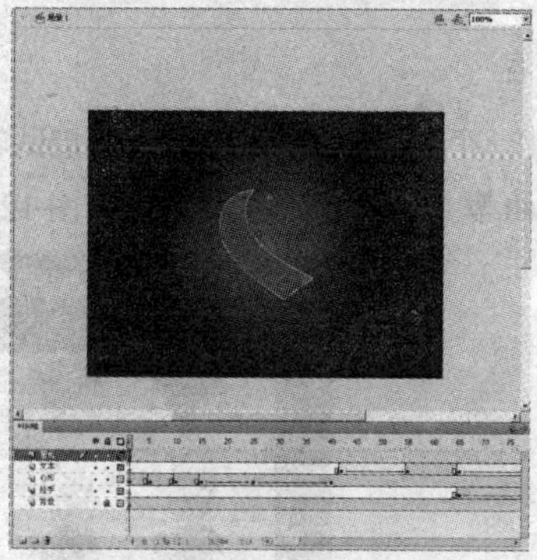

图 11.4.33　复制“繁星”实例

（46）按“Ctrl+Enter”键，预览动画效果，最终效果如图 11.4.1 所示。

第12章　上 机 实 训

本章通过上机实训培养读者的实际操作能力，使读者达到巩固并检验所学知识的目的。

知识要点

- Flash CS4应用基础
- 绘制图形
- 编辑图形
- 应用图层与帧
- 应用元件与实例
- 动画制作
- 应用声音与视频
- 应用ActionScript语言
- 应用组件
- 发布影片

实训1　Flash CS4应用基础

1．实训内容

本例将新建一个Flash CS4文档，然后借助辅助工具对文档进行基本的编辑操作，最终将创建的文档保存为Flash默认的格式，最终效果如图12.1.1所示。

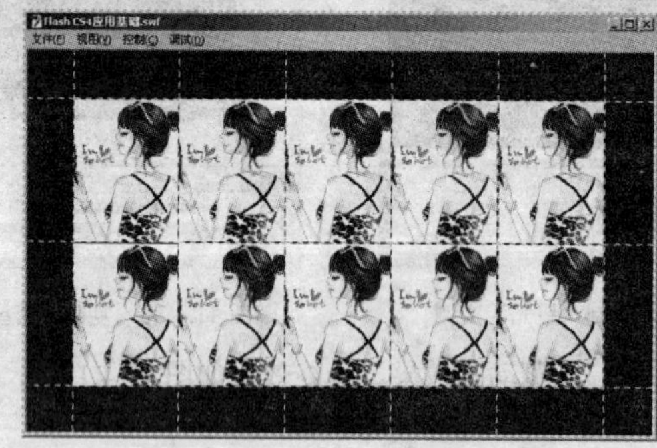

图12.1.1　最终效果图

2．实训目的

了解Flash CS4的工作界面，并能熟练掌握Flash CS4文档的基本操作技巧。

3．操作步骤

（1）启动Flash CS4应用程序，在开始页面的“新建”区域中单击 Flash 文件(ActionScript 3.0) 选项，新建一个Flash文档。

（2）选择菜单栏中的 修改(M) → 文档(D)... 命令，弹出“文档属性”对话框，设置其对话框参数如图 12.1.2 所示。设置好参数后，单击 确定 按钮。

（3）选择菜单栏中的 视图(V) → 标尺(R) 命令，在舞台中显示标尺，如图 12.1.3 所示。

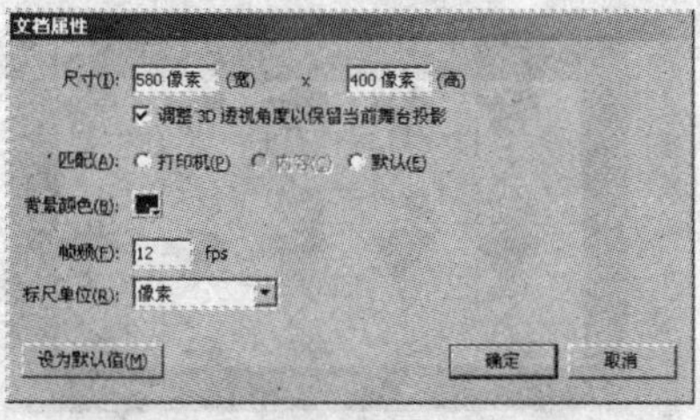

图 12.1.2　“文档属性”对话框

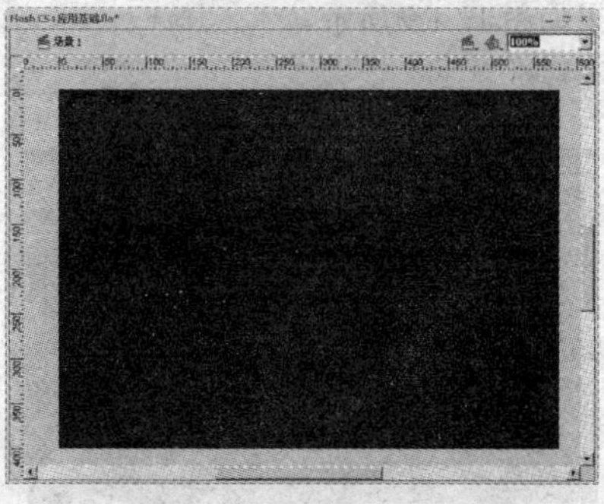

图 12.1.3　显示标尺

（4）在水平标尺上按住鼠标左键拖曳出 2 条辅助线，然后选择菜单栏中的 视图(V) → 贴紧(S) → 贴紧至辅助线(G) 命令，将要创建的对象贴紧至辅助线，如图 12.1.4 所示。

（5）选择菜单栏中的 视图(V) → 网格(D) → 编辑网格(E)... 命令，弹出“网格”对话框，设置其对话框参数如图 12.1.5 所示。设置好参数后，单击 确定 按钮，设置网格后的效果如图 12.1.6 所示。

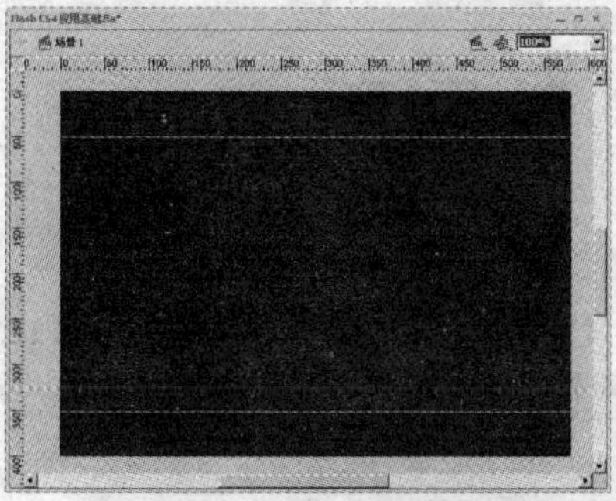

图 12.1.4　添加两条水平辅助线

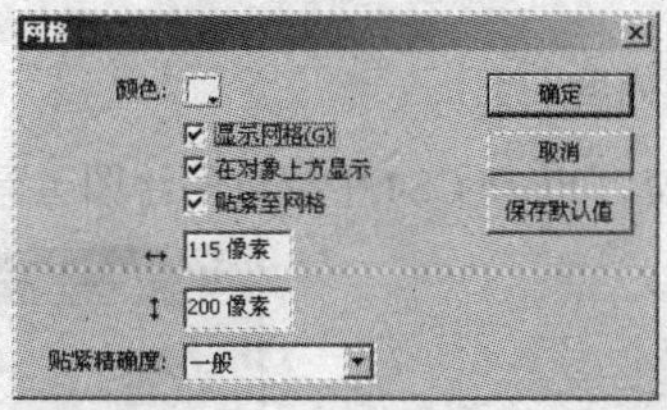

图 12.1.5　“网格”对话框

（6）单击工具箱中的“线条工具”按钮，在舞台中沿辅助线和网格绘制出如图 12.1.7 所示的线条效果。

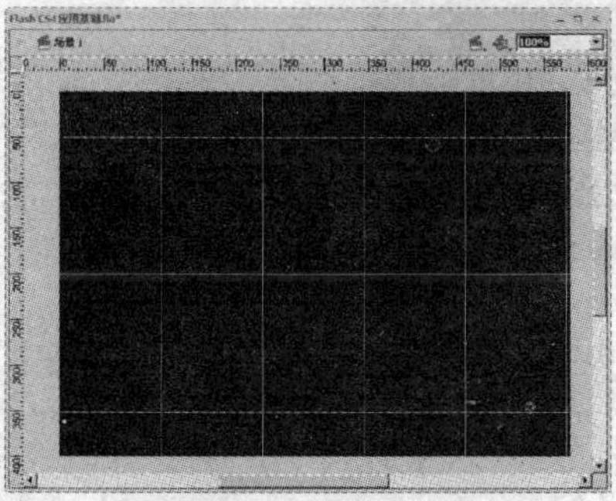

图 12.1.6　显示网格

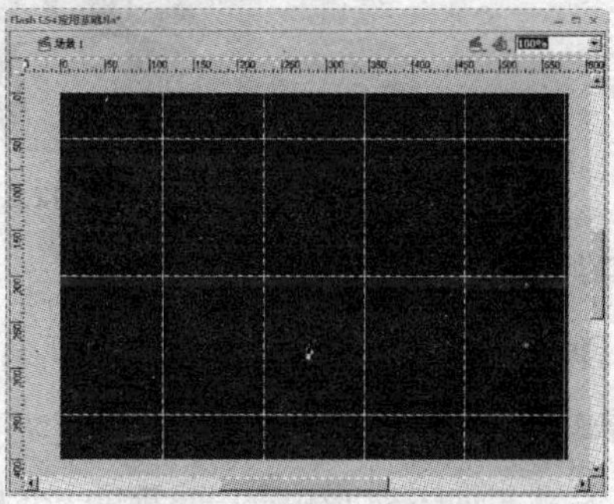

图 12.1.7　在舞台中绘制直线

（7）按“Ctrl+J”键，在弹出的“文档属性”对话框中设置文档的宽度为“600”、高度为“400”，设置好参数后，单击 确定 按钮，关闭该对话框。

（8）取消网格和辅助线的显示，选中舞台中的图形对象对其进行组合，然后将其水平居中对齐，再使用线条工具绘制出边缘的线条，效果如图 12.1.8 所示。

（9）按“Ctrl+R”键，在舞台中导入一幅位图，然后使用工具箱中的任意变形工具调整图片的大小及位置，将其置于第 1 个矩形框中，再按住“Alt”键，复制出多个图片，并将其移至各矩形框中，效果如图 12.1.9 所示。

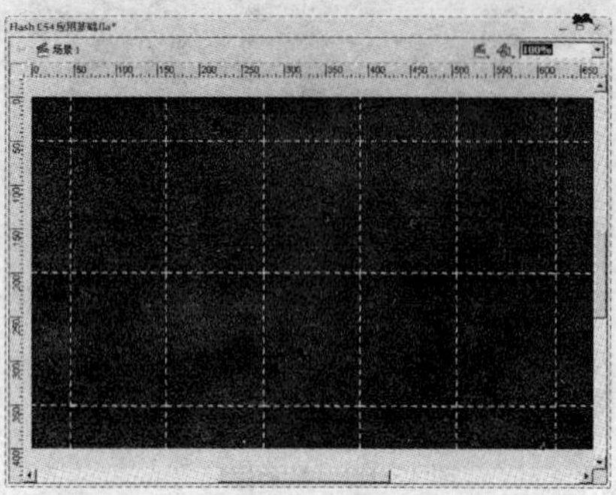

图 12.1.8　绘制边缘线条

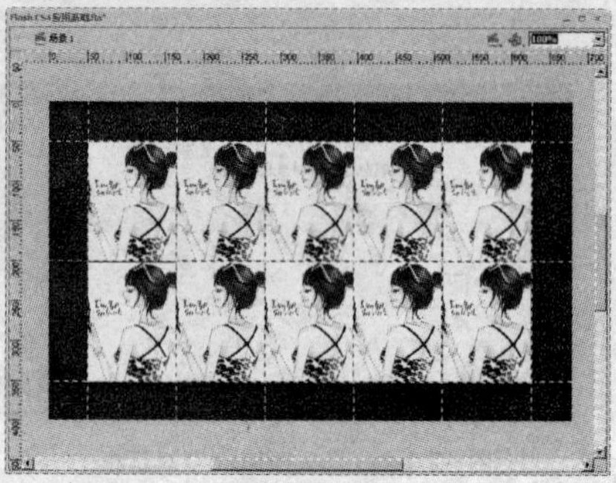

图 12.1.9　复制图片

（10）选择菜单栏中的 文件(F) → 保存(S) 命令，在弹出的“另存为”对话框中设置好参数后，单击 保存(S) 按钮，即可保存该文件。

（11）按“Ctrl+Enter”键预览效果，最终效果如图 12.1.1 所示。

实训 2　绘 制 图 形

1. 实训内容

本例将使用 Flash CS4 中提供的绘图工具在舞台中绘制风车图形，最终效果如图 12.2.1 所示。

图 12.2.1　最终效果图

2. 实训目的

掌握 Flash CS4 中各种绘图工具和填充工具的使用方法。

3. 操作步骤

（1）启动 Flash CS4 应用程序，新建一个 Flash 文档。

（2）单击工具箱中的“矩形工具”按钮，在舞台中绘制一个矩形图形，然后使用选择工具调整矩形的形状。

（3）选择菜单栏中的 窗口(W) → 颜色(C) 命令，打开颜色面板，设置其面板参数如图 12.2.2 所示。

（4）单击工具箱中的“颜料桶工具”按钮，对绘制的矩形进行渐变填充，然后再使用矩形工具在填充后的矩形上方绘制一个棕色（#7F5F30）的小矩形，效果如图 12.2.3 所示。

（5）单击工具箱中的“钢笔工具”按钮，在矩形右侧绘制底座的侧面效果，并使用颜料桶工具对其进行填充，效果如图 12.2.4 所示。

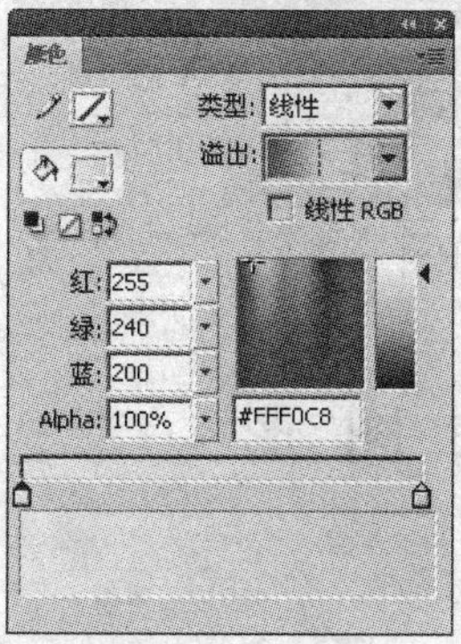

图 12.2.2　颜色面板

图 12.2.3　绘制并填充矩形效果

（6）使用钢笔工具绘制底座的顶部，并将其填充为棕色（#7F5F30），效果如图 12.2.5 所示。

图 12.2.4　绘制底座的侧面效果

图 12.2.5　绘制底座的顶部效果

（7）单击工具箱中的“线条工具”按钮，在舞台中绘制风车的页扇，效果如图 12.2.6 所示。

（8）按“Ctrl+G”键，对风车的页扇进行组合，然后按住“Alt”键拖曳出 3 个页扇副本，并使用任意变形工具对页扇副本进行旋转，效果如图 12.2.7 所示。

图 12.2.6　绘制页扇

图 12.2.7　复制并旋转页扇

（9）新建图层 2，在时间轴面板中将该图层拖曳至图层 1 的下方，然后按“Ctrl+R”键，导入一幅背景图片，效果如图 12.2.8 所示。

（10）按“Ctrl+Enter”键预览效果，最终效果如图 12.2.1 所示。

图 12.2.8　添加背景图片

实训 3　编 辑 图 形

1．实训内容

本节将使用 Flash CS4 提供的各种编辑工具对分离后的文本进行编辑，以制作出艺术字特效，最终效果如图 12.3.1 所示。

图 12.3.1　效果图

2．实训目的

掌握 Flash CS4 中各种编辑工具的使用方法与技巧，并能熟练使用文本工具。

3．操作步骤

（1）启动 Flash CS4 应用程序，新建一个 Flash 文档，然后在属性面板中单击“属性”选项区中的 编辑... 按钮，弹出“文档属性”对话框，设置其对话框参数如图 12.3.2 所示。

（2）单击工具箱中的“文本工具”按钮 T，在其属性面板中设置字体为“Stencil Std”、字号为“93”、文本颜色为“红色”。

（3）在舞台中输入文本“2011”，然后按“Ctrl+B”键两次对其进行分离，效果如图 12.3.3 所示。

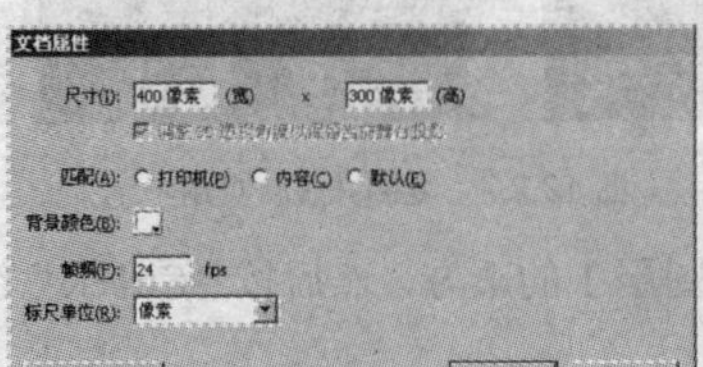

图 12.3.2　“文档属性”对话框

图 12.3.3　分离文本

（4）使用墨水瓶工具将文本的轮廓填充为黑色，然后按住“Shift”键，在文本的填充区域单击将其选中，按“Delete”键删除填充效果，如图 12.3.4 所示。

（5）使用选择工具选取所有文本的轮廓，按住“Alt”键的同时拖动鼠标至其他位置，即可复制出一个图形，效果如图 12.3.5 所示。

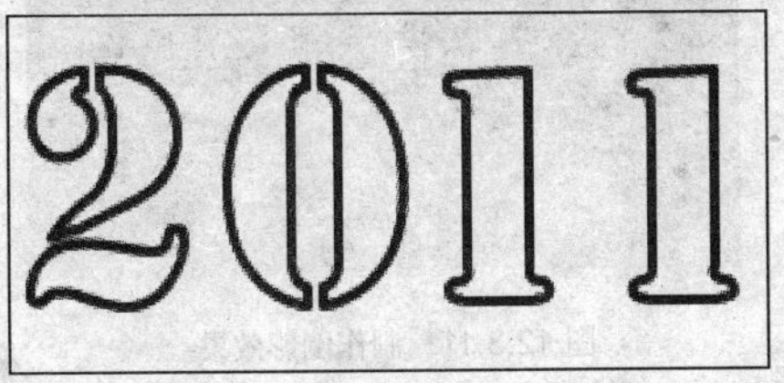

图 12.3.4 删除文本的填充区域

图 12.3.5 复制并移动文本

（6）使用选择工具删除文本重叠的部分，再删除立体遮挡面间的线条，效果如图 12.3.6 所示。

（7）单击选择工具选项区中的“贴紧至对象”按钮，然后选择线条工具，在舞台中将文本中的线条补充完整，效果如图 12.3.7 所示。

图 12.3.6 删除多余线条

图 12.3.7 补充线条

（8）单击工具箱中的“颜料桶工具”按钮，将文本的正面进行位图填充，然后将文本的侧面和上方进行渐变填充，效果如图 12.3.8 所示。

（9）使用选择工具选中第 1 帧上的文本对象，按“Ctrl+G”键进行组合。然后选择菜单栏中的窗口(W)→颜色(C)命令，打开颜色面板，设置其面板参数如图 12.3.9 所示。

图 12.3.8 填充效果

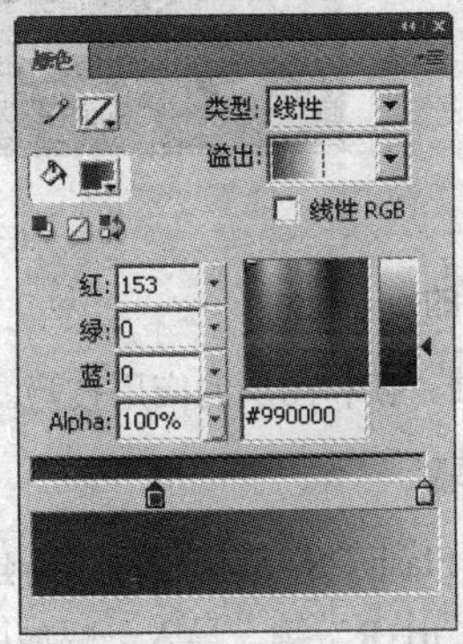

图 12.3.9 颜色面板

（10）设置好参数后，在舞台中绘制一个与舞台大小相等的矩形图形，选择菜单栏中的修改(M)→排列(A)→下移一层(E)命令，将矩形移至文本的下方，再使用任意变形工具对其进行变形，效果如图 12.3.10 所示。

（11）使用对齐面板将文本对齐于舞台的中心位置，并原位复制一个文本，然后选择菜单栏中的修改(M)→变形(T)→垂直翻转(V)命令，对其进行垂直翻转，再将翻转后的文本转换为图形元件，设置其 Alpha 值为“15”，效果如图 12.3.11 所示。

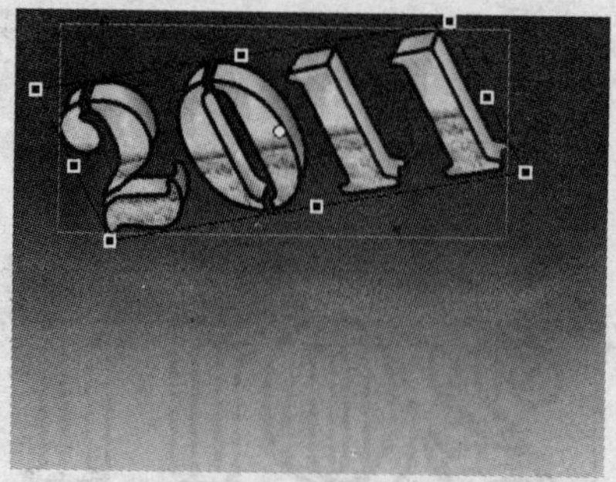

图 12.3.10　变形文本

图 12.3.11　制作倒影效果

（12）按“Ctrl+Enter”键预览效果，最终效果如图 12.3.1 所示。

实训 4　应用图层与帧

1．实训内容

本例将使用钢笔工具、变形命令以及遮罩层等制作动态墙纸效果，最终效果如图 12.4.1 所示。

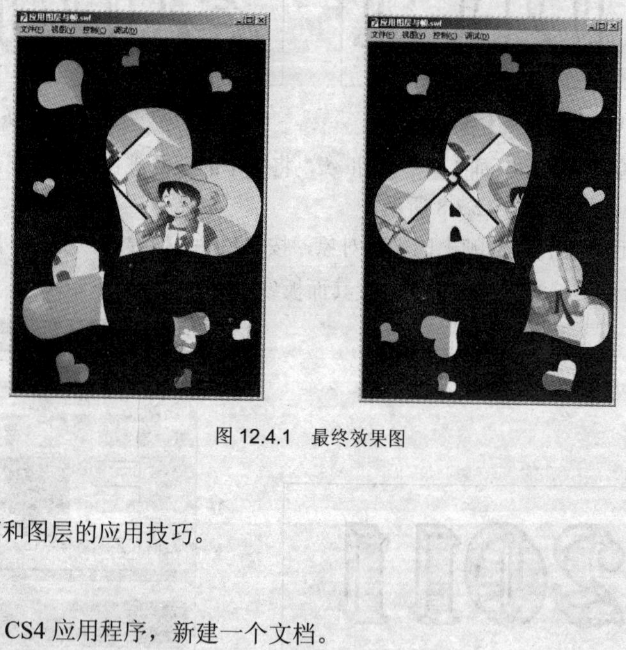

图 12.4.1　最终效果图

2．实训目的

掌握时间轴、帧和图层的应用技巧。

3．操作步骤

（1）启动 Flash CS4 应用程序，新建一个文档。

（2）按“Ctrl+R”键，导入一幅如图 12.4.2 所示的图片。

（3）选中第 15 帧，按“F5”键插入帧。

（4）单击时间轴面板中的“新建图层”按钮，新建“图层 2”。

（5）单击工具箱中的“钢笔工具”按钮，在舞台中绘制一个轮廓色为“深红色”、填充色为“红色”的心形，效果如图 12.4.3 所示。

（6）按住“Alt”键，在舞台中拖曳出多个心形副本，然后使用任意变形工具对副本图形进行旋转，效果如图 12.4.4 所示。

图 12.4.2 导入图片

图 12.4.3 绘制心形

（7）选中舞台中的心形图形，按“Ctrl+B”键分离图形，然后在图层 2 的第 10 帧处按“F6”键插入关键帧，并对其进行水平翻转，效果如图 12.4.5 所示。

图 12.4.4 复制心形

图 12.4.5 水平翻转心形

（8）在层名区的图层 2 上单击鼠标右键，从弹出的快捷菜单中选择 遮罩层 命令，为图层 1 添加遮罩效果，如图 12.4.6 所示。

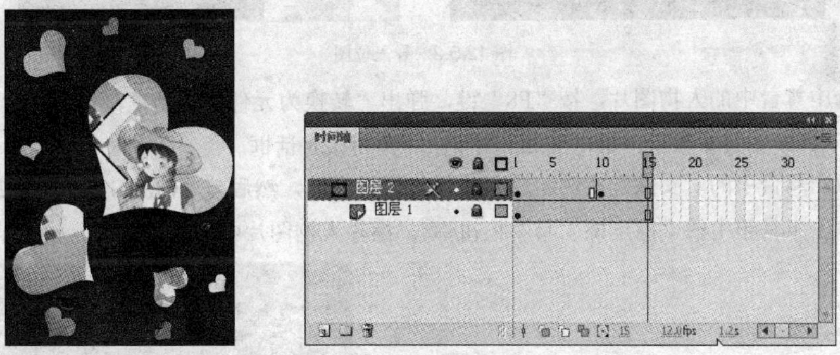

图 12.4.6 创建遮罩效果

（9）按“Ctrl+Enter”键测试动画效果，最终效果如图 12.4.1 所示。

实训 5 应用元件与实例

1. 实训内容

本例将使用橡皮擦工具、转换元件命令以及滤镜等制作人物艺术照效果，最终效果如图 12.5.1 所示。

图 12.5.1　效果图

2．实训目的

掌握元件与实例的应用技巧。

3．操作步骤

（1）启动 Flash CS4 应用程序，新建一个文档。

（2）按“Ctrl+R”键，在舞台中导入两幅如图 12.5.2 所示的位图。

图 12.5.2　导入位图

（3）选中舞台中的人物图片，按“F8”键，弹出“转换为元件”对话框，设置其对话框参数如图 12.5.3 所示。设置好参数后，单击确定按钮，关闭该对话框。

（4）双击舞台中的“女孩”实例，进入元件的编辑窗口，然后按“Ctrl+B”键将图片分离。

（5）单击工具箱中的“橡皮擦工具”按钮，擦除人物图片中的白色背景，如图 12.5.4 所示。

图 12.5.3　“转换为元件”对话框

图 12.5.4　擦除白色背景

（6）单击场景 1按钮，返回主场景。

（7）选中舞台中的“女孩”实例，在其属性面板中为实例添加滤镜和混合模式效果，设置面板参数如图 12.5.5 所示，得到的效果如图 12.5.6 所示。

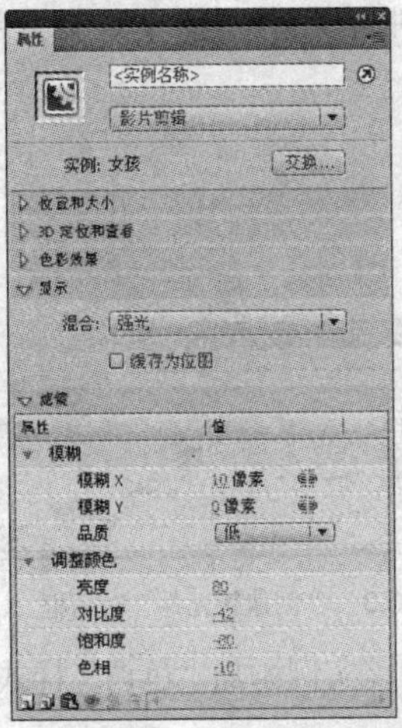

图 12.5.5　属性面板

图 12.5.6　添加滤镜和混合模式效果

（8）按“Ctrl+Enter”键测试动画效果，最终效果如图 12.5.1 所示。

实训 6　动 画 制 作

1. 实训内容

本例将制作梅花飘落的效果，最终效果如图 12.6.1 所示。

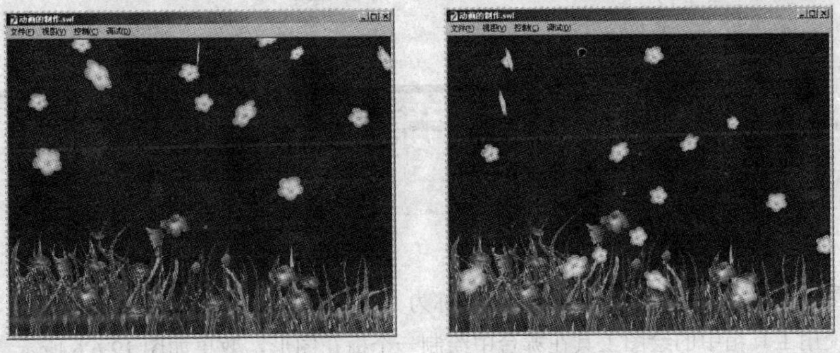

图 12.6.1　最终效果图

2. 实训目的

掌握 Flash CS4 中制作动画的方法与技巧。

3. 操作步骤

（1）启动 Flash CS4 应用程序，新建一个文档。

（2）单击工具箱中的“矩形工具”按钮，在舞台中绘制一个与舞台大小相等的深蓝色矩形，如图 12.6.2 所示。

（3）使用选择工具选中舞台中绘制的矩形，按“F8”键将其转换为名称为“矩形”的图形元件。

（4）按“Ctrl+F8”键，弹出“创建新元件”对话框，设置其对话框参数如图 12.6.3 所示。设置好参数后，单击 确定 按钮，进入该元件的编辑窗口。

（5）按“Ctrl+L”键，从打开的库面板中将“矩形”元件拖曳到舞台中，然后分别在第 10，25，45，65，90 帧处按“F6”键插入关键帧。

图 12.6.2　绘制并填充矩形

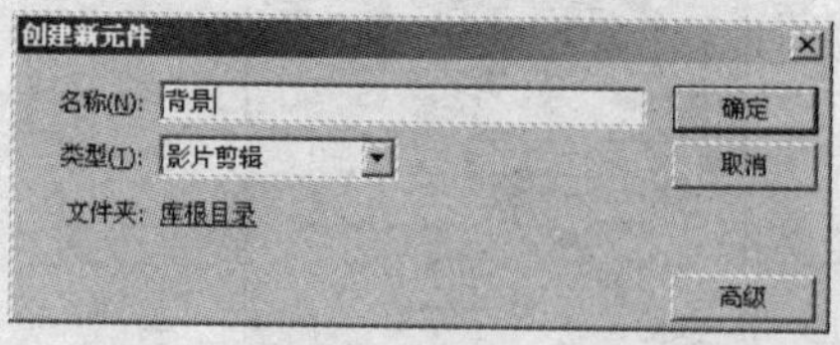

图 12.6.3　“创建新元件”对话框

（6）选中第 10 帧上的“矩形”实例，在其属性面板中为该实例添加“色调”样式效果，设置面板参数如图 12.6.4 所示。

（7）重复步骤（6）的操作，分别在各关键帧上设置不同的色调，然后在各关键帧间的任意一帧上单击鼠标右键，从弹出的快捷菜单中选择 创建传统补间 命令，此时的时间轴面板如图 12.6.5 所示。

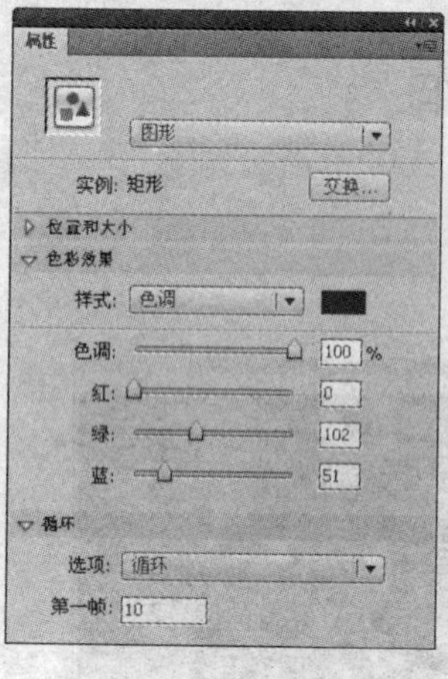

图 12.6.4　设置“色调”参数

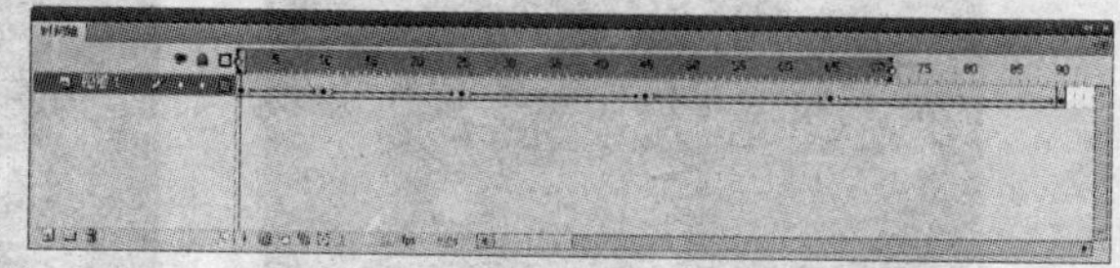

图 12.6.5　创建动画后的时间轴面板

（8）重复步骤（4）的操作，创建一个名称为“梅花”的影片剪辑元件。

（9）使用工具箱中的绘图工具在舞台中绘制一个梅花图形，效果如图 12.6.6 所示。

（10）使用选择工具选中舞台中的梅花图形，按“F8”键将其转换为图形元件。

（11）在图层 1 的第 50 帧处插入关键帧，然后将该帧上的“梅花”实例向左下方拖曳一段距离，再选择菜单栏中的 修改(M) → 变形(T) → 水平翻转(H) 命令，对其进行水平翻转。

（12）在第 1 帧至第 50 帧间的任意一帧上单击鼠标右键，从弹出的快捷菜单中选择 创建传统补间 命令，创建一段梅花飘落变形动画，然后单击时间轴面板下方的“绘图纸外观轮廓”按钮，在舞台中显示出实例变形的路径，效果如图 12.6.7 所示。

（13）新建图层 2，从打开的库面板中将“梅花”元件拖曳到舞台中，然后将第 50 帧转换为关键帧，重复步骤（12）的操作，创建如图 12.6.8 所示的梅花飘落效果。

（14）分别新建图层 3 和图层 4，重复步骤（13）的操作，创建梅花飘落时的缩放和斜切变形效果，如图 12.6.9 所示。

图 12.6.6 绘制梅花

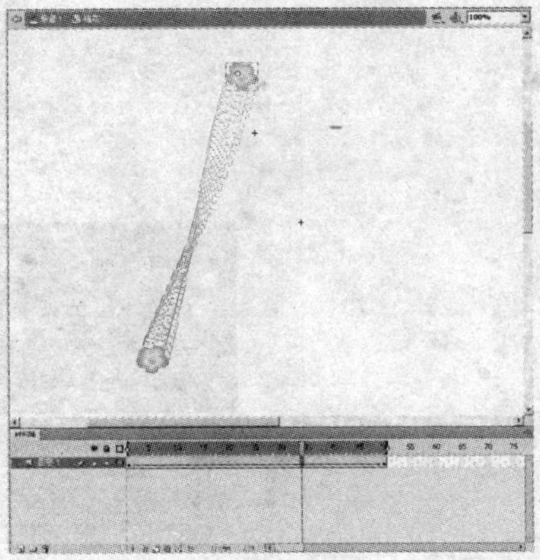

图 12.6.7 创建梅花飘落变形动画

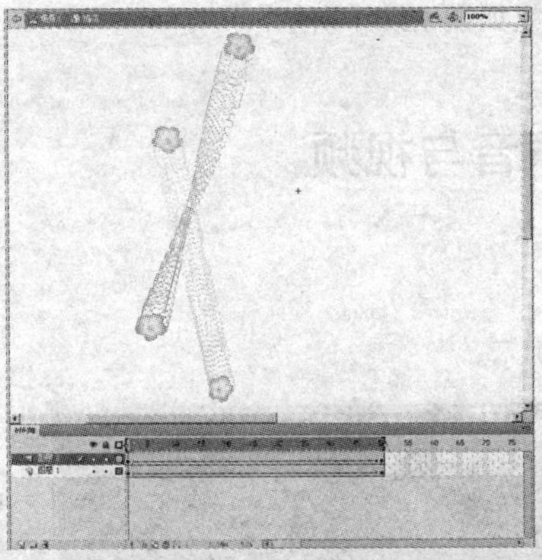

图 12.6.8 创建第 2 朵梅花飘落时的动画效果

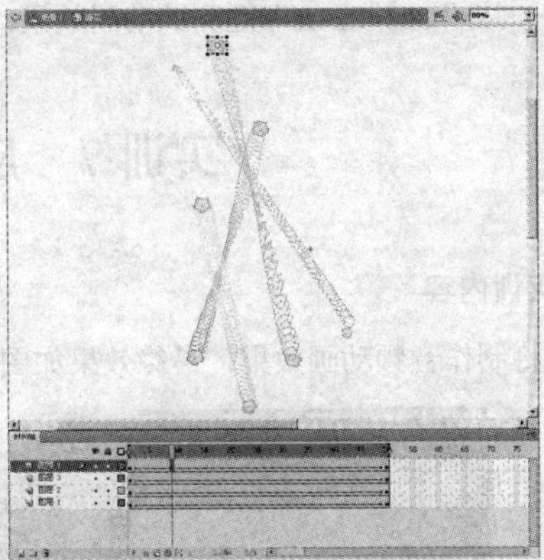

图 12.6.9 创建第 3 朵和第 4 朵梅花飘落时的动画效果

（15）单击 场景 1 按钮，返回主场景，然后从打开的库面板中将“背景”元件拖曳到舞台中，然后在第 70 帧插入普通帧。

（16）新建图层 2，在舞台中导入一幅如图 12.6.10 所示的图片，并使用任意变形工具调整其大小及位置。

（17）新建图层 3，从库面板中将“梅花”元件拖曳到舞台中，效果如图 12.6.11 所示。

图 12.6.10 导入图片

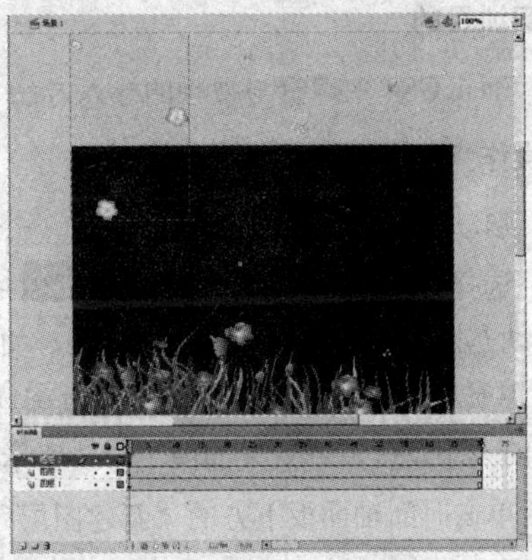

图 12.6.11 拖入“梅花”元件

（18）新建 3 个图层，分别将库面板中的“梅花”实例拖曳到如图 12.6.12 所示的位置。

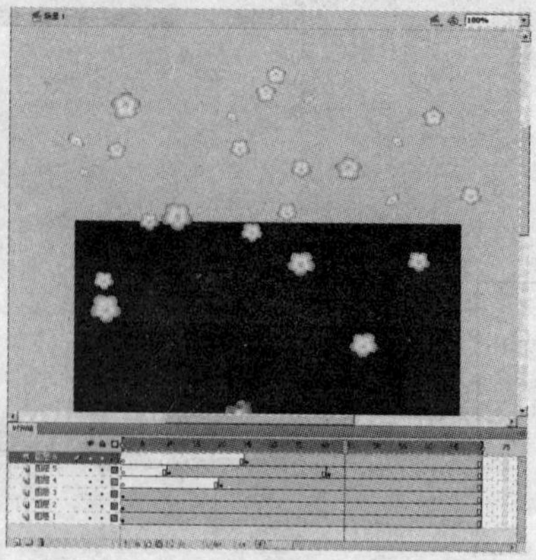

图 12.6.12　拖入“梅花”元件到其他图层中

（19）按“Ctrl+Enter”键测试动画效果，最终效果如图 12.6.1 所示。

实训 7　应用声音与视频

1. 实训内容

本例将制作音频动画效果，最终效果如图 12.7.1 所示。

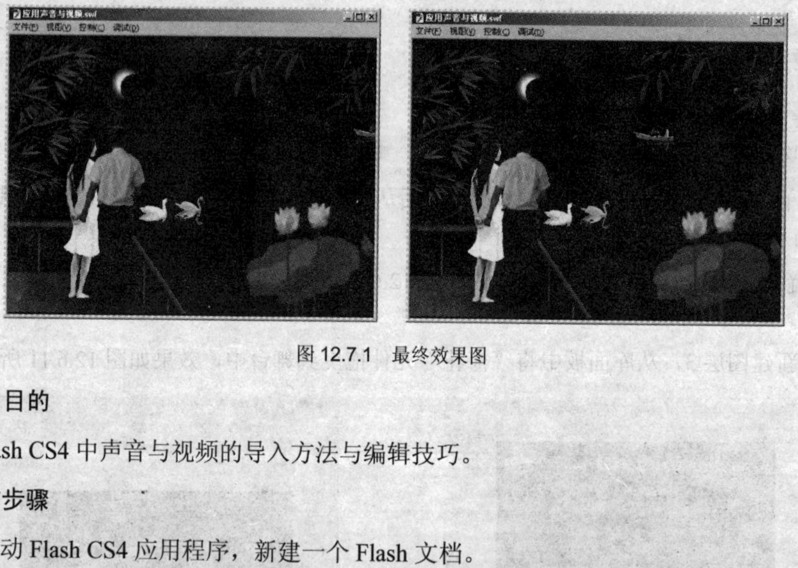

图 12.7.1　最终效果图

2. 实训目的

掌握 Flash CS4 中声音与视频的导入方法与编辑技巧。

3. 操作步骤

（1）启动 Flash CS4 应用程序，新建一个 Flash 文档。

（2）选择菜单栏中的 文件(F) → 导入(I) → 导入到库(L)... 命令，从弹出的“导入到库”对话框中选择一幅动态图片，将其导入到库面板中，如图 12.7.2 所示。

（3）从库面板中将影片剪辑元件拖曳到舞台中，然后单击工具箱中的“任意变形工具”按钮，调整实例的大小及位置，效果如图 12.7.3 所示。

（4）单击时间轴面板下方的“新建图层”按钮，新建图层 2。

（5）重复步骤（2）的操作，从弹出的“导入到库”对话框中选择“荷塘月色”音频文件，如图 12.7.4 所示。

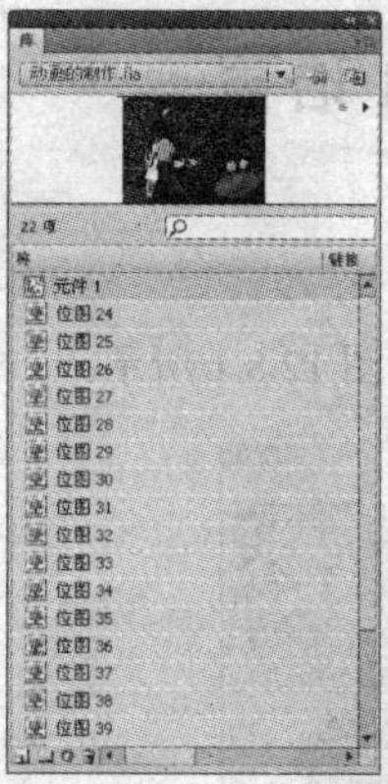

图 12.7.2　库面板

图 12.7.3　拖入影片剪辑元件

（6）单击 打开(O) 按钮，即可将选中的音频文件导入到 Flash 库中，如图 12.7.5 所示。

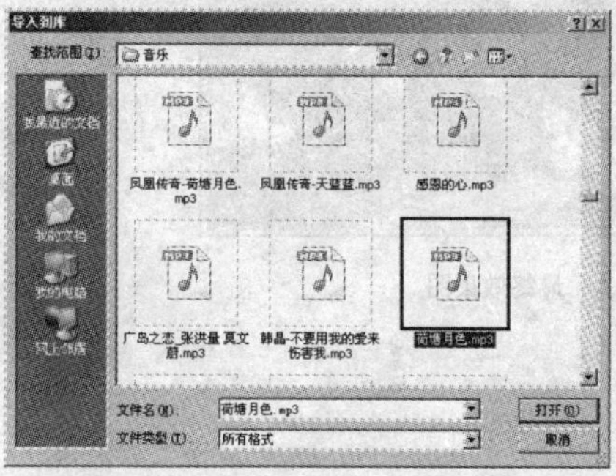

图 12.7.4　“导入到库”对话框

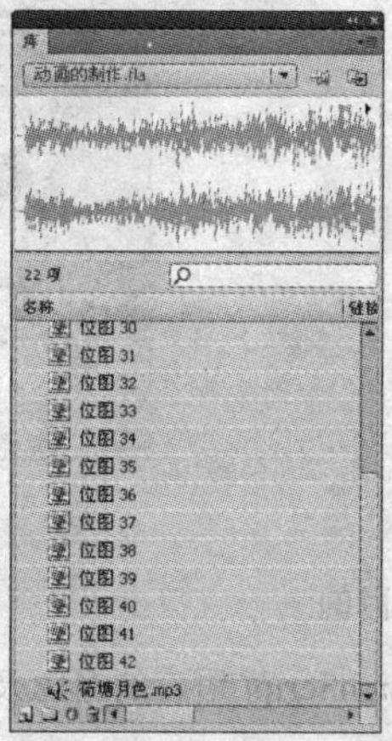

图 12.7.5　导入音频文件

（7）选中图层 2 中的第 1 帧，从打开的库面板中将导入的音频文件拖入到舞台中，如图 12.7.6 所示。

（8）使用选择工具选中图层 2 上的任意一帧，设置其属性面板参数如图 12.7.7 所示。

图 12.7.6　拖入“荷塘月色”音频文件

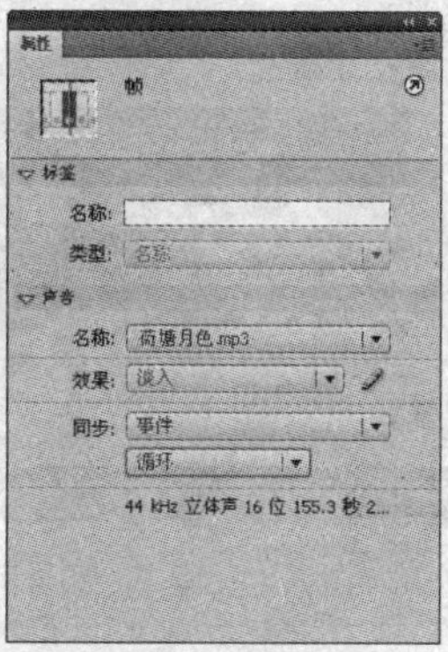

图 12.7.7　设置音频的属性

（9）按“Ctrl+Enter”键预览动画效果，最终效果如图 12.7.1 所示。

实训 8　应用 ActionScript 语言

1．实训内容

本例将使用 ActionScript 语言控制飞机飞行效果，最终效果如图 12.8.1 所示。

图 12.8.1　最终效果图

2．实训目的

掌握 ActionScript 语言的概念及添加方法。

3．操作步骤

（1）启动 Flash CS4 应用程序，新建一个 Flash 文档。

（2）按“Ctrl+R”键，导入一幅背景图片，然后在第 60 帧处插入普通帧，效果如图 12.8.2 所示。

（3）按“Ctrl+F8”键，弹出“创建新元件”对话框，设置其对话框参数如图 12.8.3 所示。

图 12.8.2　导入背景图片

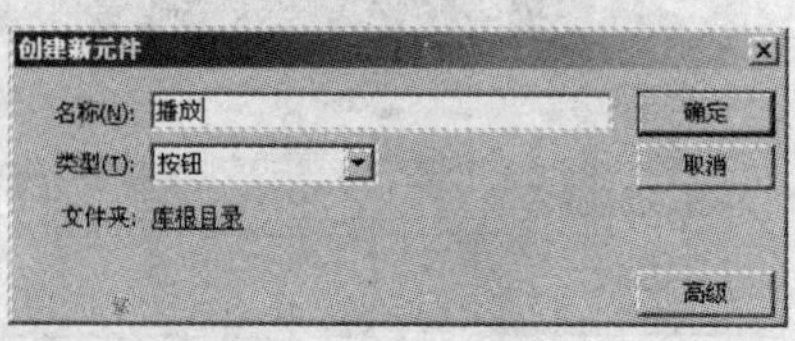

图 12.8.3　“创建新元件”对话框

（4）设置好参数后，单击 确定 按钮，进入该元件的编辑窗口。在编辑区中导入一幅按钮图片，然后按“F8”键将其转换为图形元件，效果如图 12.8.4 所示。

（5）在其他 4 个帧上插入关键帧，然后分别在属性面板中设置“高级”选项参数，如图 12.8.5 所示。更改各关键帧上按钮的颜色效果如图 12.8.6 所示。

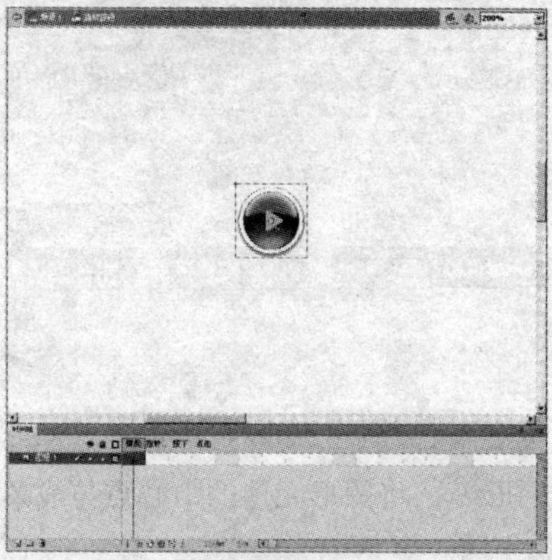

图 12.8.4 将按钮图片转换为元件

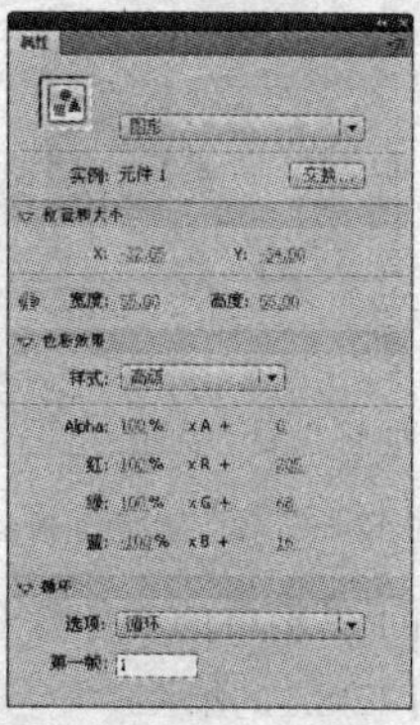

图 12.8.5 设置“高级”选项

（6）新建图层 2，按住“Alt”键，将图层 1 中的弹起帧和按下帧拖曳到图层 2 的对应帧上，效果如图 12.8.7 所示。

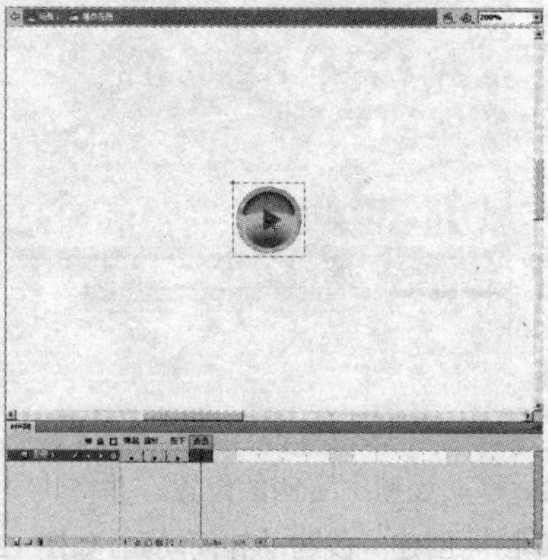

图 12.8.6 将按钮图片转换为元件

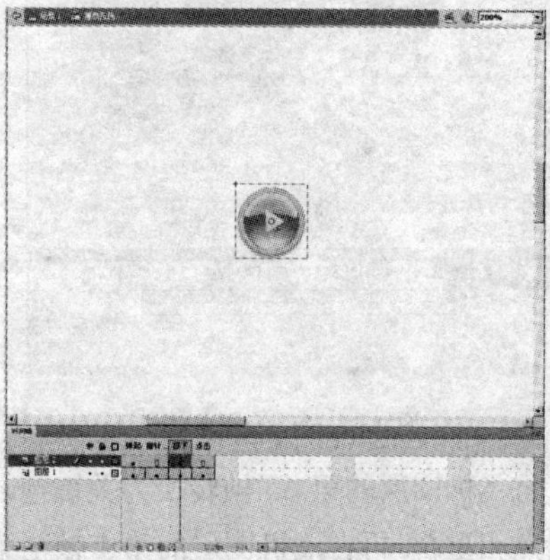

图 12.8.7 复制帧效果

（7）单击场景 1按钮，返回主场景。

（8）选择菜单栏中的窗口(W)→颜色(C)命令，在打开的颜色面板中设置第一个色标的颜色为“#FFFF00”、第 2 个色标的颜色为“#FFCC00”，如图 12.8.8 所示。

（9）新建一个名称为“飞机”的图层，使用钢笔工具在编辑区中绘制一个纸飞机图形，然后使用颜料桶工具对其进行填充。

（10）使用工具箱中的选择工具选中绘制的纸飞机图形，然后按“Ctrl+G”键组合对象，效果如图 12.8.9 所示。

（11）在层名区中的“飞机”图层上单击鼠标右键，从弹出的快捷菜单中选择添加传统运动引导层命令，为飞机图层添加一个运动引导层。

（12）将运动引导层作为当前图层，然后使用铅笔工具在舞台中绘制一条曲线，效果如图 12.8.10 所示。

（13）选中飞机图层第 1 帧上的飞机图形，按“F8”键将其转换为图形元件。

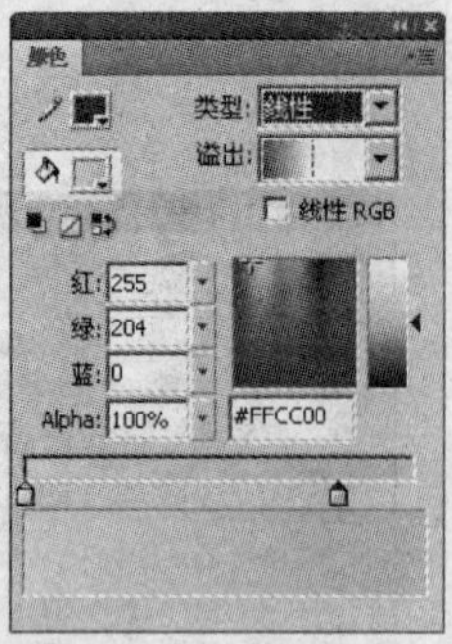

图 12.8.8　设置颜色面板参数

图 12.8.9　绘制纸飞机图形

（14）单击工具箱中的“任意变形工具”按钮，将图形元件的中心点与线条右下方的端点相重合，效果如图 12.8.11 所示。

图 12.8.10　绘制曲线

图 12.8.11　调整实例中心点位置

（15）将飞机图层的第 60 帧转换为关键帧，然后移动该帧上实例的位置，并将其中心点与线条左上方的端点相重合，再在飞机图层的第 1 帧至第 60 帧间创建一段运动补间动画，如图 12.8.12 所示。

（16）新建一个名称为“按钮”的图层，然后从库面板中将“播放按钮”元件拖曳到舞台的右上角，效果如图 12.8.13 所示。

图 12.8.12　制作飞机沿路径飞行动画

图 12.8.13　拖入“播放按钮”元件

（17）新建一个名称为“动作”的图层，然后按“F9”键，打开动作面板，在其面板中输入脚本语句，效果如图 12.8.14 所示。

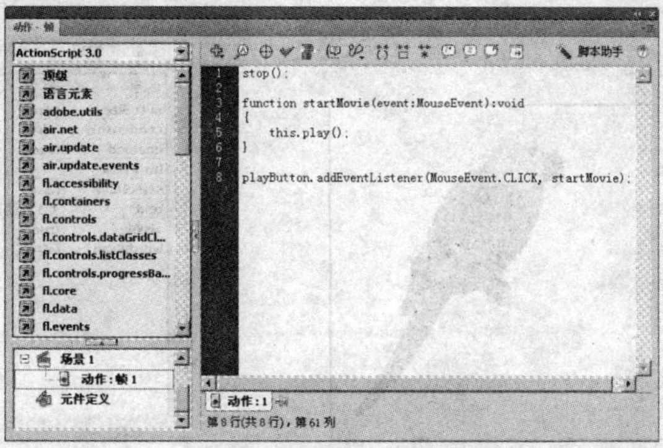

图 12.8.14　输入脚本语句

（18）按“Ctrl+Enter”键测试动画效果，最终效果如图 12.8.1 所示。

实训 9　应 用 组 件

1. 实训内容

本例将使用“Label”组件、“RadioButton”组件、“ComboBox”组件、“CheckBox”组件以及“Button”组件制作答题卡，最终效果如图 12.9.1 所示。

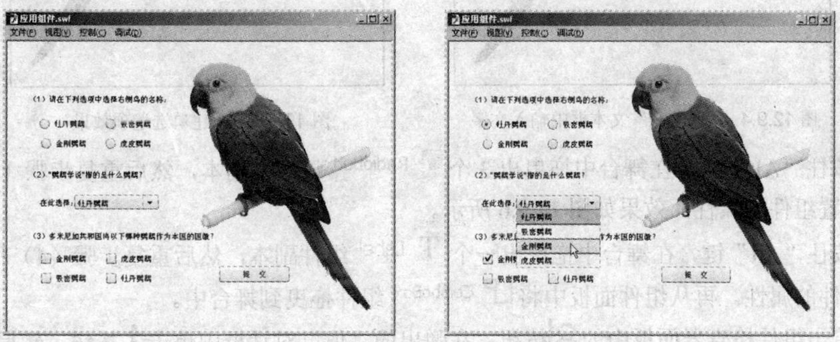

图 12.9.1　最终效果图

2. 实训目的

掌握各种组件的使用方法与技巧。

3. 操作步骤

（1）启动 Flash CS4 应用程序，新建一个 Flash 文档。

（2）选择菜单栏中的 文件(E) → 导入(I) → 导入到舞台(I)... 命令，从弹出的“导入”对话框中选择一幅小鸟图片，将其导入到舞台中，如图 12.9.2 所示。

（3）新建图层 2，选择菜单栏中的 窗口(W) → 组件(X) 命令，从打开的组件面板中拖动 T Label 组件到舞台中。

（4）单击属性面板中的“组件检查器面板”按钮，在组件检查器面板中的“text”文本框中输入“（1）请在下列选项中选择右侧鸟的名称：”，如图 12.9.3 所示。

图 12.9.2 “文档属性”对话框

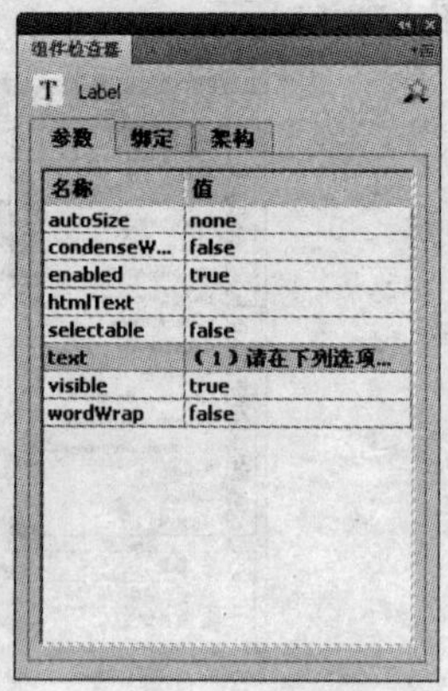

图 12.9.3 组件检查器面板

（5）设置好各选项参数后，按“Enter”键确认操作，得到的效果如图 12.9.4 所示。

（6）从组件面板中拖动 RadioButton 组件到舞台中，然后重复步骤（4）的操作，在“label”文本框中输入“牡丹鹦鹉”，效果如图 12.9.5 所示。

图 12.9.4 在“text”文本框中输入文字

图 12.9.5 创建单选选项效果

（7）按住“Alt”键，在舞台中拖曳出 3 个 RadioButton 组件副本，然后重复步骤（4）和（5）的操作，设置组件的属性，效果如图 12.9.6 所示。

（8）按住“Alt”键，在舞台中拖曳出一个 T Label 组件副本，然后重复步骤（4）和（5）的操作，设置组件的属性。再从组件面板中将 ComboBox 组件拖曳到舞台中。

（9）单击组件检查器面板中的按钮，在弹出的“值”对话框中单击按钮，然后在“Label”文本框中输入“牡丹鹦鹉”，在“data”文本框中输入“1”，继续单击按钮，在“Label”和“data”文本框中添加不同的鹦鹉名称和序号，如图 12.9.7 所示。

图 12.9.6 复制并更改组件属性

图 12.9.7 “值”对话框

（10）在空白位置单击鼠标左键，确定属性的设置，设置组件后的效果如图 12.9.8 所示。

（11）按住“Alt”键，在舞台中拖曳出一个 T Label 组件副本，然后重复步骤（4）和（5）的操作，设置组件的属性。

（12）从组件面板中拖动 CheckBox 组件到舞台中，然后重复步骤（6）和（7）的操作，设置组件属性，并复制出 3 个组件副本，效果如图 12.9.9 所示。

图 12.9.8　创建下拉列表效果

图 12.9.9　创建复选框效果

（13）从组件面板中拖动 Button 组件到舞台中，然后重复步骤（4）的操作设置组件属性，效果如图 12.9.10 所示。

图 12.9.10　创建提交按钮效果

（14）按“Ctrl+Enter”键测试影片，最终效果如图 12.9.1 所示。

实训 10　发 布 影 片

1. 实训内容

本例将使用发布设置命令发布一个 Windows 放映文件，最终效果如图 12.10.1 所示。

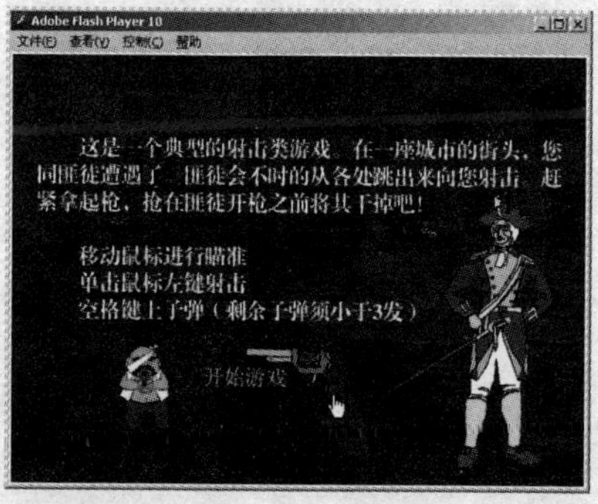

图 12.10.1　最终效果图

2．实训目的

掌握发布动画的方法与技巧。

3．操作步骤

（1）启动 Flash CS4 应用程序，打开一幅如图 12.10.2 所示的 Flash 动画文件。

（2）选择菜单栏中的 文件(F) → 发布设置(G)... 命令，弹出“发布设置”对话框，设置其对话框参数如图 12.10.3 所示。

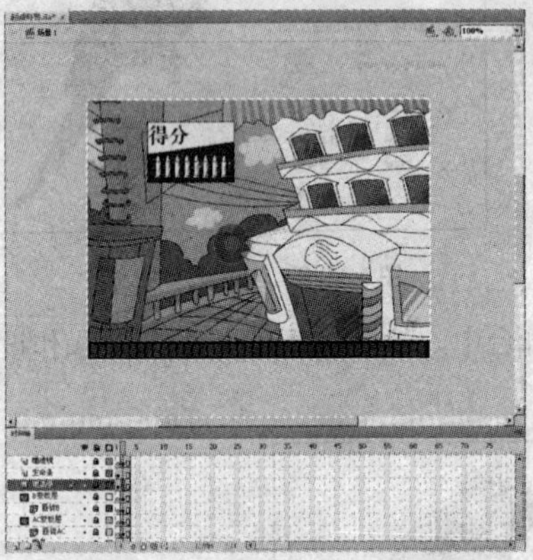

图 12.10.2　打开 Flash 文档

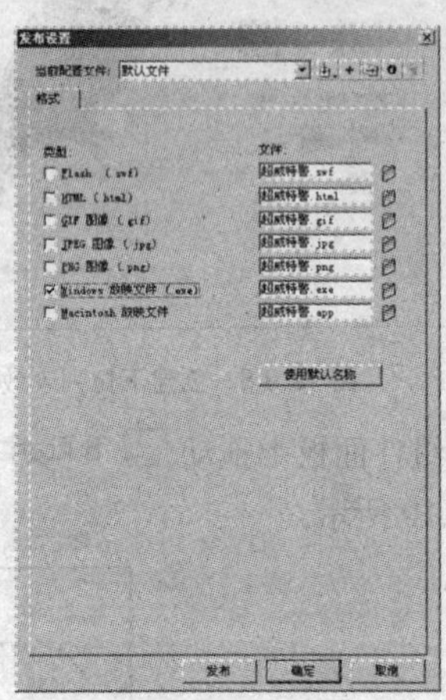

图 12.10.3　“发布设置”对话框

（3）设置好参数后，单击 发布 按钮，弹出如图 12.10.4 所示的“正在发布”对话框，稍等片刻，即可将该动画发布为 Windows 放映文件，如图 12.10.5 所示。

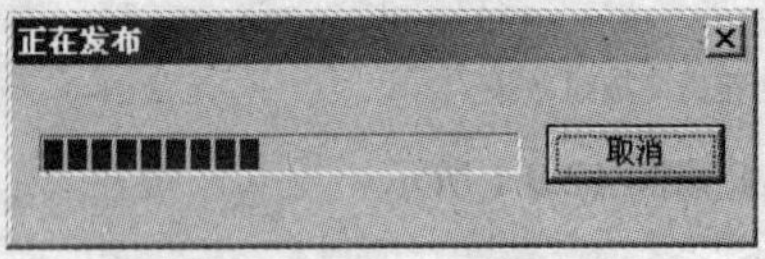

图 12.10.4　“正在发布”对话框

图 12.10.5　发布的 Windows 放映文件

（4）单击 确定 按钮，即可将设置的参数保存起来，关闭“发布设置”对话框。

（5）选择菜单栏中的 文件(F) → 发布预览(R) → 放映文件(R) 命令，即可放映该影片，最终效果如图 12.10.1 所示。